U0289342

本书获

国家社会科学基金项目（编号：13BGL043）

中南林业科技大学学术著作出版基金（编号：2018CZ009）

资助

我国碳会计制度设计与运行机制研究

张亚连 ◎ 著

中国财经出版传媒集团

经济科学出版社

Economic Science Press

图书在版编目（CIP）数据

我国碳会计制度设计与运行机制研究/张亚连著．
—北京：经济科学出版社，2018.12
ISBN 978 - 7 - 5141 - 9949 - 9

Ⅰ. ①我…　Ⅱ. ①张…　Ⅲ. ①二氧化碳 - 排污交易 -
环境会计 - 会计制度 - 研究　Ⅳ. ①X196

中国版本图书馆 CIP 数据核字（2018）第 265021 号

责任编辑：周国强
责任校对：曹育伟
责任印制：邱　天

我国碳会计制度设计与运行机制研究

张亚连　著

经济科学出版社出版、发行　新华书店经销

社址：北京市海淀区阜成路甲 28 号　邮编：100142

总编部电话：010 - 88191217　发行部电话：010 - 88191522

网址：www. esp. com. cn

电子邮件：esp@ esp. com. cn

天猫网店：经济科学出版社旗舰店

网址：http: //jjkxcbs. tmall. com

固安华明印业有限公司印装

710×1000　16 开　20 印张　380000 字

2018 年 12 月第 1 版　2018 年 12 月第 1 次印刷

ISBN 978 - 7 - 5141 - 9949 - 9　定价：98. 00 元

（图书出现印装问题，本社负责调换。电话：010 - 88191510）

（版权所有　侵权必究　打击盗版　举报热线：010 - 88191661

QQ：2242791300　营销中心电话：010 - 88191537

电子邮箱：dbts@ esp. com. cn）

前　　言

　　在全球范围内所倡导的低碳经济发展模式下，企业碳会计的研究和推动成为当下会计学界关注的新宠。本书试图从企业会计制度设计的角度来探讨碳会计制度框架设计问题及其所蕴含的理论与实践意义。围绕这一核心，本书依次回答了密切相关的四个问题：企业碳会计发展现状如何？企业碳会计制度设计赖以支撑的理论体系是什么，并有别于传统会计制度设计的特征具体表现在哪些内容上？企业碳会计制度设计的操作体系主要包括哪些方面？企业碳会计制度实施所需的运行体系和共管体系是什么？

　　以"背景分析—理论分析—应用分析—研究结论"为一般研究思路，本书以中国企业为研究对象，从价值维度确立生态环境价值理论，从协调维度对现代管理理论进行拓展，发展生态经济协调发展理论，以加快发展和完善企业碳会计制度理论研究和实践探索。通过文献分析、实务剖析和跨学科的研究方法，从"资本、技术和环境"三重依赖的高度来重构和设计碳会计的信息反映、披露和分析规范，即建立一种专门针对碳行为的理论体系、操作体系、运行体系和共管体系。

　　首先，剖析低碳经济对现代会计的影响。低碳经济是一种经济转型而非社会转型，它构成经济学中的资本要素，对成本效益核算有重大影响。其次，解读碳排放权交易的经济学内涵。通过企业间的碳排放权交易对节能减排企业进行补偿，从而影响到企业的经济效益，进而对企业的资产、负债等会计要素产生影响。同时，碳成本与控制理论是现代管理与控制理论与碳活动融合的产物。最后，结合碳锁定、碳解锁和碳脱钩理论从碳技术研发与运用角度对碳会计制度设计与运用机制研究奠定了坚实的方法论基础，并从宏观和微观两个层面就碳会计制度运行的共管体系规范和运行体系构建两方面提出了具体的政策建议。

本书的特点有以下几点：

（1）碳会计制度设计是一项复杂庞大的系统工程，要推行碳会计，必须坚持政策主导、法制护航和企业主动。同时，本书着眼于会计准则体系的前瞻性、系统性和协调性，发掘和构建碳会计的制度体系，将传统会计制度置于企业的碳活动中进行研究，其成果对于我国传统会计的学术研究都将具有积极的影响和学科建设意义。

（2）适应低碳会计，本书完善了碳会计理论体系。在总结、吸收和嫁接低碳经济对现代会计的影响、经济学视阈下的碳排放权交易制度理论、碳成本与控制理论、碳锁定与解锁理论、碳脱钩理论等领域研究成果的基础上，对传统会计基本理论予以发展和完善，提出了碳会计基本理论框架。

（3）借鉴先进经验，本书设计了碳会计的操作体系。首先，本研究以企业碳排放和碳固活动中创造碳信用额度的能力作为一项碳无形资产，借鉴国外相关计量模型，对此无形资产进行评估。这一研究是对当前碳会计计量体系的必要补充，为后续研究提供了扎实的方法参考。其次，还要设计包括碳预算、碳成本核算和控制、碳绩效评价在内的碳管理会计系统。最后，在碳审计基本框架设计中，基于绿色供应链管理视角的碳审计流程是影响碳审计效果和效率的重要因素，也是碳审计有别于其他传统审计的一大亮点，有利于理论研究的推进，为后续碳审计的案例研究提供了对比研究的基础。

同时，本书仅局限于企业主体的碳会计主体假设。由于碳排放的复杂性和特殊性，对碳会计的计量也借鉴了一些管理学的方法。但是，至今为止仍未形成大家一致认可的碳会计概念基础和理论架构，从基本概念到理论体系，都未统一、稳定，在理论基础、概念界定和理论体系等方面都存在分歧，给碳会计制度研究带来了较大困难。另外，相关文献主要集中在英、美、日等发达国家的学术研究领域，在实践上的操作案例和成果也不密集。国内外已有文献主要集中在碳会计信息披露方面的实践研究，但仍未建立统一规范的碳会计准则和碳信息披露体系。所以，对于碳会计制度的研究还有较大拓展空间，仍需进一步深入探索和完善。

目 录
CONTENTS

第 1 章

绪　　论

任何问题的提出都需要对其产生背景和研究意义进行分析。碳会计制度研究是我国低碳经济发展背景下所催生的一个新事物，同时也是一个复杂庞大的系统工程。鉴于此，本书将碳会计主体界定为企业，深入剖析我国企业碳会计产生的背景及企业碳会计实施的意义，界定碳会计相关概念，介绍本书的研究目标及主要研究方法，并给出我国企业碳会计制度研究的具体思路及内容安排。

1.1　我国企业碳会计产生的背景

"生活在别处"是法国天才诗人兰波和捷克著名作家昆德拉笔下所勾勒的激情人生。现如今有一簇新的中产人士出现在中国社会流动版图上，他们逃离雾霾，移民他乡，这就是中国经济新常态下的所谓"环境移民"。本书在此暂且不予评论"环境移民"的道德选择层面，但认识、探索并解决因自然资源的过度消耗和生态环境的急速恶化所引发的一系列环境问题应是我国企业碳会计产生的必然需求和重要动因。

1.1.1　人类探索环境问题是企业碳会计产生的必然需求

回顾人类认识和解决环境问题的探索历程，人类面对环境问题主要经历了沉痛的代价、宝贵的觉醒和历史性的飞跃三个阶段。其中，所谓沉痛的代价是指在全球工业化飞速发展的同时，人类生存环境也遭受了严重的破坏，并为此付出了沉痛的代价，从 20 世纪 30 年代开始，英、美、日等发达国家相继发生了震惊世界的八大公害事件，如比利时马斯河谷烟雾事件、美国洛杉矶烟雾事件、英国伦敦烟雾事件、日本水俣病事件等。宝贵的觉醒则是指人类开始对日趋严重的环境问题有了觉醒和认识，并先后出版过三本著名的关注环境问题的书籍①。它们分别是：（1）由美国著名海洋生物学家蕾切尔·卡逊所撰述的《寂静的春天》，该书揭示了人类为了追求利润而破坏生态环境的事实，并宣称"不解决环境问题，人类将生活在幸福的坟墓之中"。（2）1972 年由世界各地的数十位专家学者汇聚于罗马所提出的一份报告叫《增长的极限》，报告中有一句精辟的言论，"没有环境保护的繁荣是推迟执行的灾难"。（3）第三本书是 1972 年在斯德哥尔摩联合国召开的第一次人类环境会议上由有关专家所撰写的《只有一个地球》一书，在书中提出重要观点："不进行环境保护，人们将从摇篮直接到坟墓"。第三阶段则是历史性的飞跃。经历了沉痛的代价和宝贵的觉醒之后，人类不断反思，在环境问题上有了更深入的认识，最有标志性的是四次历史性的飞跃：第一次飞跃是 1972 年 6 月联合国人类环境会议的首次召开，会议通过了《人类环境宣言》，确立了对环境问题的共同看法和原则，并将会议开幕日确定为世界环境日。第二次飞跃则是 1992 年 6 月在巴西里约热内卢召开的联合国环境与发展大会，首次把经济发展与环境保护结合起来，并提出了可持续发展战略，确立"共同但有区别的责任"原则为国际环境与发展合作的基本原则。第三次飞跃体现为在 2002 年 8 月在南非召开的可持续发展世界首脑会议上提出了可持续发展的三大支柱，即经济发展、社会进步和环境保护，并明确经济发展和社会进步必须与环境保护相协调。第四次飞跃是在 2012 年 6 月巴西召开的联合国可持续发展大会上讨论了可持续发展目标，指出绿色经济是实现可持续发展的重要手段，并正式通过了《我们憧憬的未来》这一成果文件。

1.1.2　实现我国工业绿色发展是企业碳会计产生的重要动因

随着环境保护和可持续发展进程的不断深入，世界各国纷纷出台政策措施，推进低碳经济发展，如英国政府出台了《创建低碳计划——英国温室气候减排路线图》和《低碳转型计划》，欧盟发布了《2050 低碳经济路线图》。国际组织与多边机构也积极推动绿色低碳发展，联合国环境规划署与世界气象组织成立了政府间气候变化委员会，实施了绿色经济等一系列气候变化领域的项目。联合国开发计划署、世界银行等多边机构也逐步将气候变化业务

---

① 引自：周生贤. 我国环境保护的发展历程与成效 [EB/OL]. 中国环保网，http://www.chinaenvironment.com，2013 - 07 - 10。

主流化，并提出了"可持续发展目标"（sustainable development goals，SDGs），这一目标也被称为"新千年发展目标 2.0"①。SDGs 更加强调统筹考虑社会发展、经济发展和环境保护之间的内在联系，改变以往未能足够重视环境支柱的弊端。

SDGs 对于我国推进环境保护和可持续发展既是机遇，也是挑战。从机遇来看，一方面，上述四次历史性飞跃中所召开的会议为我国加强环境保护提供了重要借鉴和外部条件，促使我国积极参与国际环境发展领域的合作与治理，并出台加强环境保护的战略举措；另一方面，清晰、明确的全球可持续发展目标对于我国制定中长期的可持续发展战略将具有重要的借鉴意义。在实现目标的过程中，国际合作尤其是绿色技术领域的合作将更加广泛和深入，这将为我国加快绿色转型、实现生态文明提供更多的机会。从挑战来看，我国将承受更多的国际压力，转型空间可能会被迫压缩。我国已有世界第二位的经济总量、每年近 7% 的经济增速、居于世界首位的能源消耗总量，这些都使 SDGs 实现进程中的中国备受关注，承受着来自发达国家和发展中国家内部日趋加大的"双重压力"。为此，中央下定壮士断腕的决心，从调整能源结构着力，从防治大气污染突破，将节能减排作为经济社会发展规划的约束性指标。例如，国务院已经出台专项计划强力推进污染减排，为"十三五（2016～2020 年）"时期大气污染防治列出了一幅明晰的路径图和时间表②。当然，政府主导治理，还需全民参与，其中工业是应对气候变化的重点领域。

"十三五"时期是实现工业绿色发展的攻坚阶段，到 2020 年，解决生态型负产品问题、倡导绿色发展理念成为工业全领域全过程的普遍要求。据相关理论分析，企业经济行为具有正负双重效应。在产生经济利益和福利等正效应时，也会对经济、环境或社会产生一系列负效应，这类负效应称为"生态型负产品"③。它具有内生性的特征，严重制约了经济可持续发展，并对生态环境产生不利的影响。例如，造成水、土地及矿产资源等的浪费，导致生态环境受到大气、水、噪声、固体废料、有毒化学物品及放射性物质的污染，自然生态平衡遭到破坏，诸如上述种种影响都会造成生态系统与经济系统的矛盾和冲突。综观相关文献，有关解决生态系统与经济系统间矛盾和冲突的研究成果梳理如下：（1）经济增长控制在自然财富极限之下。此途径在理论

①　胡祖铨. 关于联合国可持续发展目标（SDGs）的研究［EB/OL］. http：//www. sic. gov. cn/ News/456/6279. htm，2016－04－29.

②　引自：工业和信息化部关于印发《工业绿色发展规划（2016～2020 年）》的通知，2016。

③　引自：张鹏. 解决生态型负产品的理论分析和政策建议［EB/OL］. 国家信息中心网站，2016－07－06。

上可行，但实际上成立的前提是有缺陷的，经济增长离不开自然财富的增长。(2)"零增长理论"的诠释。自然财富极限不变的假设下，经济系统与自然系统协调的条件是经济停止增长。但此途径也是不可行的，因为现实经济增长的停止从来就不是合理经济行为的目的。(3)经济增长的同时扩张自然财富的极限。例如，木材—煤炭—石油—核能的利用过程就是从能源方面改变了自然财富的极限。上述成果的提出和应用给工业绿色发展奠定了坚实的理论依据。

据相关统计和预测①，在"十三五"时期，2015年绿色低碳能源占工业能源消费量比重为12%，至2020年将增至15%，钢铁、有色、建材、石化和化工、电力、装备制造等六大高耗能行业占工业增加值比重2015年为27.8%，至2020年将增至25%。因此，必须加快推进工业绿色发展，把低碳发展融入我国工业化和城镇化进程，强化企业在推进低碳发展中的主体地位，激发企业履行社会责任的积极性。这不仅有利于我国推进供给侧结构性改革，促进工业稳增长调结构，也有利于节能降耗、实现降本增效，还有利于增加生态型正产品和服务有效供给并补齐低碳发展短板。

综上所述，"十三五"目标的实现，低碳发展是关键。例如，在中国有关能源和碳排放报告中确立2020年的减排目标，单位GDP的碳排放强度较2005年水平下降40%~45%，这对各级地方政府和企业都形成刚性约束，使积极探索节能减排、研究气候变化及其影响成为当下企业创新现有管理制度和方法的重中之重。有效落实碳减排政策规划，需借助一定的管理工具，利用会计等有效的微观经济管理手段来确认、计量和披露碳排放影响，重新审视传统会计体系，寻求其中嵌入碳会计的发展空间，将纯生态问题转变为经济问题，"碳会计"由此应运而生。

1.2　研究企业碳会计制度的目的和意义

我国要实现经济社会的可持续发展，必须要倡导低碳经济的发展，同时在企业发展中一方面要考虑经济效益，另一方面还要考察其环境治理成本及社会责任。为了达成上述目的，碳会计成为必然需求。碳会计的基本职能是通过会计理论和方法的合理有效运用，真实地反映碳活动对企业财务状况、经营成果和现金流量的影响。同时，碳会计的产生和发展也为我国碳排放交

---

① 引自：工业和信息化部《工业绿色发展规划（2016~2020年）》，2016。

易法规及碳排放权交易制度的制定提供了支撑，为我国参与有关碳排放权交易国际准则的制定争取到话语权提供了基础。

因此，结合我国实际情况，逐步研究碳会计核算及其制度的制定与完善显得尤为重要，表现在以下两方面：一方面，有助于推动会计学向跨学科领域发展与完善的相关研究。碳会计是环境会计学的一个新领域，涉及会计学、经济学、管理学、生态学、环境科学和工程技术相关学科等多门学科或知识，对特定主体的碳活动过程及结果进行核算、控制、评价与鉴证（审计），并提供决策有用信息，旨在实现低碳减排的目标。碳会计既是对已有会计研究成果的学习与继承，同时也是对于跨学科的环境会计研究领域的全方位开拓与突破，对于继续深入研究环境会计将奠定一个崭新而系统的学术基础。另一方面，本书着眼于会计准则体系的前瞻性、系统性和协调性，发掘和构建碳会计的制度体系，将传统会计制度置于特定主体的碳活动中进行研究，其成果对于我国传统会计的学术研究都将具有积极的影响和学科建设意义。总之，碳会计是基于环境会计的基础和支撑而又不同于环境会计的一门新的会计工具，是传统会计应对低碳经济发展的一项理论补充和创新，非常值得深入探究。

从实践角度来看，研究碳会计制度无论是对于企业自身，还是对于国际、国内和社会都有着重要的实践意义。众所周知，低碳时代的到来为中国企业带来了重大风险和挑战，但作为带动中国发展的新经济增长极，企业碳会计的实施也能为企业提供新的发展机遇。一方面，企业碳会计实践能推动企业的低碳战略转型，促进企业低碳技术的研发，建立企业节能减排与低碳经济发展之间的协同关系，开发利用低碳能源和产品，抢占低碳商机，赢得企业的可持续发展。例如，企业的绿色消费、绿色营销等策略带来企业社会责任价值的大幅提升，同时借助碳交易市场获得相应的资金和技术支持，积极应用节能减排技术，最终获得更高的经济效益和市场竞争力。另一方面，碳会计制度实施和碳会计实务的处理亦能有效规避来自国际、国内的各种低碳风险。在国际低碳政策的大环境下，中国企业面临的国际强制减排压力愈发凸显，国际绿色贸易所带来的碳关税等边界措施风险冲击也较为显著，国际绿色供应链管理风险亦不容忽视。通过碳会计制度的运行和碳会计的正确实践，我国企业主动或被动地逐渐承担温室气体负外部性所产生的影响，对排放行为予以约束，从市场、技术、标准和投融资方面不断推出新的政策法规，实施法律、经济、行政和社会等监管手段构建企业的低碳经营环境，促使企业的绿色综合绩效和绿色竞争力在这种环境下受到严峻考验。

1.3 碳会计制度设计的相关概念界定

碳会计制度设计的研究重点在于理顺碳会计核算、管理及鉴证这一条主线，所以很有必要先把碳会计相关问题弄清楚，例如，对碳会计的国内外进展、基本内涵、概念框架等一一梳理，再开始进行碳会计制度的相关设计。碳会计作为研究领域内的一个新生事物，尝试深度解读其内涵显得尤为重要。只有在科学合理地梳理了碳会计定义、内容及特点等问题的前提下，碳会计制度运行才有支撑的理论依据和实践基础。

1.3.1 碳会计内涵解读

"碳会计"最早单独出现在美国斯图尔特·琼斯（Stewart Jones, 2008）教授的文献[①]中，此举标志着碳会计另成一体，独立于排污权会计，是环境会计的一个分支。有关碳会计的定义，国内外不少专家学者都已论及，并界定了不同的内涵。在此，下文将仅就近年来国内学者对碳会计定义的一些代表性评述给以概括性梳理，然后结合本研究目的，界定一个相对简洁而通俗易懂的定义，为后期研究提供更好的思路和框架。

在国内有关碳会计研究中，有几种有代表性的观点。例如，刘美华等（2011）在文章中认为，为了给利益相关者提供企业 GHGs[②] 减排相关信息，碳会计必须根据低碳经济相关法律法规，确认、计量、记录和报告企业与 GHGs 排放相关的会计事项，反映企业的经济、环境和社会三重效益，并监督企业履行低碳责任的情况。碳会计专门确认、计量、记录和报告碳经济业务，具有较强针对性和复杂性，而且，碳会计涉及的是全球气候问题，这不

---

① Janek Ratnatunga, Stewart Jones. An Inconvenient Truth about Accounting: The Paradigm Shift Required in Carbon Emissions Reporting and Assurance [C]. American Accounting Association Annual Meeting, Anaheim CA, 2008 (6): 365–370.

② GHGs, 即我们所言的温室气体。人类排放的 GHGs 主要包括以下六种气体：二氧化碳、甲烷、氧化亚氮、氯氟碳化物、全氟碳化合物、六氟化硫。由于 GHGs 中最主要的气体是二氧化碳，因此在碳会计核算领域研究中，用"碳"一词作为 GHG 的简称，并常以"碳当量"作为计量单位。碳当量是指二氧化碳当量，是用作比较不同温室气体排放的量度单位。美国环保署指出，不同温室气体对地球温室效应的影响各不相同。为了把不同温室气体的效应标准化，且二氧化碳又为人类活动最常产生的温室气体，因此，规定以二氧化碳当量为度量温室效应的基本单位。一种温室气体的二氧化碳当量可通过把该气体的吨数乘以其温室效应潜势（GWP）后得出。

仅是环境和经济问题，还是一个政治问题。王爱国（2012）认为碳会计是环境会计或绿色会计的新发展，总结了资产归属的三种观点，即存货观、无形资产观和金融工具观，提出碳排放权应确认为无形资产并以历史成本计量。根据国家、区域或行业及企业或其他组织这三个层面，碳会计研究模式依次可分为宏观碳会计、中观碳会计和微观碳会计三种。从碳会计研究内容来看，又可分为广义碳会计和狭义碳会计，后者侧重于碳财务会计，广义碳会计还包括了碳足迹、碳排放成本等相关成本内容的架构以及碳风险控制、碳审计和鉴证等方面的内容。敬采云（2013）对碳会计研究的学科基础和理论创新等问题进行了初步探讨，认为碳会计是基于环境会计的一种新的会计工具、一种新的会计核算体系，是财务会计的一项创新。张彩平等（2015）基于宏观和微观层面内在联系的视角，对碳会计定义进行了重构，认为碳会计是"以货币为主要计量单位，借助实物、技术等计量单位，采用一系列核算和鉴证等方法，向内外部会计信息使用者提供碳排放财务信息的一项管理活动"。并且，碳会计主要提供宏观及微观各层面上的碳财务信息，在核算上有时空限制，空间主体为产生碳排放活动的企业。

综合上述有关碳会计定义的代表性观点，本书认为，作为现代会计适应绿色发展的一个新领域，碳会计是环境会计向低碳管理领域延伸的知识结合体。它以企业履行低碳减排责任、提高资源利用效率为终极目标，以货币为主要计量单位，并借助实物、技术等计量单位，运用历史成本和公允价值共存的计量方法，对与 GHGs 排放相关的会计事项进行核算、控制、评价和鉴证，为利益相关者提供有关碳活动的会计信息，并据此来协助管理层确立碳核算和报告、碳管理和碳审计等在内的一个信息系统。

基于上述定义的分析，可以这样理解，碳会计是基于环境会计的一种新的会计工具，并不人为区分宏观、中观和微观三个层次，而将它们融为一体，以企业为碳会计主体。因为企业是构成现代社会经济体的重要单元，GHGs 排放主要来源于企业活动的各个环节，如厂房建立、能源消耗、产品生产及废弃物处置等。为了更好地深入研究碳会计，有必要把碳会计内容进行整合。碳会计的主要经济事项一般有碳排放量核算、碳排放权及交易业务、碳固及减排业务①等三种类型。具体而言，本书研究的碳会计内容可分为两大部分：一是在国家和项目层面上的碳会计。即指用非货币计量单位来确认、计量企

---

① 碳固是指以碳捕获并安全存储的方式避免向大气排放 GHGs 的过程，也叫碳捕获和存储、碳汇（carbon sink）。碳汇是指从空气中清除二氧化碳的过程、活动和机制，分自然碳汇和人为碳捕捉和存储。

业碳循环过程中的 GHGs 排放，较多关注非货币性的碳排放核算，它是整个碳会计核算的基础和前提。目前的主要核算方法是碳足迹核算，具体评估方法有产品全生命周期法、环境投入产出法及两者皆有的混合法。二是在组织和产品层面的碳会计。这一部分包括碳排放权会计、碳排放权交易会计及碳固会计等，同时关注货币和非货币性核算，具体核算方法有碳足迹法和 LCA 生命周期评价法。

从上述有关碳会计的定义和内容来看，作为一种创新工具和新的分支，碳会计具有自身的特色，尤其体现在复杂性特征上。原因有三：其一，支撑碳会计的学科基础十分广泛，不仅有会计学、经济学和管理学作为主要学科基础，更广泛涉及生态学、环境学及工程技术相关学科。其二，涉及碳活动的经济业务与一般经济业务紧密联系在一起，业务分离的复杂程度非常高。其三，碳会计事项难以实现准确的计量和核算，因为该事项具有较高的风险和不确定性，不仅需要会计人员有较强的专业判断能力，还要具备较高的风险评估技巧。

1.3.2 碳会计制度设计的相关概念辨析

目前，在国内外文献中出现了碳排放权交易会计、碳排放权会计、碳排放会计、碳会计、碳固会计等一系列相关概念，极易导致混淆。而且，这些概念在我国现阶段的具体含义和定位都尚未达成共识，使得研究者学术沟通存在障碍，会影响我国碳会计问题的未来研究。况且，概念探讨和辨析是学术规范研究的必要内容，也是理论研究深入发展所必需的。本书通过在国内研究者们使用频率最高的知网用上述几个术语作为篇名进行搜索发现，截至2016 年 10 月 31 日，共有 62 篇文献使用了"碳排放权交易会计"，245 篇使用"碳排放权会计"，245 篇使用了"碳排放会计"，227 篇文献使用了"碳会计"。使用"碳固会计"作为篇名检索的文献是没有的，分别用"碳固会计"作为关键词检索的文献有 3 篇，用作主题检索的文献有 12 篇。由此可见，碳排放权交易会计、碳排放权会计、碳排放会计、碳会计和碳固会计这几个概念还是有差异的。鉴于此，后文将就上述几个术语之间的区别和联系进行阐述和辨析。

碳会计的真正源头是碳排放权交易的出现，而这一概念最初来源于 20 世纪 70 年代经济学家戴尔斯所提出的排污权交易概念，因此最初是将碳排放权交易纳入排污权会计中进行讨论的。近年来国外对碳排放权会计的研究主要集中在《京都议定书》规定的强制减排下的碳排放权的相关会计问题研究，而我国由于碳排放权交易市场尚未有完善的机制，因此国内学者大多以 CDM 项目及自愿减排为前提，对碳排放权会计进行国内外对比研究，并较浅显地研究了其会计确认、计量及披露等相关问题。

1.3.3　碳会计相关概念的逻辑关系剖析

1.3.3.1　碳排放权交易会计和碳排放权会计

在碳会计相关概念，最早出现的应数碳排放权交易会计。碳排放权交易的标的是企业碳排放活动中所形成的碳排放权。各个企业的碳排放量和减排成本是不一样的，碳排放量较少而拥有多余碳排放权的企业可通过出售其超额碳排放权而增加碳资产，而碳排放权不足则需通过购买而增加了碳负债。碳资产和碳负债的形成便产生了碳排放权的交易、偿付和交付等会计事项，也就有了上述事项的确认、计量、记录和报告等活动的发生，从而构成了碳排放权交易会计的信息系统。目前在我国碳排放权交易会计的内容主要有两方面：第一，有关 CDM 项目及自愿减排中的政府补助的会计处理；第二，企业社会责任的确认、计量、记录和报告等。由此可见，碳排放权交易的业务一般发生在有强制减排义务的企业中，除了上述两方面的核算内容外，还将涉及碳排放权的取得及确认、计量、记录和报告等活动。可见，碳排放权交易会计只是碳排放权会计的一部分，两者的核算对象和范围是不一样的。

1.3.3.2　碳排放会计和碳固会计

碳排放会计是目前大家用得较多的一个概念，它重点核算企业生产经营活动中所产生的 GHGs 排放量，常用方法是通过将 GHGs 的大部分折算为二氧化碳当量（CO_{2e}）来计量碳排放量的大小。

碳足迹（carbon footprint）是碳排放会计中的一个重要概念，也是衡量碳排放量大小的重要指标。碳足迹即碳排放量，是用来描述某一特定主体的活动或实体所产生的碳排放量的专用术语。碳排放会计核算的关键点在于碳足迹的核算。核算碳足迹是实现碳中和①的基本前提，然后需要对碳足迹进行管理和抵消。在管理过程中，对碳足迹的成本效益进行核算和监督，并采取

---

① 碳中和（carbon neutral）是指人们计算自己日常生产活动直接或间接制造的 CO_2 排放量，以及抵消这些 CO_2 所需的经济成本，付款给专业企业或机构，通过其进行植树或其他环保项目（如自愿减排项目）抵消产生的相应 CO_2 量，以达到降低温室效应的目的。

相应的决策，如通过购买其他单位碳排放配额的方式抵消企业所产生的碳排放量，以消除碳足迹，实现碳中和。相应地，碳排放会计应包括以下几个部分：(1) 企业碳排放量的确认和计量，即碳足迹的确认和核算，目前最常用的碳足迹核算指南是《温室气体协议：企业核算和报告准则》。协议中构建了一套 GHGs 核算语言，界定了三类核算范围：直接排放（企业实际控制范围之内）、间接排放（企业控制之内）和其他间接排放（不由企业控制）。(2) 碳排放量的成本及减排措施所获收益的核算。(3) 对购买的用来抵消企业超额碳排放量的碳排放配额进行确认。(4) 披露碳中和过程中所发生的会计事项。

综合上述分析来看，碳排放会计是从碳排放的角度来思考其相关会计问题，而碳固会计则是基于碳吸收的角度，通过碳汇吸收企业所排放的 CO_{2e} 或采用碳固技术将其封存储存以达到减少碳排放量的目的，碳固方式有生物碳固和物理化学碳固两类，有关碳固业务的确认和计量复杂程度很高[1]。

1.3.3.3　碳会计

贾内克·拉塔纳贡（Janek Ratnatunga，2010）和斯图尔特·琼斯（Stewart Jones，2008）最早提出碳排放会计和碳固会计两部分合称碳会计。由此可以看出，碳会计不仅包括了碳排放会计的内容，还包括了碳固会计，是从碳排放和碳吸收的角度来理解碳会计的。如果仅从碳排放角度来思考碳会计的内涵，本研究认为，在当前我国碳排放交易机制指导下，基于 CDM 项目的企业，碳会计问题主要包括碳排放权及交易的会计问题，以及在交易过程中所涉及的碳风险和不确定性的核算、报告及鉴证，包括项目实施中的各种成本管理和控制等问题；对于自愿减排的企业，主要有碳排放会计问题及碳信息披露等。综上所述，碳会计是一个包括碳管理、碳核算和报告及碳鉴证（审计）等在内的综合会计信息系统，它涵盖了碳排放会计、碳固会计、碳排放权会计三部分，其中，碳排放权交易会计属于碳排放权会计中的一部分，具体如图 1 - 1 所示。其中上面虚线框内的碳固会计与下面虚线框内碳排放会计的内容可以整合一块称为"碳排放与碳固会计"。所以实际上碳会计内容就

---

① 碳排放与碳固是完全相反的两个过程，碳排放指在一段时期内一个特定地区向大气中释放温室气体的简称或总称。根据 EPA 的解释，碳固指的是将二氧化碳从大气中移除并储存到其他碳库中的过程。碳固包括物理碳固和生物碳固。物理碳固是将二氧化碳长期封存在开采过的油气井、煤层和深海中；生物碳固指利用植物的光合作用，将大气中的二氧化碳转化为碳水化合物，并以有机碳的形式贮存在植物体内或土壤中。碳固有利于提高生态系统的碳吸收和储存能力，从而降低二氧化碳在大气中的浓度。

涵盖了两大块：一是碳排放权会计；二是碳排放与碳固会计。

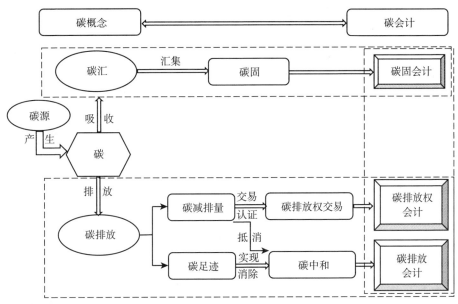

图 1 - 1 碳会计相关概念逻辑关系

资料来源：引自李元祯，张然，等. 碳会计问题相关概念辨析——基于现阶段中国视角［C］. 中国会计学会"环境会计与企业社会责任"2011 年学术年会，2011；有修改。

1.4 研究目标及研究方法

1.4.1 研究目标

面对当前我国日益严峻的能源转型和生态环境保护问题，本研究将首先对企业碳会计制度相关问题进行系统梳理和具体描述，归纳出企业碳会计行为表现的主要特征；接着从碳会计制度设计的基本内涵及重要价值的诠释、对象、目标及原则、核算假设、核算基础和要求、碳会计要素、科目、凭证及账簿的设计等方面来着手构建其基本理论架构；然后再通过深入分析碳会计制度设计的学科理论基础和实践，重点对碳核算和报告、碳管理和碳审计等关键模块进行设计，并在各关键模块中运用具体案例的应用分析；最后结合上述我国碳会计理论体系和操作体系的系统设计和规范，分别从微观和宏观两个层面对我国企业碳会计制度运行和共管体系进行专门构建。

1.4.2 研究方法与技术路线

本书主要采用了文献研究、跨学科的交叉研究分析法，案例研究法及定量与定性相结合的方法等。具体阐述如下：

（1）采用归纳和演绎相结合的规范研究法。该方法是贯穿于整个研究过程始终的一种基本研究方法。具体通过归纳综合、比较和演绎推理等规范研究的方法，对本研究所涉及的碳会计相关问题进行国内外追踪溯源和相关概念的比较剖析，从而逐步缩小研究领域及范围，明确研究问题；了解本研究的理论及实践背景，把握学术前沿和动态发展；拟定研究框架，制定研究路线。

（2）跨学科的交叉研究分析法。碳会计制度设计研究属于一个新的命题，由于所涉及的研究内容具有一定的专业性和学科相融性，本书将综合运用环境管理学、生态经济学、生态学和资源环境学的理论和方法，把碳排放问题视为一个具有会计系统特征的研究对象，探讨其特征、机理和演化规律。这也是本书最具特色和最主要的研究方法，在本书中将广泛涉及低碳经济的物质流分析与价值流分析相结合的研究方法，采用物质流动分析方法对碳排放及交易进行物量核算与追踪反馈；采用价值流分析方法和成本逐步结转法来对碳排放及交易进行价值核算与分析，并构建相应的核算与分析模型。

（3）典型案例研究法。在有关碳核算和报告、碳管理和碳审计这三个核心模块中，通过不同渠道搜集资料并进行加工、整理、编辑成实务和案例，这种典型案例研究法分布在本书的第 5 ~ 7 章中，实现了理论与实践相结合。先从理论上论述碳会计制度的具体设计模块，然后设计实例和典型案例论证其可行性。

（4）定量与定性相结合的方法。在本书所设计的碳管理会计系统中所涉及的碳绩效评价内容及第 8 章中所论证的低碳经济架构下财政政策的杠杆效应分析，主要运用了定性和定量分析相结合的方法来论证。例如，从定性的角度，在既有的绩效评价目标、标准、指标和方法等四方面中考虑碳排放因素的影响，着手设计企业碳绩效评价系统。在此基础上，再通过大量数据进行定量分析，对前述碳预算的制定与优化、碳成本的分析与控制等碳管理会计活动的有效性进行评价。有关财政政策的杠杆效应分析也如此，先有定性的原理分析，后有定量的模型分析，从而做到了论证更充分，更具有说服力。

根据上述研究目标和研究方法，可大体描绘出本研究所采用的技术路线。具体如图 1 - 2 所示。

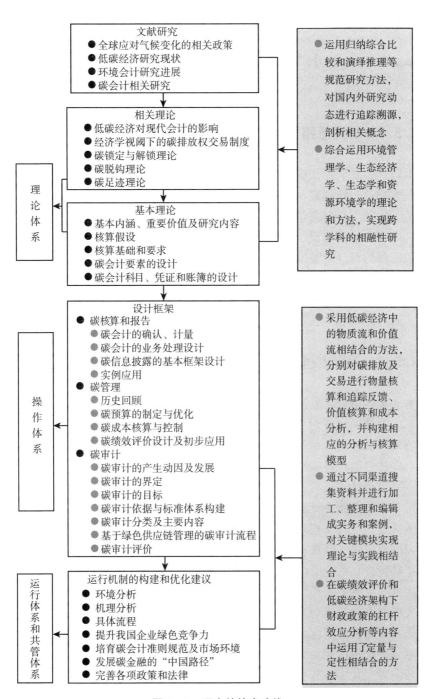

图 1-2 研究的技术路线

1.5 研究思路及内容安排

1.5.1 研究思路

本研究首先应用低碳经济对现代会计的影响、经济学视阈下的碳排放权交易制度理论、碳锁定与解锁理论、碳脱钩理论等领域的最新成果，通过文献分析、实务剖析和跨学科的研究方法，概述碳会计的基本内涵、重要价值和研究内容、核算假设、核算基础和要求、碳会计要素的设计、碳会计科目、凭证和账簿的设计等基本理论和实践来研究碳会计制度框架设计问题，采用科学的方法从"资本、技术和环境"三重依赖的高度来重构和设计碳会计的信息反映、披露和分析规范，即建立一种专门针对碳行为的理论体系、操作体系、运行体系和共管体系。

1.5.2 内容安排

本研究各章内容安排如下：

第1章绪论。针对全球气候治理问题的紧迫性提出研究主题的意义和价值，清晰解读碳会计的基本内涵；然后通过对碳排放权交易会计与碳排放权会计、碳排放会计与碳固会计等相关概念的剖析，清晰界定好本研究的核心概念——碳会计；最后确定研究目标和研究方法，整理好本研究的技术路线。

第2章企业碳会计制度研究综述。首先，对本书涉及的主要政策和经济发展模式演变进行了梳理，总结出本研究所处的背景环境，通过对该环境对本研究进行定位；其次，剖析了国内外企业环境会计研究的发展动态，从而追溯了环境会计研究的演进过程，引出碳会计研究的必要性和可行性；最后，以碳会计研究为主线梳理国内外发展趋势，说明了本研究选题对我国碳会计理论发展的继续深入与实务处理提供借鉴与参考。

第3章碳会计制度设计的相关理论。首先着眼于支撑碳会计制度设计的基本原理，根据低碳经济的起源、概念和认识，低碳经济与会计学的整合及低碳经济对企业成本核算的影响等方面来阐释低碳经济对现代会计发展的影响；其次对碳排放权交易制度进行经济学解读；最后从低碳技术角度对涉及本书的碳锁定与解锁理论、碳脱钩理论和碳足迹理论进行详细剖析。

第 4 章企业碳会计制度设计的基本理论框架。首先基于碳会计制度设计的基本内涵、重要价值及研究对象和内容的具体诠释，对企业碳会计制度的目标及原则进行了分析；其次阐述了企业碳会计制度设计的核算假设、核算基础和要求；再次对碳会计要素进行基本设计；最后就碳会计科目、凭证及账簿的基本内容和形式进行了设计。

第 5 章企业碳会计核算体系的设计。首先通过阐述有关碳会计的确认与计量的一般原理，设置具体的碳会计科目，并进行相应的碳会计业务处理；其次再对碳会计具体内容进行核算，并就碳信息披露进行具体规范；最后以具体的实务内容运用碳会计核算原理进行碳排放与碳固会计的计量与披露，从而为研究碳会计制度中碳财务会计模块的设计提供了理论与实践论证。

第 6 章企业碳管理会计系统的设计。首先，回顾了管理会计发展历程，提出碳管理会计这一新领域；其次，指出碳管理会计系统设计的基本思路和构建的主要三模块：碳预算的制定与优化、碳成本核算与控制、碳绩效评价与提高；最后，分别对这三模块框架进行了设计，并结合具体案例进行了初步应用。整个章节内容都贯穿了碳管理会计系统的设计理念：通过构建企业内部碳管理和外部上下游企业的碳价值链，设计一个统一的碳管理信息系统，将外部碳因子纳入企业内部成本管理和外部战略决策中来。

第 7 章企业碳审计基本框架设计。首先，对我国企业碳审计的产生动因及发展进行了剖析，对碳审计定义予以界定，并梳理碳审计与环境审计两者间的区别与联系；其次，依据碳审计目标，构建碳审计依据与标准体系；再次，划分企业碳审计类型及主要内容，阐述基于绿色供应链管理的碳审计流程；最后，以 D－S－R 模型结合我国具体钢铁企业案例进行了碳审计评价和应用，为我国企业碳审计基本框架的设计奠定了坚实基础。

第 8 章我国碳会计制度运行机制的构建研究。本章对我国碳会计制度运行机制构建内容从环境、机理和流程三个方面进行了深入而系统的分析和阐述。首先，需要实现要素与功能之间的匹配和协调，对碳会计制度运行环境进行深入分析，应该加强碳会计制度运行的政策、法律、知识、教育等方面的环境建设。其次，需要剖析我国碳会计制度的运行机理，从其内涵、理论和实践意义、理论基础、框架、特征及原则等方面进行系统深入的解读、阐述和剖析。最后，本书阐述了我国碳会计制度运行的具体流程。提出应从四个方面实现碳会计制度的融入，它们分别是：一是碳会计制度融入的总体要求；二是碳会计制度融入的有效沟通；三是提高碳会计制度融入绩效的行动与实践；四是碳大数据、云会计为碳会计制度运行提供信息和技术支持。

第 9 章优化我国碳会计制度运行机制的政策建议。本章从微观和宏观两个层面对企业碳会计制度的共管与运行体系进行专门构建。一方面，从微观层面看，以提升我国企业绿色竞争力，形成绿色资本观；培育碳会计操作体系所需的公允价值准则规范及市场环境，提高各准则的系统性和协调性；改革支撑我国碳会计运行体系的碳金融机制，实现碳会计对碳减排行为的深入推进。另一方面，从宏观层面看，完善有关碳会计实践的各项政策和法律，创新共管体系，使环境成本内在化。另外，还需要有相关政策扶持和培养碳会计专业人才等软实力，并加大研发和推广相关碳会计软件等硬件配套措施。

第10章结论与展望。根据研究结论，进一步提炼研究结论所蕴含的学术意义和实践价值，分别针对政府、企业及学界对碳会计制度研究提出政策建议和策略建议；并指出今后研究工作进一步探讨的问题和重点。

第2章

企业碳会计制度研究综述

常言道，学习要"青出于蓝而胜于蓝"，做科学研究也不例外。我们不仅要梳理前人对某一知识领域已作出的努力及其成果，进行必不可少的文献回顾，还需要超越前人的研究过程，这既是对前面探索者的尊重，也是继续进行研究的基础。

2.1　全球应对气候变化的相关政策梳理

据文献记载，1988 年了发生了创纪录的高温和干旱，全球变暖话题由此被高度关注，联合国环境规划署（United Nations Environment Programme，UN-EP）和世界气象组织（World Meteorological Organization，WMO）着手成立了政府间气候变化委员会（Intergovernmental Panel on Climate Change，IPCC）。经过 IPCC 的数次学术推动和验证，结果表明，气候变化与人为排放因素之间存在直接的因果关系。鉴于此，减缓和适应气候变化的各种行动集聚了全球各大组织或机构的诸多力量和智慧，直接催生了《联合国气候变化框架公约》(1992 年) 和《京都议定书》（1997 年）两大里程碑式的文件的诞生，以及 2009 年《哥本哈根协议》及后哥本哈根展望的相关进程。

2.1.1　《联合国气候变化框架公约》和《京都议定书》

应对气候变化不是单一国家行动而是整个国际社会博弈和谈判后的相互合作。1992 年 6 月全球各国广泛承认和签署通过《联合国气候变化框架公约》（后文简称《公约》）。《公约》要求各缔约国采取措施和政策来控制气候变化，规定了关于控制气候变化的基本法律原则，其中最有成就的是强调了"共同但有区别的责任"（common but differentiated responsibilities）原则。所谓"共同责任"是指国际社会的主要成员国均需承担有保护和改善全球环境的共同义务，各国都有参与处理和解决国际环境事务的平等权利。另外，由于发达国家在温室气体（greenhouse gases，GHGs）[1] 排放方面负有主要责任，应在保护环境、解决臭氧层破坏及气候变化等全球性环境问题方面，严格区分发达国家和发展中国家的责任。这就是所谓的"区别责任"。但是，为了尽快吸引各国加入，在《公约》缔约过程中，缺乏对具体措施和政策缺乏导向性的进一步规定。比方说，对控制温室气体排放的关注对象、控制目标及承诺期限都模糊不清，缔约方的具体法律义务未有涉及，未规定量化的温室气体减排目标等。因此决定了有关气候变化行动的进一步深入推进，并制订了具体的实施文件——《京都议定书》（1997 年）。

《京都议定书》规定，发达国家温室气体排放量要实现 2012 年比 1990 年降低 5% 的目标义务，尤其作为第一温室气体排放国的美国，则需完成降低 7% 的目标。但上述规定遭到了一些发达国家的反对，并有美国和澳大利亚两国宣布退出。此后经历策略调整，直到 2005 年《京都议定书》才予以正式生效。

《京都议定书》规定了有法律约束力的定量限制，明确了碳排放的总量目标和分解指标，把《公约》实施过程中的"软法"向可操作的实体国际环境法推进了一大步。比如，根据定量限制，欧盟减排目标为 8%，美国减排 7%，加拿大和日本各减排 6%。其次，还规定了三个最有创新性的成果即碳排放权交易机制，它们分别是联合履约机制（joint implementation，JI）、清洁发展机制（clean development mechanism，CDM）和排放贸易机制（international emission trading，IET）。排放贸易机制实施的前提必须设定一个温室气体排放上限。JI 和 CDM 属于温室气体减排的合作机制，通过设置排放上限和项目合作，发达国家或企业对其他国家或企业的减排项目进行投资，项目方则将拥有的温室气体排放权出售给投资方以交换技术支持或获取额外收益，投资方则用以抵减超出的那部分碳排放量。三个减排机制的灵活运用，使发展中国家减排量进入发达国家的交易系统，发达国家的排污技术和资金进入发展中国家，从而有利于全球实现具有法律约束力的清洁生产与温室气体减排及限排目标。

---

[1] 本书中在"碳"泛指温室气体（GHGs）。《京都议定书》中约定 GHGs 包括三氟甲烷、全氟化碳、六氟化硫、二氧化碳等六种气体，其中二氧化碳占比重最大，增温效应贡献率达 60%，温室气体主要成分是二氧化碳，因此将温室气体 GHGs 与二氧化碳不做区分，特此注释。

2.1.2　《哥本哈根协议》解析及展望

继《京都议定书》后，有哥本哈根会议的召开，并就 2012～2020 年的温室气体减排承诺达成了以下四点协议：第一，发达国家的温室气体减排额标准；第二，发展中国家温室气体排放的控制方法；第三，发达国家对发展中国家的减排资助；第四，如何管理好温室气体减排资金。取得的主要成果有：一是发达国家应对气候变化的具体目标予以量化；二是发展中国家有条件地进行可测量、可报告、可核证的减排行动；三是设立了发达国家援助发展中国家进行温室气体减排的资金援助标准；四是减少森林退化和毁林造成的温室气体排放。但就协议研讨进程看，发达国家对未来温室气体减排承诺和对发展中国家的环保技术转让与资金支持问题都表现消极，未就各国减排目标和国际减排合作达成一致。因此，在 2010 年 4 月 9～11 日又进行了新一轮谈判和磋商，称之为后哥本哈根展望，在决定全球气候变化政策进程中，美国、欧盟、澳大利亚等国家的气候变化政策有着关键性的影响，以中国、印度为代表的发展中国家坚持"共同但有区别责任"的原则，提出了积极应对气候变化的政策。

2.2　我国低碳经济模式的研究现状

2.2.1　从现有研究的情况看

低碳经济的理论和实践经历时间并不长。在人类发展史上经历了四次浪潮，分别是：农业文明的建立、工业革命的传播、信息革命的兴起和低碳革命。"低碳"一词是舶来品，低碳经济本质上是一种发展模式，同时也是一个发展问题。发展低碳经济是一个必然选择。综述已有文献关于"低碳经济"的各种诠释，低碳经济是指通过更少的自然资源消耗和更少的环境污染，获得更多的经济产出。"低碳"不仅仅是减少碳排放，而赋予"低碳经济"有更广泛而丰富的内涵。下文将通过梳理和归纳英国、美国、日本和欧盟等已有做法，以期为中国低碳经济发展提供可资借鉴的样板。

美国海洋生物学家蕾切尔·卡逊（Rachel Carson，1962）在《寂静的春天》一书中首次关注了环境问题。2006 年 10 月英国公布了《气候变化的经济学：斯特恩报告》，该报告以气候变化为基础，采用成本效益分析的基本原理和框架，将气候变化对自然和人类社会经济系统的预期损失与减缓气候变化的成本之间的关系进行了较为详细的分析和比较。英国积极倡导发展低碳经济。创造了多个世界上第一：2003 年率先在《我们未来的能源——创建低碳经济》白皮书中提出"低碳经济"的概念，率先征收"气候变化税"，率先为温室气体减排立法，率先实行"碳预算"，率先实施碳排放权交易体系等，俨然成为全球的低碳经济的领跑者。美国作为全球人均温室气体排放最大国，碳排放占全球总排放量的 25% 以上，在 2001 年开始在国内探索一系列低碳发展刺激政策，实施"绿色能源计划"，并推行低碳经济政策法规，通过了针对企业的《生物质研究法》。在美国新政下，新能源将成为新的经济增长点。欧盟作为政治和经济共同体，也对其经济社会发展所带来的气候问题和环保问题日益关注，例如，2007 年 3 月通过了一揽子能源技术计划，是欧盟气候立法和政策制定中的一个里程碑。2007 年年底又提出了战略能源技术计划，该计划鼓励"低碳能源"技术，发展可再生能源和低碳能源，在企业实行强制性标签计划，并鼓励自愿性标签行为，加快推进碳捕捉计划。日本是世界上节能最先进的国家，其能源政策是经济政策最核心的部分，实施"荒岛求生"的立体性战略，数次修订《节约能源法》，通过碳税政策促进企业的能效投资，促进新能源技术的发展。

综上所述，低碳经济是指通过更少的自然资源消耗和更少的环境污染，获得更多的经济产出，"低碳"不仅仅是减少碳排放，而赋予"低碳经济"有更广泛而丰富的内涵。中国低碳经济发展面临来自外部和内部的双重压力。一方面，我国正处于工业化、城镇化快速发展阶段，2007 年成为世界上第一温室气体排放国，在能源和可持续发展方面临巨大挑战，大量的能源消耗和碳排放，给我国资源和环境带来了前所未有的内部压力。另一方面，中国面临的外部压力主要来自全球的强制减排义务、国际贸易低碳标准的负面影响及国际道德舆论。在此种情势下，中国必须顺势而为，推行渐进性低碳发展战略，以"接受、学习和参与"的核心原则积极发展低碳经济，研发推广低碳能源技术，完善有关低碳能源、支持节能减排的政策法规，借鉴英国、荷兰等国家的低碳管理经验，实现中国低碳转型的弯道超车。

2.2.2　从国内研究现状看

低碳经济模式是可持续发展的必然选择。我国政府颁布了一系列相关政策，以推进低碳经济深入发展。"节能减排"加入我国"十一五"规划内容中，成为中国经济发展的一个支柱。2009 年 11 月 25 日，国务院常务会议决定，2020 年我国单位 GDP 碳排放强度要在 2005 年基础上降低 40% ~ 45%。[①] 2010 年 2 月 24 日，在中央领导就关于我国控制温室气体排放行动目标的政治学习时，时任中共中央总书记胡锦涛强调，为确保实现 2020 年我国控制温室气体排放行动目标，应把应对气候变化作为我国经济社会发展的重大战略，同时这也是加快经济发展方式转变与经济结构调整的重大机遇。至此，向低碳经济的全面转型将成为我国经济生活的大方向，这也给创新的低碳管理业务提供了良好的发展空间。

与此同时，在"十三五"对自然生态环境的严格保护规划中强调，产业选择的重点是在能源和环境的双约束下进行，在工业新的增长点稀缺、节能减排硬约束加强的前提下，工业结构调整要把握国际新工业革命的趋势，做到主动和被动两方面的调整相结合。同时以转变发展方式为主线，设立了一系列应对气候变化的约束性指标，综合运用价格、税收、金融、财政等激励性经济政策，通过目标责任制等行政措施，动员全社会共同努力，实现约束性目标。我国还将积极培育市场机制，在低碳试点省、市开展碳交易试点，探索建立碳交易市场，鼓励地方践行低碳发展，鼓励技术进步与创新，提高全民绿色和低碳发展意识，全方位推动应对气候变化进程。

在我国有关节能减排的政策层面，陆续出台《"十二五"节能减排综合性工作方案》《"十二五"控制温室气体排放工作方案》《"十三五"控制温室气体排放工作方案》，"十三五"方案指出，我国二氧化碳排放将在 2030 年左右达到峰值，并尽快达峰。"十三五"期间累计二氧化碳减排当量达 11 亿吨以上，年均 2.2 亿吨。与"十二五"方案相比，"十三五"方案的措施及目标更细化而全面，譬如，单位 GDP 碳排放下降目标由 17% ~ 18%，提高了一个百分点，减排力度更大；减排目标层层分级更详细；大力发展碳市场，再度明确 2017 年正式启动我国碳排放权交易，未来我国碳市场交易成交额预计可达 1 000 亿元以上，碳资产管理公司成为碳市场新的需求和经济增长点。

2.2.3　在理论研究方面

我国专家及学者就低碳经济及相关问题做了大量研究，我国现阶段所使用的低碳经济相关概念较多，如生态经济、循环经济、清洁生产、绿色经济

---

① 程叶青，王哲野，等. 中国能源消费碳排放强度及其影响因素的空间计量 [J]. 地理学报，2013，68（10）：1418 - 1431.

等。下文仅就绿色经济、循环经济与低碳经济这三个概念的密切联系和各自的侧重点进行归纳和梳理。因为绿色经济与生态经济在内涵上有所不同，但本质上都是强调经济增长与生态环境的一致协调。绿色经济内涵较宽泛，覆盖了社会、经济、资源环境可持续性等内容，循环经济的内容以法律规范的形式予以表述，即4R原则，重在评价资源产出效率，低碳经济重在考察碳效率。简而言之，低碳经济、绿色经济和循环经济三者在内涵上有交叉，三种经济发展过程并不矛盾，最终都是为了实现我国社会、经济和生态可持续发展的重要模式或实践。

在我国最早研究低碳经济的文献是靳志勇于2003年发表在《全球科技经济瞭望》中的《英国实持低碳经济能源政策》一文，文中介绍了英国低碳经济实施成果，给我国经济发展提供经验借鉴。中国环境与发展国际合作委员会在《中国发展低碳经济途径研究——国合会政策研究报告》中认为，与传统经济体系相比，低碳经济是一个新的经济、技术和社会体系，在这种经济发展模式中，不仅能在生产和消费中能够节省能源、减少温室气体排放，同时还能保持经济和社会发展势头。范建华认为，低碳经济具有如下五个方面的基本内涵：（1）低碳经济发展目标为：权衡资源环境和经济发展的关系、能源使用效率最大、生态环境优化、人民生活福利最大；（2）其内容为构建低碳型产业发展模式和低碳型区域发展模式；（3）企业是低碳经济发展主体；（4）低碳经济是资源环境与经济发展的必然产物；（5）以节能减排为低碳经济发展的路径。该文献也为企业作为碳会计制度设计研究主体提供了重要依据，亦为后续研究中以节能减排为碳会计核算、管理和审计等体系构建的最终目标奠定了基础。截止到2017年5月15日，我国学者以低碳经济为关键词的研究文献共计12 040篇（在中国期刊全文数据库中以在关键词"低碳经济"作为搜索条件搜索得出），从2008年开始，相关研究文献急剧增加，2010年发表的关于低碳经济的研究论文达到了2 625篇。这与当时对全球气候变化问题关注的加剧、我国政府出台了一系列相关低碳经济政策等不无关系。

2.3　有关环境会计的研究：碳会计的研究起点

据相关文献，在企业决策中考虑温室气体（GHGs）排放问题越来越受到人们的广泛关注和重视，这很大程度上缘于三个方面：一是欧盟组织（EU）引入碳排放；二是关注气候变化的政府间工作组（IPCC）的工作进展；三是《斯图恩报告》及碳信息披露项目。以上是文献回顾的开始，旨在厘清碳会计在各个知识领域的内涵及外延，并给出一个较为全面、系统和综合的理解，这是任何一项理论研究和应用性探索所最不能忽略的一道固定程序。本研究将碳会计作为环境会计的一个新兴分支，引入环境会计框架来梳理碳会计研究的"前世今生"及未来走势。

2.3.1 国外研究进展

据文献记载，英国是最早研究环境会计的国家，具有标志性的两篇著作就是比蒙斯（Beams，1971）与马林（Marlin，1973）在《会计学月刊》上分别发表的《控制污染的社会成本转换研究》和《污染的会计问题》。近年来，随着对环境会计研究的不断深入和发展，国际学术界从多个方面创新了环境会计理论，丰富了环境会计研究内容，拓展了环境会计相关技术和方法。本章尝试从环境会计研究的理论基础、主要内容，及技术和方法三大模块来对近几年的主要文献进行梳理。具体来看，环境会计研究的理论基础主要涉及可持续发展观理论、外部性理论和行为科学理论；研究内容主要涵盖了环境会计核算中关于成本和负债的确认及信息披露问题；环境会计相关技术和方法则侧重于成本的内部控制和管理。

2.3.1.1 有关理论基础方面

可持续发展是 20 世纪 70 年代所提出的一种新的发展观。因为传统会计的不足及会计体系自身的局限性，可持续性与会计联结在了一起（Gray，1990）。英国查尔斯王储也发起了可持续会计项目（Accounting for Sustainability Project），系统研究如何将可持续发展问题融入企业管理中。沙特尔和伯里特（Schaltegger & Burritt，2010）明确指出可持续会计是会计的一个分支，属于一种信息管理工具，能促进企业的可持续性和企业责任的发展，与传统会计相比，可持续会计关注的是社会、环境和经济之间的联系和相互影响，可持续会计的基本职能就是运用相关方法系统记录、分析和报告这些联系和影响。它偏重于从宏观理论角度来构建可持续会计，从战略角度关注企业与社会、环境、经济之间的相互联系和作用，并指出可持续会计是环境会计的延伸和发展。但并未就可持续会计的具体框架和体系构建进行深入的研究。

外部性理论由庇古（Pigou，1920）针对排污问题提出的经济学解释，为后人采取经济手段解决污染问题提供了理论支撑。为了解决外部性问题，必须采取措施实现外部性内部化。其基本思路是：政府代表公共资源所有者或公众利益，在环境污染可控制的范围内，按市场上每单位允许的排放量标准，公开出售一定数量的剩余排污权。例如，洛曼（Lohmann，2009）认为外部性内部化的具体办法就是实施排放权交易许可权制度和征收环境税。戴维斯和穆来格（Davis & Muehlegger，2010）认为解决外部性的权威办法是采用庇古税（即环境税）或类似总量—交易（cap-and-trade）计划的办法。由此可见，基于外部性理论视角研究环境会计旨在为实现污染企业外部性成本内部化提供具体的办法和措施，将相关理论融入实践，对实现排放权交易和开征环境税具有重要的指导意义。当然该理论的应用必须离不开政府的积极参与，包括制定清晰的产权制度、成熟的市场经济制度以及完善法治环境规范。

随着对环境会计研究的不断深入和拓展，有学者尝试从组织行为科学的视角为环境会计理论研究提出了新的诠释。该视角通过研究社会组织的建立、运行、变革和发展的规律，解释企业与社会之间的环境和经济关系，以及其运行规律和相互作用。洛曼（Lohmamn，2009）、迪拉德等（Dillard et al.，2005）从制度理论视角来对社会和环境会计进行分析。

鲍尔（Ball，2007）认为制度理论尤其是新制度主义，提供了"组织社会学上的主要研究范例"。他们拓展了组织的制度分析，并将洛曼（Lohmamn，2009）提出的四象限分析方法用于研究加拿大和英国这两个不同制度背景下的环境会计问题，旨在为环境会计提供一个标准化的视角来研究宏观层面的环境会计理论。另外，在管理会计系统中还运用结构性理论来解释各种原理和方法的形成，例如，摩尔（Moore，2010）在研究会计和欧盟排放权交易系统（EU ETS）中运用了结构性理论，认为结构理论能帮助研究者理解排放权交易系统的发展，通过检验由排放权交易系统（EU ETS）产生的含义、支配和合法化之间结构的相互关联，解释结构性理论在理解环境会计实践中的作用。

鲍尔（Ball，2007）还将社会运动和组织理论应用到环境会计中，他阐述了如何运用环境会计来解决环境问题，并应用了一个试验假设框架来研究宏观层面的环境会计的实施，以加拿大的一个环境会计案例进行分析，认为环境活动能提高我们对环境问题的关注，有助于评价企业与环境活动的相互关系及影响。基于行为科学理论视角，通过分析组织的行为和变革来解释资源的运用和组织对环境的影响，是环境会计研究中跨学科理论融合的一个成功应用。运用行为科学理论解释和分析环境会计，能为企业或政府的行为提供理论指导。但是该类研究还处于尝试和探索阶段，对环境会计的表述和理解也因学科不同，以及研究者的学术主张和偏好的不同而有差别，因此还有待进一步完善各理论之间的逻辑关系。

2.3.1.2　主要内容方面

近年来环境会计文献中的研究内容主要涵盖了环境会计核算中关于成本和负债的确认及信息披露问题。例如，近年来环境会计文献中发展了许多理论来解释企业的环境信息披露行为。布兰克等（Blanco et al.，2009）将信息披露理论有两种：自愿披露理论和社会—政治情境理论。其中，自愿披露理论旨在向企业利益相关者传递与环境业绩相关的信息，期望能获得更多的收益和报酬。而社会—政治（social-political）理论则由政治—经济（political-economy）理论、股东理论和合法性理论构成。弗里德曼和贾吉（Freedman & Jaggi，2010）通过比较《京都议定书》缔约方有关 GHGs 披露，结果表明，政治—经济理论最早应用于环境会计的信息披露，有利于促进 GHGs 披露。股东理论则主要考虑企业与特定股东之间的关系，认为环境会计披露目的在于管理者为了满足股东需要而提供的。但合法性理论则关注的是企业为了让社会认可其活动的合法性，试图达到企业自身的预期。股东理论与合法性理论两者披露的本质不同，前者披露的信息与股东需求一致，并于股东决策有用，后者则在决策有用性上大打折扣了。除了披露内容外，环境会计披露研究方面还有涉及影响因素的分析。其中，政策影响因素起着举足轻重的作用。证据表明，20 世纪 90 年代的美国受到来自美国证券交易委员会（SEC）的压力，环境披露的积极性明显提高了。1998 年，在澳大利亚出台法令规定公司必须在年报中报告环境业绩，弗罗斯特（Frost，2007）选择了资源、基础设施及造纸业等对环境敏感的行业，并最受该法令影响的公司作为样本，采用内容分析方法对样本公司进行分析，研究发现，该法令对澳大利亚 71 家公司的环境披露产生了积极的影响。不少学者也研究了《京都议定书》生效后对企业的影响，例如，弗里德曼（Freedman，2010）研究了京都议定书的签署是否推动了温室气体排放业绩和相关披露，他们认为协议的签署和对 GHGs 的限定会激励管理者提高治污业绩来达到协议要求，所以会有较好的 GHGs 披露；而且批准协议能提高投资者对 GHGs 业绩的预期，这种更好的市场预期又会为管理者提供额外的激励来改善公司的披露。另外，一个国家的制度也会对环境会计披露产生重要影响。琼斯（Jones，2010）根据碳披露项目（CDP）的年度调查问卷，以 2002～2006 年申请加入 CDP 的公司为样本，分析在 28 个不同国家的环境会计披露的差异和影响，旨在检验一个公司披露意愿与其所处国家的法律和市场等结构是否有着显著关系。研究结果表明，披露意愿与市场结构显著相关，但与法律结构不相关。还有，公司披露污染业绩、环境负债等内容明显受到社会、政治、经济和文化等因素的影响，公司规模与环境会计披露呈正相关。可见，研究影响环境会计披露方面的文献不少，但由于视角和口径各有不同，因此结论也不一样。还有少量文献会有研究关于公司环境会计披露机制及投资者如何响应公司披露的信息等方面。

2.3.1.3 相关技术和方法方面

环境会计的相关技术和方法主要体现在环境成本的控制和管理方面。环境成本信息的提供，有助于管理者实施有效的环境成本控制和管理。在文献搜索中，发现所罗门和汤姆森（Solomon & Thomson，2009）把环境会计的研究分为了两部分：一是财务会计和报告；二是成本会计和管理。前者侧重于对股东或公众的信息披露；后者则偏重于内部信息的提供和环境成本的控制。伯里特和萨卡（Burritt & Saka，2006）认为环境成本管理技术主要用于追溯和跟踪环境成本和自然环境的物理流动，是一种相对较新的环境管理工具。从成本管理视角研究环境成本的相关技术和方法，重点在于环境成本的确认和计量、如何控制环境成本及利用环境成本来制订环境决策等。赫伯恩（Herbohn，2005）认为全成本环境会计法（FCEA）是环境会计的一种重要方法，它的发展需要有合适的计量技术。昆奇等（Kunsch et al.，2008）研究了环境成本贴现率的计算与选择，并以核废弃管理项目为例，研究如何通过计算总成本的净现值而求得折现率，研究结果表明，采用期权法，通过古典的 B - S 定价公式来确定环境项目的折现率。洛曼（Lohmann，2009）通过案例分析，讨论了《京都议定书》中就成本收益原则的应用和碳会计技术所提出的一些要求。在环境成本分析方面，米隆纳克斯（Mylonakis，2006）提出了考虑时间因素的成本效益分析（cost benefit analysis，CBA）的扩展模型。

2.3.2 国内研究动态

从已有文献来看，我国对环境会计的研究可以追溯到 20 世纪 80 年代，1983 年，环境保护被党和政府明确宣布为我国的一项基本国策，与之相配套的环保法律和措施也相继出台，例如，财政部（85）财会第 1 号文件规定单独设项"排污费"。① 国家统计局和环保总局要求企业向国家提供有关企业环境基本情况的统计报表。1992 年著名会计学家葛家澍教授发表《九十年代西

---

① 朱学义. 我国环境会计初探 [J]. 会计研究，1999 (4)：27 - 31.

方会计理论的一个新思潮——绿色会计理论》，这是我国环境会计系统研究开始的重要标志。1994 年我国政府在《中国 21 世纪议程》白皮书中确立可持续发展为我国社会经济和环境协调发展的基本战略。1995 年我国参加了联合国国际会计和报告标准政府间专家工作组会议，参与了环境会计议题的讨论。经过此后 20 多年的发展，我国环境会计研究取得了相当可观的学术成果，推动了我国环境会计理论研究的发展。成果主要集中在以下几个方面：一是环境会计基本理论，具体包括环境会计的定义、本质、目标、对象、假设、要素、基本原则和报告等。如陈毓圭（1998）在《环境会计和报告的第一份国际指南》中提出了环境会计的基本体系。二是环境会计信息披露，学者们从披露的模式、内容、体系及影响因素方面进行了深入研究。例如，李建发、肖华（2002）构建了符合可持续发展战略要求的企业环境报告。三是排放权交易会计，主要讨论排放权的确认和计量、排放权交易及定价、碳会计体系构建等。代表性学者有周一虹（2005）、周志方（2010）、肖序（2011）。四是环境成本的计算与管理。如冯巧根（2011）等结合我国环境政策及相关法律法规，对环境成本分析框架的构建进行了研究。五是持续发展管理会计研究，属于环境会计研究中的一个具体内容。如张亚连（2010）从生态经济协调发展理论、生态环境价值理论、环境管理和控制理论及产品生命周期理论等视角对环境会计中的可持续发展管理会计研究分别提供了协调、价值、管理、闭合循环四个维度各自的切入点、计量问题、理论依据及可资参考的分析框架。

上述研究成果表明，我国学者针对环境会计基础理论、环境信息披露、排放权交易会计和环境成本管理等几个方面对环境会计理论和实践进行了深入研究，主要体现在环境会计基础理论、环境信息披露、排放权交易会计和环境成本管理等几个方面，推动了环境会计研究的发展。但不容置疑，我国环境会计研究起步晚于国外，与国外研究水平还存在一定差距，需要结合我国实际从会计制度和标准构建方面着手，分析制度因素和环境政策对我国环境会计的影响，健全和完善我国碳排放权市场，构建适合我国国情的碳排放权定价机制和交易体系，切实在环境会计、碳会计等专门会计研究领域中创建新的理论和实践高度。

2.4　碳会计的发展脉络

20 世纪 70～90 年代，基于科斯产权理论的启发，美国率先明确了污染物排放的产权归属，并提出通过市场交易解决污染排放外部性问题的观点，从而奠定了排污权是一项财产权利的理论和实践基础。以美国二氧化硫排放权交易为背景，美国联邦能源管理委员会（FERC，1993）颁布了《统一账户制度》，首次提出排污权的存货观和账务处理的净额法。将排污权作为资产进行确认、计量和报告，成为排污权交易会计研究的重要里程碑。

从某种程度上说，21世纪后合作应对气候变化渐渐国际共识，二氧化碳排放受到严格管制；与此同时，排放贸易、联合履约和清洁发展机制三种碳交易机制得以确定，从而催生了以欧盟为主导的国际碳市场兴起。碳市场分为两大类：一是配额交易市场（allowance-based trade），以政策制定者给定的初始分配额作为主要的交易对象。如《京都议定书》中的配额AAU、欧盟排放权交易体系使用的欧盟配额EUA。二是项目交易市场（project-based trade），主要通过实施削减温室气体的项目而获得减排凭证，如由清洁发展机制CDM产生的核证减排量CER和由联合履约机制JI产生的排放削减量ERU。有了碳市场，CO_2排放权当成了一种商品进行交易，形成碳排放权交易，简称碳交易。各国准则制定机构和学术界开始重视碳交易会计问题。

碳交易的会计处理问题也成为全球讨论的焦点，碳会计被视为环境会计的重要内容，在国际学术范围内呈现井喷式的快速发展，有关碳会计确认、计量及信息披露等概念框架如何构建在各国纷纷展开。例如，国际会计准则理事会（IASB，2004）适时发布了解释公告《排放权》，提出了碳排放权的无形资产观和账务处理的总额法。简·贝宾顿等（Jan Bebbington et al.，2008）对碳会计体系构建思路提出相应观点，并对碳排放权会计、碳会计信息披露、碳会计相关的鉴证业务（审计）等碳会计内容进行了研究，其中，碳排放权[①]被作为财务会计中的一个重要项目，尝试采用适合的会计核算方式进行碳会计的相关核算，并随后有不少学者针对此进行了大量的理论与实务研究。

鉴于此，综合本研究的内容划分和框架布局，下面将从碳财务会计、碳管理会计和碳审计三方面对碳会计的发展脉络进行归纳、梳理和述评。

2.4.1　碳财务会计的研究动态

综观碳会计研究的相关成果，碳会计核算的重要项目是碳排放权及其交

---

① 本研究中有关"碳""碳排放""碳排放权""排污权"等表述不做严格区分，视为同义或近义词。

易。在推动碳财务会计方面，继《京都议定书》后，"自愿合作机制"在2015 年召开的《巴黎协定》中得以规定，碳市场的减排作用得到重申。2017年中国正式启动全国碳市场建设，积极促进各项减排政策的落实，从而提升我国在国际低碳经济博弈中的优势地位。2016 年，中国财政部发布《碳排放权交易试点有关会计处理暂行规定（征求意见稿）》，旨在规范碳交易会计核算，推动碳市场的全面建设。可以说，碳会计研究中心开始从欧盟、美国转向中国。包括中国在内的各国学者围绕碳排放权资产性质确认、计量属性、信息披露和鉴证等具体问题展开研究。但由于碳交易机制本身的复杂性和不断创新，使得碳会计理论及准则构建的意见尚未统一，实务标准和方法并不一致，尤其是免费碳排放权分配的会计处理尚存分歧和争论。现将已有相关研究成果综述如下：

2.4.1.1　碳排放权资产性质确认的相关研究

有关碳排放权的资产性质确认在国内外经历了长期争论，主要有存货观（Dittenhofer，1995）、金融资产观（Fiona，2002）、无形资产观（IASB，2004）和新型资产观（EFRAG，2013）等诸多观点。

例如，基于1990 年颁布的《清洁生产法案》，针对 SO_2 排放问题，FERC（1993）首次发布排污权交易会计处理文件（简称 CFR18），在文件中的第101 和 102 段详细规范了排污权的确认、计量属性、价值评估与报告等会计问题。在 FERC 文件中规定，如果企业将排污权当作交付当期的排放义务，则将此项排污权确认为"存货"；如果用于投资，则确认为"其他投资"。由此文件可以理解认为，企业排污权的确认和计量采用了"历史成本—存货"模式。但因该文件并不适用于政府免费分配的排污权的会计处理而被取消。朗斯甘斯和安福（Ambsganss & Anfor，1996）提出将免费分配或无偿获得捐赠的排污权确认为"捐赠资产"，并以公允价值计量，弥补了CFR18 的缺陷。

接下来，FASB 下属的紧急工作组（EITF）出台了基于总量交易机制下的排污权会计草案——《总量和交易制度下参与者获得排放配额的会计问题》（EITF03 - 14），草案主要就总量与交易机制下的排污权是否应确认为"资产"、若为"资产"应为"何种资产"这两个问题进行了讨论，但最终因各种争议未能达成一致认识，导致 EITF03 - 14 被取消，在 FASB 对于排污权交易的会计研究文献上也未有新的动态，仍然按照 FERC 的相关指南来处理排污权交易事项，政府免费分配所得配额以及购买取得的排污权都应确认为资产。其中，最具代表性的观点应属无形资产观。众多学者（如王爱国，

2012）等认为，过去由政府无偿分配或企业自行购买的碳排放权，是一项"精神、非物性"的财产，预期能为企业带来未来经济利益的流入，符合资产的定义，同时还具有无形资产的某些特征，应将碳排放权确认为一项无形资产。

综观世界各国有关碳排放权交易的会计处理方面的文献，除德国和奥地利两国的学者们将配额确认为存货外（Wambsganss & Sanfor，1996），多数国家都将碳排放配额确认为无形资产，将拍卖的配额以成本进行初始计量，免费分配的则以公允价值计量。

2.4.1.2 碳会计计量的相关研究

碳会计计量的相关研究主要集中在计量属性和核算方法等方面。关于计量属性的选择大致有三种看法：历史成本法、公允价值或现行价值法、动态估价法。例如，德国学者沙特格尔和伯里特（Schaltegger & Burritt，2000）提出，在碳交易会计计量中，不再采用历史成本计量模式，认为考虑资源环境的特殊性，应考虑使用公允价值计量，使碳排放权的边际成本与企业污染行为的边际预防成本具有可比性。基于欧盟碳排放交易体系（EU – ETS）的总量控制与交易的机制，国际会计准则理事会（IASB）下属的国际财务报告解释委员会（IFRIC）于2004年发布了《IFRIC3 排放权》，并对碳排放配额和义务的发生确认和计量属性进行了具体规定，在资产负债表中，排放配额确认为资产并以取得成本进计量，排放义务实际发生时确认为一项负债，并以公允价值进行计量。拉塔纳贡等（Ratnatunga et al.，2010）提出了动态估价法，通过具体的动态估值计量模型，设计环境能力提升资产指标，衡量自身能够产生或耗费碳信用额度的无形资产进行估价，以反映企业自身产生的碳信用能力的新型无形资产项目。

关于核算方法的选择主要有总额法和净额法两种。例如，贝宾顿和拉里纳加·冈萨雷斯（Bebbington & Larrinaga-gonzalez，2008）提出了两种实物核算法：总额法和净额法。总额法下，不论获取方式如何，碳排放权都应进行初始确认：外购时，以购置成本（买价＋相关税费）确认入账，如果其购买成本低于公允价值，则以公允价值入账；无偿获取时，则应作为捐赠资产以取得成本确认入账。净额法下，只需确认外购碳排放权，以其实际取得成本确认为资产；无偿获取的部分对资产负债表不产生影响，不需确认入账。当行使碳排放权时，应该以其执行价格确认为一项负债，并以市价计量入账。综合上述分析可知，与净额法相比，总额法更能反映碳交易经济实质，但易造成会计要素计量模式错配（Haupt & Ismer，2013）。我国学者大都倾向采用总额法（苑泽明等，2013；伍中信等，2014）。

2.4.1.3　碳会计信息披露和鉴证方面的研究

综观已有相关研究成果可知，碳会计信息披露标准主要有两种：碳披露项目（carbon disclosure program，CDP）[①] 和温室气体（GHGs）协议[②]。所谓CDP是指由关注气候变化对企业经营影响的投资者自发组织的，要求企业完全披露应对气候变化的相关信息，具体包括了企业在低碳战略、碳减排核算和管理及其全球气候治理措施等方面，旨在以高质量的碳信息推进全球气候治理。在该披露模式推动下，应形成独立的碳会计信息披露报告（李建发等，2002；张彩平等，2010）。GHG 协议是一套核算语言，启动于 1998 年，披露内容包括企业披露范围（直接排放和所有间接排放）和披露项目。披露碳信息要求满足相关性、准确性、透明性和一致性等特征，实现非财务信息向财务信息的转化，例如，相继有生态足迹制度的标准化（ISO，2006）、日本有关温室气体排放量的计量和报告制度、英国的可持续会计项目的推进等。并对 GHG 协议标准有更高的要求，2011 年又出台了"企业价值链"和"产品生命周期"两个 GHG 核算新标准。在与碳会计相关的鉴证业务方面，毕马威（KPMG，2008）指出，全球 22 个国家的前 100 家公司中，有 45% 的公司公布了独立的 GHGs 报告，这些公司中有 39% 是经过鉴证的。普华永道（2007）也曾指出独立鉴证 GHGs 报告提高了决策信息的可信度。

2.4.1.4　碳会计准则与规范的相关研究

1997 年《京都议定书》签署后，欧盟建立了全球首个具有区域性和强制性的碳排放交易体系（EU ETS）。世界银行报告指出，由欧盟碳排放交易体系引发的碳市场份额占全球的 97%[③]，并成为欧盟有效减排温室气体的主要途径，碳会计准则也得到了不断完善。美国碳会计的主要研究机构有美国联邦能源管制委员会（FERC）和财务会计准则委员会（FASB）。1993 年 FERC 最早制定了排污权交易会计制度，提出了排污权的存货观和净额法的账务处理规范。2004 年国际准则理事会（IASB）发布了解释公告

[①]　CDP 是由气候公告标准委员会成立的一个非营利组织，该项目是现阶段碳交易信息披露和报告的主要形式，基本框架包括：气候变化引发的风险、机遇与战略目标、碳减排核算与管理、气候变化治理等。

[②]　GHGs 协议是由世界资源研究所和世界可持续发展委员会共同制定的。

[③]　EU ETS 第三阶段倒计时　淘碳前景阴晴不定 [EB/OL]. http://www.sina.com.cn，2011 – 07 – 05.

（IFRIC3），提出碳排放权的无形资产观和总额法的财务处理规范。这是第一份有关碳交易的国际会计指南。但这一公告在 2005 年被撤销，IASB 寻找与 FASB 进行合作研究碳交易会计准则，至今未有进展。日本会计准则委员会（ASBJ）于 2004 年、2006 年相继制定和修订排放权会计制度，提出排放权按目的进行分类确认和计量。2016 年，中国财政部发布了《碳排放权交易试点有关会计处理暂行规定（征求意见稿）》，内容有待进一步修订。

2.4.2　碳管理会计研究的相关综述

发展到今天，会计的环境治理功能已远远超出了传统财务会计的框架范畴。为了充分考虑经济发展的生态环境代价，碳排放权会计逐渐渗透到了广义会计学的其他领域。碳交易的经济实质是企业外部环境内部化，碳排放不再免费，碳排放权价值不再简单实现费用化，而应归集分配及结转到生产成本，使碳会计内容得以扩展，碳管理会计和碳审计等领域的研究等都成为必然。

在低碳经济环境中，评估碳排放的产品和服务的相关信息用于企业政策、人力资源、营销、供应链、财务战略及业绩评价等方面，一直是碳会计的关键点和难点。碳管理会计就发挥着这一关键职能，在应对气候变化中发挥着决定性作用。

关于前人对碳管理会计的相关研究成果，可分为以下几个方面：第一，对碳管理措施的实施研究。例如，邓恩（Dune，2002）提出了几种常用有效的碳管理措施，它们分别是：提高能源效率、实现燃料转换及低碳技术的应用、碳排放交易以及实现碳抵消的项目投资等。柯尔克和平柯（Kolk & Pinkse，2005）认为企业为应对气候变化风险，不仅要在生产制造环节实施碳改进，实现碳减排和低碳新技术，还要在原材料采购、商品运输与流通、消费直至处置环节等整个价值链上都要关注碳足迹的大小，实现企业的低碳管理。孙振清等（2011）在文献中指出碳管理的实施旨在寻求以最低成本和最有效方式减少产品或服务全生命周期的碳排放。第二，低碳理念融入管理会计及碳管理会计概念的解读。陆云芝（2013）提出从预算管理、成本核算、投资决策和绩效评价等方面将低碳理念融入管理会计框架中。涂建明等（2014）认为，基于企业层面发展实现碳成本控制活动的管理工具和管理制度，可以引导企业理性地实现低碳减排。格恩瑟和斯特里瑟（Guenther & Stechemesser，2012）指出碳管理会计目前尚没有明确的定义，并且认为碳管理会计是将"碳会计"应用于管理会计领域而产生的。当前，国外学者在研究碳排放相关管理会计问题时，采用了"全生命碳会计""碳经营会计""碳排放与固碳会计"等类似概念，研究成果比较分散，主要有：拉塔纳贡和巴拉钱德兰（Ratnatunga & Balachandran，2009）提议扩大加权平均资本成本（WACC）为"碳加权平均资本成本"。同时，在分别计算碳净利润、碳投资和资金成本的基础上，确定碳经济增加值。普雷斯科特（Prescott，2009）对"全生命碳会计"和"碳经营会计"进行了比较分析，其认为前者是以运营碳投资决策为目的，而后者则仅仅用于发布年度报告。（3）碳管理会计框架设计。拉里·洛曼（Larry Lohmann，2009）提出可以把碳排放交易与战略管理会计、战略成本管理相结合，形成更有效的碳排放和交易管理框架；沙特格尔和伯里特（Schaltegger & Burritt，2011）为碳管理会计建立了一个基本框架，并且提出可以采取横向和纵向结合的方式比较分析企业碳管理会计效果；拉塔纳贡和巴拉钱德兰（Ratnatunga & Balachandran，2013）分析了应当如何使用会计系统来捕获碳排放量并且将其量化，同时，讨论了如何将碳成本在不同产品与服务中分配，最后，提出"碳经营会计"包含了战略成本管理（SCM）和战略管理会计（SMA）。罗喜英（2016）基于权变理论对碳管理会计概念框架进行了解读，并基于此视角分析了碳管理会计对碳管理系统及供应链管理所带来的挑战。何建国等（2015）提出碳管理会计框架应包括三大部分：数据输入、数据的分析和处理、数据的输出，具体应从 6 个方面来构建碳管理会计系统：碳预算管理、碳成本管理、低碳投资管理、碳业绩评价、碳战略风险管理和人力资源管理。冯丽娟、陈瑾瑜（2016）则提出碳管理会计体系的构建需从战略目标、碳预算管理、碳成本管理、碳价值链管理、碳投资管理和碳绩效管理等 6 个方面进行讨论。（4）碳成本管理。杨蓓等（2011）认为企业的碳成本可以分为预防成本、识别成本以及损失成本，并通过建立短期碳成本决策模型，计算出最优碳排放量与碳成本的组合点。熊菲等（2013）指出，碳排放作为一项重要成本因素已被纳入企业会计体系中，是影响企业决策的重要因素之一。温素彬等（2017）从静态与动态两个角度，基于实物与货币维度提出了碳强度指标、碳暴露指标、碳依赖指标和碳风险指标这 4 个绩效评价指标。麦海燕等（2017）对企业低碳决策的基础考核指标碳成本进行了研究分析，基于经济内容与决策相关性等属性，对折现与非折现两种方法进行碳成本决策进行了比较分析。

2.4.3　碳审计的国内外研究进展

2.4.3.1　国外碳审计的发展

国外碳审计的研究历史着重从国外组织、专家和学者对有关碳审计的相关理论和实践及方法等方面以时间为主线予以梳理。追溯碳审计的研究历史发现，关注全球气候变化的有关审计方面的最早文献应属 1971 年 10 月在《利马宣言》中的《审计规划指南》，在指南中提出应积极开展有关减缓气候变化的合作和建设。

随着气候问题的日益严重，世界可持续发展工商理事会（2004）制定了《温室气体协定书：企业核算与报告准则》，其中出具了低碳审计报告需要包含的要素等内容，准则为温室气体的核算提供了量化标准和方法，同时也为低碳审计的发展提供了方向。欧盟碳排放交易体系（EU－ETS）于 2005 年正式启动，从而衍生了碳排放交易市场和两种交易模式。2006 年，由世界气象组织（WMO）和联合国环境规划署（UNEP）组建的政府间气候变化工作组（IPCC）出台了《2006 年 IPCC 国家温室气体清单指南》，这一清单指南中详细介绍了有关温室气体收集、测算的方法及碳排放因子数据库，为碳审计实施提供了碳足迹评估的操作性工具，并有助于碳核算工作者们更好地编制温室气体清单。随后，温室气体盘查验证标准 ISO 14064 系列相继出台，从国际、区域、国家及地方等层面上提供了有关温室气体排放测量、监督、报告及核查的标准，给企业建立内部查证和鉴证提供了依据。总结上述代表性文献的核心观点，这无不预示着碳审计的全球市场需求正在萌生并成为必然。

此后，碳审计步入了初步发展阶段。例如，全球首个碳审计实施的先例是 2007 年荷兰审计院为了充分了解全国碳减排情况，详细审核了 2000～2005 年间全国在工业、农业、交通、能源等多个领域的碳减排目标和实施效果等。费尔明翰和塔斯马尼亚（Felmingham & Tasmanian，2008）首次提出将碳审计用于解决气候变化的问题。全面实施碳审计的经典案例则是英国环境审计委员会（EAC）在 2009 年发布了《2008～2009 年度工作情况报告》，在报告中披露了对包括碳交易市场、碳封存、碳收支等碳会计问题进行全面审计的信息。而后，美国国家审计署（GAO）就政府审计内容进行了规范，认为碳审计应重点关注交通、建筑和居民生活方式等，提高温室气体排放数据质量是限制温室气体排放的重要前提。此文献成为政府碳审计的首例。

同时，有关碳审计理论和实务的研究也得到了一些国际研究组织的不断推动。例如，世界可持续发展工商理事会（WBCSD）和世界资源研究所（WRI）一直致力于碳审计研究；麦金农（McKinnon，2010）将供应链理论融入了碳审计研究中，制定企业产品碳标签，有利于企业有效的低碳减排措施。奥尔森和埃里克（Olson & Eric，2010）通过具体描述碳审计与传统审计的区别，揭示了 GHG 报告推行面临的挑战和碳排放报告透明化的必要性。在实务方面，安德烈亚斯·奥伯海曼（Andreas Oberheitmann，2012）首次提出碳账户的概念，并指出碳账户在交易之前必须通过第三方的碳鉴证，这里的碳鉴证就是较早的有第三方审验机构介入的碳审计，确实能够增强社会公众对碳会计信息披露的信心。

另一方面，碳审计理论发展为不同领域相关准则的制定提供了理论依据，碳审计工作实践也得到不断完善。拉米雷斯和冈萨雷斯（Ramírez & González González，2011）通过分析企业主要碳资产以及碳减排购买协议（emission deduction purchase agreements，ERPAs）的基本结构，明确在碳交易过程中审计的主要作用。埃尔穆拉姆和夸武（Elmualim & Kwawu，2012）通过调查英国 256 家工厂碳排放的主要来源，提出对生产设备实施碳足迹管理和报告，制定完整的体系了解产品生命周期。利维（Levy，2014）在论文中提出碳税的概念，通过分析碳税对不同国家和地区碳排放控制的影响，验证了碳税可以作为监督和控制碳排放的方法之一，即为碳审计内涵的拓展提供了思路。

2.4.3.2　我国碳审计的发展

直到 20 世纪 90 年代末，环境审计才被国内学界和实务界所重视，并开始对此进行较深入的探索。而碳审计作为环境审计领域内的新兴研究内容，对此研究时间更加不长。从我国企业碳审计发展动态来看，更多侧重于碳审计的实践和方法等的探索和应用。例如，李兆东（2010）等对碳审计的动因、目标、内容和现状及对策等进行了研究。杨渝蓉等（2011）在《水泥行业二氧化碳减排议定书》一文中采用明确组织边界和运营边界、建立温室气体排放清单等方法，研究如何实施水泥企业碳审计。陈小林、梅林（2012）认为，碳审计作为环境审计下的一个重要分支，是国家适应经济发展方式转变，提高国家审计地位和作用的重要途径之一。王爱国（2012）提出碳审计就是现代审计领域应对全球气候变暖的新举措，是一种全新的环境规制工具。管亚梅（2016）提出借助云审计平台实施碳审计，探索如何在云审计平台下实现碳审计的协同发展。

从碳审计评价方法视角，李丹、胡芸等（2013）通过边界范围和基准年的确定，对碳排放进行量化计算以及基于相关分析。也有学者对碳审计评价指标体系的构建进行了研究，唐建荣、傅双双（2013）结合 PCA 模型从低碳产出、低碳消费、低碳资源、低碳环境以及低碳政策四个方面筛选出 15 个碳审计评价指标，并利用人工神经网络模型确定指标权重，由此得出碳审计的评价结果。管亚梅等（2016）结合绩效评价的相关理论，通过模糊数学分析法，以万科集团为例建立碳审计评价指标体系。李孟哲（2016）借助环境价值链，划分企业基础活动和辅助活动两大类，构建包含目标层、准则层、指标层在内的碳审计评价指标体系。

与此同时，朱朝晖等（2015）借助国家电网案例对企业碳审计流程进行了设计，提出包括计划准备、执行、报告及后续审计等四阶段划分法的观点。张薇（2015）借鉴 ISO14064 和 GHG Protocol 的碳核算标准，采用碳足迹评价法，实施碳审计的案例研究。有关香港建筑物的《温室气体排放及减除的审计和报告指引（2010）》由香港环保署定制定和出台，提供了系统核算和报告其温室气体排放和消除的方法。

2.4.4　碳会计研究的现状简评

通过以碳财务会计、碳管理会计和碳审计为主线较系统梳理了国内外碳会计研究成果，可以对其主要成绩和不足作出如下归纳、总结和评述，并有针对性地提出本研究的切入点及预计的贡献和创新。

（1）碳财务会计研究的主要成绩及不足。综上所述，国外碳会计研究的准则与规范主要有三大块：与碳排放和交易相关的会计准则和规范研究、碳核算与报告、与碳排放和交易相关的成本管理和战略决策等；并涉及了碳资产、碳负债的确认、计量及信息披露等财务会计概念框架的构建问题。澳大利亚会计准则 AASB120、国际会计准则 IASB IFRIC3、美国财务会计准则 FASB EITF03 – 14、FASB153 等都详细制定了碳汇与碳源的确认问题、碳会计特殊事项的表内与表外披露问题等。普华永道和国际排放交易协会（PwC & IETA）于 2007 年底提出了包括碳排放与交易及其管理在内的碳会计处理规范。为推动 IASB 尽快出台碳会计准则，欧盟财务报告咨询组（EFRAG）于 2013 年发布了评论草案，激起了国际范围的讨论，得到澳大利亚、加拿大、法国等会计组织和国际能源会计论坛（IEAF）、气候披露标准委员会（CDSB）、国际排放交易协会（IETA）等国际组织的积极回应。国内碳会计的研究重点主要集中在碳排放信息披露项目的研究分析，以及如何借鉴西方国家的经验在我国建立相似的信息披露平台，主要着眼于碳财务会计中的一些零碎性知识的讨论。碳排放权资产和负债按公允价值计量、报告成为学界和实务界研究的主流观点。但碳价波动和碳排放实现的损益未能合理划分，削弱了碳交易机制的激励减排效应。活跃交易市场是碳市场的重要特征，以公允价值计量和报告才能提供决策有用信息。同时，碳交易机制运行目的在于促使企业减排获得收益，推进低碳经济模式的选择和有效实施。从而要求会计全面、准确地核算有关损益，提升这一激励机制的实施效果。然而，目前碳会计确认、计量和报告体系研究，拘泥于单纯会计技术，偏重于碳资产计价角度，未深入探究碳会计损益的形成机理、规律和作用，碳价波动和碳排放实现的损益尚未明确界定、分类核算和报告，削弱了碳交易机制的激励减排效应。

（2）碳管理会计研究的主要成绩及不足。碳管理会计研究的时间并不长。国内外研究成果主要围绕低碳管理措施、低碳理念融入传统管理会计及对碳管理会计概念的解读、碳管理会计框架设计、碳成本管理等内容进行了一定程度的研究，就碳绩效评价指标体系进行了初步的设想，并有一些个案研究和应用。总体来看，国内外有关碳管理会计研究还较为薄弱，研究视角不够宽广，尤其我国企业碳管理会计实施还基本属于空白地带。碳成本理念虽已触及，但技术方法层面的研究有待深入。特别在碳成本计量和核算方面，不应简单地实现期间费用化，应侧重于企业碳排放的资源物质流和价值流分析（肖序等，2013），采用多种计量属性，强调碳足迹、碳效率、碳资本成本和碳经济附加值等，以提升低碳经济价值的评估技术，借鉴适当的计量模型，实现碳排放非货币量度向货币量度的转换。上述未予深入展开研究的内容将是本研究尝试要解决的一些重要问题，以形成一个更有效的碳排放与交易的管理会计框架。

（3）碳审计研究的主要成绩及不足。综合上述有关碳审计的国内外研究成果来看，当前对碳审计的基本理论研究框架已初具雏形，从碳审计的理论、实践及评价方法等都有较为系统深入的探究。例如，代表公众利益的产品碳标签问题受到了人们的关注，提出尽快建立一个标准的 GHGs 核算工具来实施碳标签计划。尽管目前各国对碳审计还没有强制要求，审验机构各自为政，规范的计量系统和第三方审验系统缺乏。与此同时，碳审计理论框架有待更加完善，碳审计目标、流程需要更加细化。碳审计评价需更加客观有效，需设计科学合理的碳审计评价指标体系，成立碳审计绿色机构，鼓励政策、企业和社会自愿实施"GHGs 排放审计"，提供碳审计报告，以增强社会公众对碳会计信息披露的信心。

（4）本研究的切入点及设想的创新与主要贡献。从上面综述来看，我国碳会计的相关理论与实务研究已初步展开，但尚处于碎片化研究阶段，尤其系统的理论研究和准则制定进展缓慢，这直接影响到我国碳会计实务的纵深操作。我国财政部会计准则委员会在 2015 年的实地调研发现，试点碳交易的企业基本没有独立核算碳排放权，而是在履约时简化处理。这明显有悖于碳交易的经济实质。崔也光等（2017）调研了京津冀地区发现，企业碳交易的会计处理异常简化，极少披露碳会计信息等情况存在。因此，首先要加强碳会计理论研究和市场规范，通过主动作为，使碳会计反过来影响碳交易市场以及相关部门的政策制定等，对既有的会计标准和会计制度进行进一步的完善抑或重构，从广义碳会计角度，提出涵盖碳财务会计、碳管理会计和碳审计的碳会计制度框架设计，以期能逐步建立适合我国国情的碳会计制度、碳排放权的会计准则和运营机制，为我国碳会计理论发展的继续深入与实务处理提供借鉴与参考。

第 3 章

碳会计制度设计的相关理论

20 世纪 80 年代初期，西方会计学者提出"会计是一个信息系统"的论点。会计过程实质上是一个信息收集、加工和披露的过程。美国乔治·H. 波顿纳认为，"会计是一种鉴定、收集、处理、汇编和分析经济资料的活动……"罗伯特·G. 墨隶克等认为，"会计信息系统可定义为组织活动的一种装置"。简而言之，制度设计就是对规则和规格的创建。会计制度设计则是针对一系列会计行为而进行的约束或规范，或是对整个会计信息系统装置所设定的指南和准则。碳会计作为会计学的一个分支，其制度设计也同样具有上述目的和特征。在碳会计制度设计过程中，需要运用碳会计的学科理论基础和实践，采用科学的方法，以碳排放量和碳排放权作为研究对象，分别进行碳核算和报告、碳管理和碳审计等关键板块的设计。碳会计制度设计的理论基础重点着眼于资本、环境、技术及方法等四个方面。具体来说，通过深入剖析低碳经济和现代产权经济作为经济学中的资本构成要素，将碳排放权"资产化"为资产负债表上的某项资产，实现低碳经济与会计学的有机融合；碳排放权交易制度作为实施碳会计制度的市场环境，融合系统论、控制论及行为科学理论等学科基础理论，从现代管理维度为碳会计制度设计的具体模块研究提供理论支撑；运用碳锁定与解锁的低碳技术手段，采用碳足迹评估的技术计量方法，形成相对完整的低碳技术实践，为碳会计制度设计研究提供方法论基础。

3.1　低碳经济对现代会计发展的影响

我们知道，低碳经济是一种经济转型而非社会转型，它构成经济学中的资本要素，对成本效益核算有重大影响。低碳经济的核心是以减少或降低

GHGs 排放对社会、经济和环境的不利影响，是以低能耗、低碳排放为重要特征的经济发展模式。

3.1.1　低碳经济的起源、概念和认识

从起源看，低碳经济萌发于能源战略调整，应用于气候变化领域。由于人为排放的 GHGs 导致气候变暖，影响到人类自身的生存和发展，因此，降低生产和生活中 GHGs 的排放强度，成为世界发展的新潮流和努力方向，是人类试图迈向生态文明新道路的一种积极探索。可以说，应对气候变化是低碳经济提出的最直接和最根本原因。低碳经济本质上是一种新的经济、技术和社会体系，其核心是在碳排放权交易市场下，通过制度安排、技术创新、政策激励和约束，追求高能效、低能耗和低碳排放的模式转型，形成低碳的可持续发展战略格局。这种低碳的经济转型具有以下特征：第一，目标性。经济增长与低碳排放不是一对矛盾，即要求保持经济发展的活力和竞争力的同时，保证 GHGs 低排放和可持续发展，实现人与自然和谐发展的目标。第二，相对性。与传统经济模式比较，能节省能源，降低 GHGs 排放，还能保持经济和社会向生态文明发展的势头。第三，动态性。低碳经济是一个动态的相对的经济发展转型过程，而不是所谓的"零碳"考量的经济指标，与当前经济新常态下 U 型拐点是同步协调的。从这个意义上说，我国经济正行进在"低碳化"的道路上。第四，技术性。低碳经济发展离不开低碳技术的支撑，意即低碳技术水平直接影响到低碳经济发展程度。为实现上述低碳经济目标，必须建立多元化的低碳技术体系，在可再生能源利用、新能源技术、化石能源高效利用、温室气体控制和处理及节能等领域加强技术开发和进步。

如前所述，在我国使用与低碳相关的概念较多。低碳经济属于一种绿色经济类型，重在考量碳生产力和提高碳生产效率。但在发展低碳经济过程中，需要澄清几个有关低碳经济的认识误区：其一，零碳经济的误区。认为低碳经济的最后目标就是达到零排放，在我国发展的现阶段经济活动中是不可能实现的。只有不断提高低碳技术，设法降低碳强度和减少 GHGs 排放量，尽可能地实现低碳高能效。其二，"减排经济"的误区。我国推进经济转型的着力点就是减排措施的推行和完善。但在低碳经济转型中，碳减排不仅包括碳源①的减少，还应有碳汇②的增加，比如增加森林碳汇，将 GHGs 储存于生

---

① 碳源是指释放二氧化碳的过程、活动或机制。解释来源于《联合国气候变化框架公约》。
② 碳汇指的是清除二氧化碳的过程、活动或机制。解释来源于《联合国气候变化框架公约》。

物碳库中，也是低碳经济的重要内容。其三，"高投入和低回报"经济的误区。低碳发展和低碳技术的研发确实需要大量的资金投入。而且，从短期的会计效益来看，低碳技术研发和利用成本的确很高，但从长远来看，高投入为可持续发展做了重要的技术储备，为未来低成本、高效益的低碳发展奠定了基础。

3.1.2　低碳经济与会计学的融合

会计的发展同社会经济环境有着密切的联系。郭道扬教授曾指出："会计面临着极其严峻的世界形势，客观上要求它必须通过改革以适应外部环境的变化，以把握时机，迎接挑战，并在解决当代世界性重大问题中发挥作用。"[①] 现阶段，我国经济持续高速增长，但同时沙漠化扩大了，温室气体排放增加了，大量河水污染了，生物多样化得以消失，生态系统变得越发脆弱，违背了人类发展宗旨。"低碳经济"就是人类面临全球气候变暖对人类生存和发展的严重挑战而提出的可持续发展战略，这种发展模式在当前显得迫切需要。与此同时，会计工作的重大使命之一就是必须通过改革以适应低碳经济发展的需要，反映生态系统的真实价值。现行会计制度为度量一定时期内以价值量表示的全部经济活动短期到中期的变化是有效的，但对于度量长期的可持续发展水平却是无效的。因为现行会计制度的设计忽视了自然资源匮乏会危及经济持续生产能力，高能耗高排放导致环境质量下降会危及人类健康和福利等，所以导致了 GDP 的虚增长，主导了社会资源的有效配置。传统会计核算对象针对与企业利益直接相关的经济活动，在现行企业会计准则框架里，生态外部性不会直接对企业业绩产生影响而被排除在外。而低碳经济的发展需要有碳排放、碳交易等相关外部性信息的支撑，但这些信息只能通过会计信息系统来提供，因此，碳会计就应运而生了，通过碳会计这一新的支撑工具来实现低碳经济与会计学的相互融合。

3.1.3　低碳经济对企业成本核算的影响

低碳经济对企业成本核算的影响主要体现在外部不经济性。从理论上讲，造成外部不经济的最终原因是缺乏明确的产权界定，产权的主要作用就是克

---

① 郭道扬．二十一世纪的战争与和平——会计控制、会计教育纵横论［A］．华盛顿：第七届国际会计教育会议论文，1992.

服外部不经济性，降低外部成本。外部不经济是马歇尔继 1890 年首创"外部经济"和"内部经济"这一对概念后，在 1910 年所提出的理论，这一理论主要用于分析环境问题。之后就有越来越多的经济学家从不同视角深入探讨外部性问题，譬如，奥尔森从"集体行动"入手，指出外部性具有"不可分割性"，即任何个人都不可能排他性地消费公共产品。庇古从公共产品问题入手，指出商品生产过程中社会成本和私人成本的差距构成了外部性，边际私人成本和边际社会成本的区别是"外部性理论"发展的基础，由此提出了消除外部性的经济措施即征收"庇古税"。

根据上述产权理论和庇古税收的分析，只有引进外部成本内在化的核算，碳会计制度的逻辑框架才会更趋缜密。在成本核算中应采用总成本理论，将外部成本纳入其中，应打破传统成本核算中只考虑内部成本的局限，从产品全生命周期视角来定义成本的特性、范围和内容，基于更广阔的时间和空间上来全面考虑影响碳成本的因素及其计量的方法，从而以更合理计量碳会计的各要素，真实地揭露产品总成本。碳排放权交易正是基于现代产权经济理论总成本理论，结合低碳经济学，承认二氧化碳排放空间的商品属性，通过二氧化碳空间的数量化、资产化、市场化的途径，使其成为非公共物品，有自己归属的所有权，并使之成为稀缺资源，界定碳排放权"资产化"，并确认为资产负债表上的某项资产。

3.2　经济学视阈下的碳排放权交易制度

碳排放权交易制度（emission trading system，ETS）是碳排放权交易市场发展的基础制度，碳会计制度的设计离不开对碳排放权交易市场及其制度的深刻分析。诸多文献表明，要理解 ETS 的内涵，需理顺碳排放权与产权经济学及环境经济学之间的理论逻辑，界定其经济学定义，阐析碳排放权交易市场的两种类型。下面将对其进行梳理并重点介绍我国 ETS 内涵，为后文的实践研究奠定坚实的基础。

3.2.1　碳排放权交易制度的经济学释义

从经济学角度分析，碳排放权是指取得向大气排放温室气体的权利，它具有稀缺性、强制性、排他性、可交易性和可分割性。碳排放权自身有交易价格，具有商品属性。通过企业间的交易对节能减排企业进行补偿，从而影响到企业的经济效益，进而对企业的资产、负债等会计要素产生影响。因此，研究碳排放权交易有关的会计相关问题显得尤为重要，包括如何对碳排放权进行会计处理、成本核算、如何对碳排放问题进行信息披露等在内的碳会计制度设计的相关研究也就成为目前碳排放权交易制度研究中的重中之重。

一般认为，产权经济学和环境经济学两大学科是建立碳排放权交易制度的经济学理论基础，碳排放权交易市场是其制度建立的实践基础。碳排放权交易是因全球变暖而实施节能减排的一种内在需求和市场化的减污手段。它有着深刻的经济学内涵，从产权视角来剖析碳排放交易制度，有着重大理论价值和现实意义。

在碳排放权交易的演化进程中，有三位最重要的经济学家各自提出了重要的观点：庇古（Pigou）所提出的"外部性理论"，区分了私人边际成本和社会边际成本，并给现代环境经济学理论和政策奠定了理论基础；科斯（Coase）定理认为清晰界定产权才能确定均衡结果，此定理的提出奠定了碳排放交易的理论基础，以确保上述外部性的充分内部化；欧玲（Elinor Ostrom）则针对公共资源的治理提出如何激励实践者去设计或创新机制，以有效防止"公有地悲剧"的发生等。

3.2.2　碳排放权市场类型

碳排放是人类的一种实质性活动，通过法律约束，变成了一种抽象的、可分割的、可交易的法律权利。然后由国际契约规定，将碳排放权分配给各个国家，并制定国家间进行碳排放权交易的规则。最后由国家再进行分割，并分配给每一个企业，由此出现了市场主体的碳排放交易。目前，全球还没有一个统一的碳排放权交易市场。按不同的分类标准就有不同的市场类型。

（1）京都协议下的碳排放交易和非京都协议下的碳排放交易。如前面章节所述，《京都议定书》规定了联合履行（JI）、清洁发展机制（CDM）和排放贸易机制（IET）这三种交易机制。京都协议下的这些国家可以根据这三大机制进行碳排放交易。而非京都协议下的碳排放交易是指不受《京都议定书》规制的碳排放权交易。例如，美国、澳大利亚等国家并没有加入《京都议定书》，但在其国内也存在着碳排放权交易。目前，非《京都议定书》下的碳排放权交易主要存在于芝加哥气候交易所（CCX）、澳大利亚新南威尔士温室气体减排体系（GGAS）和零售市场等。

（2）基于总量控制与交易的配额市场和基于基准线与碳信用的项目市场。根据碳排放权交易的对象不同，可以将碳排放权交易分为基于配额的碳排放权交易和基于项目的碳排放权交易。配额市场建立和运行的基本思路是首先确定碳排放总量，然后根据一定的制度安排，将总量在各权利主体之间进行分配，界定各自的产权，最后允许主体之间进行碳排放权的交易，这就形成碳排放权交易市场。例如，《京都议定书》下的国家分配数量单位配额（AAUs）、欧盟排放权交易体系（EUETs）使用的欧盟配额（EUAs）等。后者市场的形成机理是基准线与碳信用机制。通过项目评估，计算在当前技术水平和能源利用效率下该项目的碳排放量，以此作为排放基准线，通过正式投产后的碳排放量与基准线的比较来核证减排量（verified emission reduction, VER），项目主体获得的减排量可在碳市场上进行出售，受排放配额限制的其他主体可以购买减排量来调整排放约束。例如，清洁发展机制（CDM）下的核证减排量（CERs）、联合履行机制（JI）下的排放削减量（ERUs）。[①]

3.2.3 我国碳排放权交易制度的基本框架

现阶段，我国碳排放权交易以市场化手段推动节能减排，运用市场的手段合理配置我国的碳排放权资源。2011 年 10 月，我国碳排放权交易试点工作启动，国家发改委批准北京、天津、上海、重庆、湖北（武汉）、广东（广州）及深圳为七个试点城市建立碳排放权交易市场，并先后于 2012 年、2014 年制定了两部有关中国碳排放权交易的全国性法规，它们分别为《温室气体自愿减排交易管理暂行办法》和《碳排放权交易管理暂行办法》，这是我国目前法律效力最高的两部法规。交易主体主要有四类：有减排义务的国家和企业；有减排项目的业主；金融机构、碳基金、投资者；以减缓气候变暖为目的的非营利性组织和个人。中美两国极大地推进了应对气候变化的《巴黎协定》的生效和实施，协定于 2016 年 11 月 4 日正式生效。联合国环境规划署执行主任埃里克·索尔海姆认为，中国正通过创新实践，用绿色技术等措施减缓气候变化和空气污染，促进绿色就业和经济增长。我国在"十三五"方案中明确表示 2017 年启动全国碳排放权交易市场，对碳交易进行立法，并出台《碳排放权交易管理条例》及有关实施细则，将于第三季度正式启动全国统一碳市场。

我国现有碳交易市场的交易品种主要有两种：碳排放配额和核证自愿减

---

① 世界碳市场上的交易品种主要有：AAUs（国家分配单位）、ERUs（联合履约项目减排单位）、CERs（经认证的减排单位）、EUAs（欧盟排放交易系统单位）、RMUs（森林吸收减少的排放量）、VERs（自愿减排交易的单位）。

排量（chinese certified emission reduction，CCER）。其中，碳排放配额是指在碳排放总量设定的基础上，排放单位免费获取或有偿分配得到的一定时期内的碳排放额度，意即该排放单位一定时期内可"合法"排放 GHGs 的总量，1 单位配额相当于 1 吨二氧化碳当量。由此可见知，配额的分配和履约是一个强制性减排措施。相比配额，CCER 的开发和管理则属于自愿申请，通过资质审定后将自愿申请减排量备案。

除了上述有关交易的法规基础、交易主体和交易品种以外，我国碳排放权交易制度框架还需包括：（1）二氧化碳等温室气体的总量控制制度。总量控制是环境管理方法体系中的关键，用以控制一定时期内一定范围内排污单位排放污染物的总量目标。我国必须根据环境、经济、减排目标等各方面的因素来确定合理的碳排放权总量。（2）碳排放权的初始分配制度。在确定了碳排放权总量之后，接下来就需要按照一定的标准和程序将碳排放权进行初始分配给受规制的各个企业。我国可以借鉴欧盟的经验，在建立初期采取免费分配为主，以固定价格出售和拍卖为补充的分配方式，然后随着碳排放权交易制度的不断发展完善，逐步扩大拍卖的比例，最终达到全部有偿分配的目的。（3）碳排放权的流转制度。碳排放权的流转是指碳排放权从一个主体流转到另一主体的过程。其包括一级市场的流转以及二级市场的流转。一级市场的流转是指碳排放权从代表国家的政府主管部门流转到各个企业的过程，即碳排放权的初始分配。二级市场的流转则分为有无依法律约定的流转，前者指碳排放权从卖方到买方是有法可依的行为，后者则指非法律行为的流转，如通过继承或法院判决等形式的流转。（4）碳排放权交易的监督管理制度，主要包括资格审查制度、申报登记制度、排放监测制度等。

目前我国碳市场的发展还只是在发展阶段，纳入全国碳排放权交易体系的试点企业所在行业包括石化、化工、建材、钢铁、电力、有色、造纸和航空等。我国将在 2017 年建立全国碳交易市场，实施碳排放权交易制度。一方面，可缓解我国所面临的巨大国际压力，有利于提升中国的国际形象和地位；另一方面，我国碳排放权制度的建立和完善也为碳会计及制度设计提供了良好的制度环境，在推动会计学研究发展的同时，也助于促进经济和社会的可持续发展。这正是低碳经济和可持续发展战略的最好诠释。

3.2.4　我国碳会计制度在低碳经济发展战略中的功能定位与作用

综合前面的相关分析，可以说，建立我国碳会计制度势在必行。碳会计制度是碳排放权交易的基础制度。会计行业积极投身于碳排放权及交易活动，深度诠释碳会计制度在我国低碳经济发展战略中的功能定位与作用，有助于我国低碳经济发展内涵和目标的实现。与此同时，碳会计制度的构建有助于企业将碳因素融入成本核算和管理决策中，帮助企业识别和控制碳排放及交易风险、积极应对碳壁垒，促使企业向绿色低碳方向转型发展。碳会计制度围绕着国家低碳战略实施而构建，并为低碳管理提供信息支撑。具体而言，企业碳会计制度的功能旨在扩充现代会计内涵，充分发挥现代会计的职能与作用，做到与时俱进，根据我国低碳经济发展战略做出相应的调整，使其更好地反映企业低碳管理状况。具体作用体现在以下几点：

（1）碳会计制度保障了我国碳排放权交易制度的有效运行。只有明确涉及碳问题的经济事项的核算方式，并用会计手段反映出来，统一碳核算和计量标准，我国的低碳经济相关政策才能予以落实和完善，企业履行低碳社会责任才能得以促进和激励，人民的低碳环保意识才能得以加强，从而真正实现我国低碳经济和减排目标。

（2）碳会计制度丰富了传统会计体系内涵及外延。碳会计体系的发展基于传统会计和环境会计体系，在方法上以传统会计和环境会计为基础，在内容上是传统会计和环境会计的一部分。相对完善的碳会计核算和报告制度，弥补了传统会计在信息披露方面的缺陷，充分发挥了现代会计的职能。鉴于此，碳会计制度丰富了传统会计的内涵，在融合生态学、环境管理学、低碳经济学的基础上，延伸了传统会计内涵，衍生了碳会计新方向。

（3）碳会计制度强化了企业内部的低碳管理工作。碳排放业务的发生是碳会计制度得以构建的基础，同时也对低碳管理提出了要求。低碳管理同企业管理的其他各项工作一样，也要求以会计信息作为基础和保障。前已述及，企业必须积极主动地参与节能减排活动。与此同时，国家在制定一系列相关的低碳管理制度，企业必须要认真遵守，必须进行节能减排和环境改善。这是企业存在的另一类重要的碳活动。会计的职能决定了企业必须要将这些活动置于自己的工作范围之内，所以导致了企业低碳管理这一新型企业管理分支的出现，出现了许多具体工作，如低碳政策和确立、低碳计划的制定与实施、低碳政策及其评价与分析等，都需要以必要的碳会计制度作为基础和保障。从内部管理角度看，碳会计制度是我国低碳经济发展战略实施不可或缺的支撑体系。

目前，有关碳会计的研究还停留在学者和专业从业人员的研究范围内，并未被广大公众所熟知，只要当人们普遍意识到碳会计制度构建的重要性，才能真正促进政府和业界将碳会计研究理论付诸实践。在碳会计制度不可或缺的趋势下，我国政府相关职能部门上有必要大力支持低碳减排，建立碳会计核算、管理和审计在内的碳会计体系，促进我国低碳经济快速有效发展。

3.3　现代管理和控制理论与碳活动的融合

现代管理和控制理论认为，管理和控制是动态环境下的主体活动创新，包括管理和控制理念、内容、机制和方法等多方面。越来越多的证据表明，节能减排及碳活动实践对现代管理和控制理论提出了重要挑战，提供了发展机遇。综观全球低碳经济发展模式，在碳活动实践中，基于节能减排目标，随着低碳管理理念的不断渗透，作为现代管理和控制理论的三大核心理论，系统论、控制论和行为科学理论得到了不断发展与完善。

3.3.1　系统论

现代系统论产生于 20 世纪 40 年代，而系统思想的渊源，可以追溯到两千多年的人类早期文明中。我国古代的阴阳八卦说、阴阳五行说、气论、老子的"道"、朱熹的"理"以及中医理论等都从不同的历史时期，站在不同的角度，阐述了事物之间存在有的相互联系、相互制约、相互影响的"相生相克"关系。① 这些观点和理论无不包含着朴素的系统思想。

所谓系统，就是由相互作用、相互依赖、相互制约的若干组成部分按一定规律结合而成的具有特定功能的有机整体。全球气候治理工作是一项复杂的系统工程，因此，开展节能减排和碳交易活动需有系统观念和系统管理思想。系统理论与方法已成为现代管理的理论基础之一，尤其在资源和环境保护领域，已成为人们认识生态环境问题和解决生态环境问题的世界观和方法论。碳会计制度是以环境管理系统、生态经济系统和企业管理系统三者融合而成的有机整体为基础，以系统论的思想和方法为指导建立起来的一套用于核算、管理和审计等程序的会计信息系统，旨在于为管理决策服务。

3.3.2　控制论

控制论产生于 20 世纪中叶，1948 年，美国数学家诺伯特·维纳发表了

---

① 朱庚申．环境管理学［M］．北京：中国环境科学出版社，2002：72．

专著《控制论》，这是控制论的奠基性著作，它标志着这一新兴学科的诞生。

首先，让我们弄清楚什么是控制，这是控制论中首先要回答的问题。所谓控制，就是控制者对被控制者或者是施控主体对受控客体所施加的一种能动作用。① 控制的实质是保持或改变被控制对象的某种状态，使其达到控制对象的预期目的。控制是管理的基础，开展有效的低碳管理实践实质就是基于对社会各个领域中人们的各种行为进行有效的控制的一种活动。因此说，控制论与低碳管理理论之间有着密切的联系和极为相似的特征，低碳管理实践中体现了丰富的控制论思想和方法。下面从企业低碳管理系统和碳排放成本内在化这两个方面来阐述控制论对低碳管理的贡献。

企业低碳管理系统的建立和运行蕴含了控制论的思路。为了有效控制GHGs排放，提高能源资源的利用效率，就需要对能源资源和生态环境的使用过程进行干预和控制，具体途径大致有这样以下两种：（1）技术手段。即设计和制造具有节能、低耗和对废弃物进行净化以达到循环再利用目的的流程和设备，从而减少废弃物进入生态环境中的量。（2）经济和管理手段。一方面，通过制定有关的环境保护政策、法律和制度，约束企业所产生的对环境保护和资源利用不利的行为，减少对生态环境的不利影响；另一方面，通过各种经济手段，使企业的污染成本内部化，抑制企业环境污染行为和对自然资源的过度利用。同时还可以利用气候治理补贴的方法，鼓励企业进行环境预防和治理。例如，我国制定了为发展而减排的低碳管理政策目标，并设计三大减排原则：坚持形成有效并经济的减排原则、满足规模性、可观测和可计量的原则、坚持适度与适应性原则。

碳排放成本内在化就是控制论在碳会计制度研究中的具体应用。碳排放成本内在化是以生态环境问题的"外部不经济性"为前提。所谓"外部不经济性"，即市场主体行为对生态环境的不利影响往往由行为主体以外的第三方（包括他人及后代人）承担。根据环境经济学理论，商品的成本有生产成本、使用成本（现在使用生态环境而放弃的其未来效益的价值）和外部成本（商品生产所造成的环境污染和生态破坏而产生的损失）组成。目前，生产者一般只承担了生产成本，而没有承担或部分承担使用成本和外部成本。碳排放成本内在化，就是通过一定的措施，将属于碳排放成本的使用成本和外部成本纳入生产成本，从而体现自然资源和生态环境的稀缺性，消除其外部不经济性。实现碳排放成本内在化，往往通过碳费（税）、低碳标准与碳标签制度等具体措施来进行生态补偿，准确反映企业活动的各种环境代价和潜

---

① 王雨田．控制论、信息论、系统科学与哲学［M］．北京：中国人民大学出版社，1998.

在影响，平摊经济活动或节能减排活动的成本后，有益于实现"经济效益、低碳效益和社会效益"的协调统一。

由此可见，控制论为碳会计职能的充分发挥提供了具体思路和实践基础。例如，碳会计可以提供关于企业如何进行低碳采购、低碳生产及废弃物回收等方面的管理信息。

3.3.3　行为科学理论

节能减排和碳交易活动旨在创造和维持良好的社会环境秩序，使社会各阶层中的各群体和个人能在法律规范的约束之下实施自己的行为，以实现自然资源和生态环境保护目标。具体管理活动是管理系统中施控主体和受控客体各种行为的总体。因此，低碳管理工作的开展必须以行为科学理论[①]为指导，研究在特定条件下人们各种行为产生的动因和规律，正确处理需要、动机和行为的关系，以引导人们怎样去做、做什么和用什么方法去激励他们。然而，节能减排和气候治理所涉及的人的行为是以企业为主要研究对象的社会群体行为与个体行为的综合。如何将行为科学理论拓展到低碳管理领域，是环境管理学所要解决的问题。

对于企业而言，无论是生存需要，还是发展需要，均以追求经济效益最大化为目标。因此，企业所表现出的第一行为是一种经济行为，把发展经济看成是一种内在需要[②]，而把节能减排和气候治理看成是一种社会附加的外在需要，由此所表现出来的行为属于第二行为。在现有竞争环境下，做好节能减排工作就意味着企业要增加低碳技术投入，提高生产成本。这与企业追求经济效益最大化目标是矛盾和冲突的。在这种情况下，面对多种选择的结果必然是外在需要服从内在需要，节能减排和气候治理让步于经济建设。所以说，环境保护这种非内在的需要在缺乏强大的外在压力之下，不能构成企业行为的动力源泉，自然就没有节能减排和气候治理的主动性和积极性。如果把环境问题看成是生存问题，把节能减排和气候治理看成是当前最基本的需要，则必然重视环境保护工作，必然把低碳经济发展同经济问题视为同等

---

① 行为科学产生于 20 世纪 30 年代初，是研究在特定环境下和一定组织中人类行为规律的科学。行为科学的发展可分为两个时期：前期的行为科学和后期的行为科学，后期的行为科学大体上又可分为激励理论和领导理论两类。其中，激励理论是行为科学的基础与核心，主要研究领域是企业管理，该理论也是现代企业管理的基础理论之一。

② 例如，企业员工工资、福利条件、企业经营活动正常运转、投资环境改善、市场占有率提高、生产规模扩大及创造更多剩余价值等都属于企业生存和发展的需要。

重要的问题来解决。如果把环境问题看成是较高层次的发展问题，把节能减排和气候治理看成是非当前和非基本的需要，则必然轻视或忽视低碳管理工作，走一条"先经济、后环保"和"先污染、后治理"的发展道路。①

因此，行为科学理论告诉我们，开展低碳管理和碳绩效评价就要从客观实际出发，针对群体和个体不同层次的需要，制定满足不同需要的节能减排对策和低碳措施，并采用不同的激励手段，调整和改造人们的需要，以鼓励人们的期望行为，限制人们的非期望行为。前文已述及，碳会计制度的建立需嫁接和借鉴现代低碳管理理论，行为科学理论同样也为碳会计制度理论框架的建立提供了有力的支持。

基于上述有关现代管理与控制理论的发展和构成的分析，本书认为，行为科学理论融合系统论、控制论及行为科学理论等基础理论，从现代管理维度为执行基于节能减排目标的核算、管理和审计等会计活动提供了理论支撑。

3.4 碳锁定、碳解锁及碳脱钩理论

据前面的研究分析可知，碳会计制度的构建对低碳经济发展有至关重要的推动作用。而低碳经济发展的实质则在于"碳脱钩"。碳脱钩作为一项低碳减排技术，是碳锁定和碳解锁出现后的必然产物本研究将对碳锁定、碳解锁和碳脱钩理论等技术方面的相关理论和实务进行具体翔实的阐释，为有关碳财务会计、碳管理会计及碳审计的体系构建奠定坚实的技术层面的理论基础。

3.4.1 碳锁定理论

碳锁定（carbon lock-in）理论是由西班牙学者乔治·恩鲁（George Un-ruh，2000）最早提出的②。他认为，"碳锁定"是指遵循报酬递增驱动原理，因技术、基础设施、消费者等各要素交互影响而产生的一种正外部性。碳锁定为解释低碳经济的发展障碍提供了一种新的视角。但该理论也有一些不足和缺陷，例如，由于碳锁定所依赖的由技术和制度所构成的基础环境不清晰，导致碳锁定的概念界定模糊；同时，有关低碳技术和制度形成的具体过程和

---

① 朱庚申. 环境管理学 ［M］. 北京：中国环境科学出版社，2002：93－109.
② Unruh G C. Understanding carbon lock-in ［J］. Energy Policy，2000（28）：817－830.

内在动力机制的探讨欠深入。基于上述分析可见，乔治·恩鲁（George Un-ruh）所提出的"碳锁定"概念只是一种鉴赏式理论，而并不是一个正式的分析框架，对低碳经济发展障碍的理论诠释和现实指导并非给力。

　　就我国目前所处的经济发展态势看，我国经济已逐渐进入了"碳锁定"状态，并对我国经济发展、生态环境及能源安全产生了严重的威胁。鉴于此，很有必要重新界定"碳锁定"，剖析其形成机理、动力机制和影响因素，并尝试构建"碳解锁"的战略管理体系。从当前技术经济发展情况来看，随着碳基技术体制的建立和发展，碳锁定具有突出的路径依赖和自我强化特征。对低碳技术的应用与发展形成阻力。因此，厘清碳解锁技术体制的演化过程、内涵及基本属性是实现碳解锁的关键路径。

3.4.2　碳解锁理论

　　所谓"碳解锁"（carbon unlocked）[①] 是指借助外生力量作用于"碳锁定"所依赖的技术与制度而实现低碳化转型的引导和管理。实现碳解锁的具体途径在于通过构建相应的战略管理体系以实现有效的解锁过程。具体来说，战略管理体系包括三个层面：（1）战略层。根据波特理论，结合碳基技术与制度，构建一个开放且动态的网络转换平台，制定"碳解锁"的实施规划、指导原则和具体措施，以顺利实现锁定和解锁之间的互动和协调机制，实现其解锁的目标及目标实现后的经济状态，达成共同愿景。（2）计划层。"碳解锁"管理活动是一个长期过程，因此需要进行以长期、中期和短期计划的各种形式来确定解锁过程中的主要任务、实施方案及重点和难点。具体计划内容有：首先，制定"碳解锁"的技术路线图；其次，对碳基技术与机制的动态适应能力和影响因素进行评估；最后，对"碳解锁"的基本模式和途径予以大致确定。（3）操作层。这一层次的"碳解锁"管理活动具体有预测、选择、试验三个阶段，围绕着上述计划层的实施而展开。通过一系列的操作活动，降低碳基技术与机制实现的成本，有利于"碳解锁"的顺利实现。

　　综上所述，合理记录、核算和管理碳成本和碳收益，并予以绩效评估，以建立碳激励机制，是有效实现碳解锁的关键之一。为了促进传统经济模式的低碳转型，未来还需深入探索和研究"碳解锁"理论，例如，三层次的"碳解锁"战略管理体系仍需继续细化；需要对"碳锁定"模式的具体种类

---

① 　 Unruh G C. Escaping carbon lock-in ［J］. Energy Policy, 2002, 30（4）: 317 – 325.

进行深度剖析，对"碳锁定"的形成机理进行深入探讨；碳基技术与机制的内涵尚需具体化；"碳解锁"概念的可操作性问题还需进一步解决，并有待得到相应的经验研究。

3.4.3　碳脱钩理论

低碳经济发展的实质就在于"脱钩"，通过资源和环境影响的脱钩，实现经济发展的"脱钩"，大幅度提高碳生产率。深入研究经济增长与碳排放关系成为学术界所关注的重点问题，也是我国实现低碳转型所亟待解决的现实问题。目前学术界对经济增长与碳排放量之间的研究更多是侧重分析两者间的静态相关性，而对两者间动态变化的研究相对较少，因此研究"脱钩理论"来解决低碳经济相关问题就显得极为必要。

"脱钩理论"由经济合作与发展组织（OECD）于2002年在《由经济增长带来环境压力的脱钩指标》报告中正式提出。所谓"脱钩"（decoupling）一词，原意是指两事物脱离关系，用来解释经济发展与环境压力之间耦合关系的破裂现象，意味着切断环境污染与经济增长之间的密切关系，后应用于节能减排领域，指经济增长逐渐摆脱对化石燃料的依赖，实现增长与碳排放间的脱钩。2011年联合国环境规划署（UNEP）给出了"脱钩"的概念框架，并将其运用到经济发展领域中，尤其与可持续发展结合下，可包括资源脱钩和环境影响脱钩两个方面。即指在资源脱钩情境下，经济越发展，自然资源投入强度越小，则资源利用效率就越高。环境影响脱钩则是指污染物排放总量增长越慢，那么对经济发展不利影响越小，环境质量就会越发得到明显改善，并产生越来越好的生态环境效益。UNEP给出的脱钩概念框架如图3－1所示。

据环境库兹涅茨曲线（environmental Kuznets curve，EKC）假说，经济增长、环境压力及资源消耗的增长一般都会同时发生。但如果环境压力没有随经济增长而同步增大，甚至反而逐步减小，那么我们可理解为产生了"脱钩"现象。碳脱钩则是指二氧化碳排放量的变化与经济增长之间的关系呈现不断弱化甚至消失的状态，可将这种碳脱钩状态划分为两种：绝对脱钩和相对脱钩。在经济增长过程中，采取有效的低碳政策和低碳创新技术，环境压力可能会降低，资源消耗可能会减少，如果经济增长的同时环境压力能保持不变或降低，则可称之为绝对脱钩；如果经济增长和环境压力两者同时增长，但后者增长的速度小于前者，则称为相对脱钩。

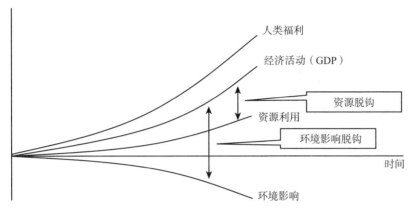

图 3 - 1 "脱钩"的两种情形

资料来源：Decoupling natural resource use and environmental impacts from economic growth［R］. UNEP, 2011。

近年来国外文献中出现不少有关碳脱钩理论的发展与应用，例如，塔皮奥（Tapio, 2005）应用脱钩理论解释欧盟 15 国 GDP 增长与二氧化碳排放量变化的关系，并提出了"Tapio 脱钩指数"及相应脱钩状态的分类判定标准，对碳脱钩理论的应用具有开创性贡献。我国对碳脱钩理论的研究相对较晚，总体而言，我国目前对经济增长与碳排放脱钩关系的研究尚处于理论阶段，动态和实证分析较少。

就我国目前经济发展态势来看，我国已逐渐进入了"碳锁定"状态，并严重威胁到了我国的经济发展、生态环境和能源安全等方面。在现阶段的经济新常态下，我国必须将大力推进污染减排，污染物排放"拐点"的到来和经济进入新常态有密切关系。总体上看，经济新常态既要求加大治污减排力度，也会通过产业结构调整减少污染排放，经济增长和污染物排放将呈现脱钩态势。鉴于此，实践和应用探索"碳脱钩理论"，并尝试从技术层面为"碳解锁"提供思路，既是发展低碳经济的主流趋势，也是落实我国节能减排政策的现实需求，更是为碳会计制度设计内容提供方法论基础。

3.5 碳足迹理论

碳足迹是目前国内外普遍认可并一致用于核算碳排放量的计量方法。它不仅可以核算企业或产品碳排放量，同时也对企业财务活动产生影响。梳理企业碳足迹的内涵及外延、影响因素及评估方法，给企业碳会计制度设计研究提供重要的方法论基础。

3.5.1 碳足迹的内涵及外延

碳足迹（carbon footprint）又叫"碳指纹"或"碳排放量"，是指在企业生产某种产品从生产到使用再到报废的整个生命周期里直接或间接产生的二氧化碳排放量，实质就是企业的"碳耗用量"。它的最早版本应该是"生态足迹"（ecological footprint）。生态足迹是指用来维持一个特定数量的人口数量的物种富饶的陆地还有海洋。根据这个定义，碳足迹则是用来吸收由人类产生的所有 CO_2 的那片土地，它是某一产品或服务系统在其全生命周期内的碳排入总量，一般以二氧化碳等价物来表示，它是人类活动对于环境影响的一种创新量度。该理论最早出现于英国，随着全球气候问题开始慢慢进入世界环境议程，被学界、非政府组织和新闻媒体所推动并得到官方认可而变成一个"常用词"。"足迹"在此理论中是一个形象的比喻，要评估它，就要追溯足迹的烙印，烙印的累积过程体现了人类活动对环境的影响程度。根据碳足迹的内涵可扩展其外延。碳足迹在一定程度上是指二氧化碳的排放量，即按其产生的温室气体排放量来计算其足迹大小，核算标准是二氧化碳。从应用层面来看，碳足迹可分为个人碳足迹、产品碳足迹、企业碳足迹和国家城市碳足迹，但本研究更加侧重于产品碳足迹和企业碳足迹。其中，企业碳足迹包括企业的一切活动导致的碳排放，不仅包括企业非生产性活动的碳排放量，还包括产品（服务）的碳足迹，即在其整个生命周期内各种温室气体的排放，即从原材料获取、生产（或）提供服务、分销、使用直至废弃物的处置和再生利用等所有阶段的温室气体排放量，并用二氧化碳等价物来表示。

3.5.2 碳足迹的影响因素

根据碳足迹的内涵及外延可知，要评估碳足迹的影响，必须分析其影响因素。影响企业碳足迹的因素有多种多样，可分为外部因素和内部因素两方面。外部因素有政府规制与低碳管理意识、市场需求与消费者意识、社区居民等。内部因素则有企业规模及资金渠道、价格、低碳处置技术与再利用技术等，具体如图 3 - 2 所示。

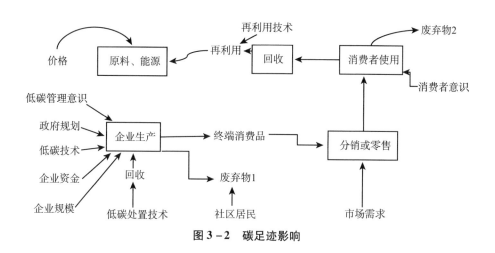

图 3 - 2　碳足迹影响

1. 外部因素分析。

大量文献研究表明，政府规制和低碳管理意识对企业环境影响尤为突出。政府强制性的约束行为使得企业必须采取相应的环境措施，从而企业的低碳管理意识得以强化，具体表现在设计理念和规划中。例如，在企业的生产环节和管理体制中进行"碳减排"的设计和规划，有明确的企业低碳化战略和低碳产品的研发规划等，这些都属于政府规制和低碳管理意识影响所导致的一系列行为。

同时，企业的市场需求与消费者意识也会直接影响到企业碳足迹管理的积极性。因为企业的产品要销售，如果企业投入减排成本较高而获取低碳的"碳标签"导致了产品价格过高而滞销，这样会严重影响到企业进行碳足迹的管理。

另外，企业在生产过程中排放大量的温室气体导致气候变化会影响到附近的社区居民生活，从而对企业施加压力要求其进行碳足迹管理。但是，也有因为气候变化所带来的影响的滞后和潜伏性，在一定时期内周围居民没有直接感受到这种影响，进而导致来自社区居民对企业从事碳足迹管理的压力并不存在。一般认为，外部因素的影响越大，企业的低碳管理意识越强烈。

2. 内部因素分析。

一般而言，企业的发展方向对碳足迹的影响是首要的。因为企业领导人的思路以及决策水平决定了企业的发展方向，如果企业选择粗放型的经济发展方式，则其碳足迹会比较大。如果选择了集约型的发展方式，其碳足迹会较小，即对环境的影响较小。同时，企业规模大小通常会影响资金渠道，规模越大，资金渠道越丰富，对碳足迹管理的关注度和投入就越大，将会引进新的低碳生产技术，通常大中型企业更有这样的实力去进行低碳化的改造。而且，碳足迹与所使用的能源种类是密切相关的，不同燃烧原料的碳排放系数不尽相同。在常用的燃料中，煤炭、石油、天然气的碳排放系数依次减少。煤炭的碳排放系数最高，即排放的温室气体与所需要消耗的原料的比值。排放同样的温室气体，只需极少量的煤炭，但是需要大量的天然气。因此如果能从源头控制好碳排放量，更有利于碳足迹的管理，例如，在原材料和能源的购买环节，通常价格会影响到企业对原材料和能源的选择。我国化石能源禀赋较为丰富，与低碳能源相比，价格相对低廉，所以企业往往会选择这种高碳能源，因此会直接影响碳足迹的管理。另外，企业若要实施低碳化管理，必将大力引进和研发低碳技术与再利用技术，实现全生命周期的低碳减排和生产末端的碳捕捉。这也会对碳足迹管理有突出影响。

3.5.3 企业碳足迹的评估方法

碳足迹的管理离不开对企业碳足迹的量化。目前，一些国际组织和区域组织都在尝试通过碳足迹评估来开发量化和披露 GHGs 排放数据的标准和指南，如 ISO14064 标准、温室气体核算体系（GHGs Protocol）。ISO14064 标准是 2006 年 3 月国际标准化组织发布的用来计算和验证 GHGs 的一套准则，由三部分组成：（1）ISO14064－1 对企业 GHGs 清单的质量管理、报告、内审及机构验证责任等内容进行了有关设计、开发、管理和报告的详细规定；（2）ISO14064－2 重点讨论有关 GHGs 排放减少或加快削减的项目；（3）ISO14064－3 阐述验证评估的过程，规定了 GHGs 的确认和认证规范。温室气体核算体系则是由世界可持续发展工商理事会（WBCSD）与世界资源研究所（WRI）开发的一个国际公认的 GHGs 排放核查工具，主要从计算工具和核算方法方面进行了规定。GHGs 排放量计算工具参考了政府间气候变化委员会（IPCC）的评估方法，并经过了各产业专家和领导的共同核查，应属目前 GHGs 排放估算中最成熟的计算工具。GHGs 核算则需要首先界定核算边界，然后合理计算 GHGs 排放量，最后建立符合 ISO14064－1 标准要求的 GHGs 核查清单及 GHGs 报告，并进行认真核查认证后提交。

碳足迹是最直观的碳排放指标，通过对碳足迹的分析，国家、企业、消费者能够了解到企业和产品的碳排放情况，从而促进节能减排、低碳消费，进而推动全社会的生态进程。目前，就我国情况来看，常用的碳足迹评估法主要有两种：一是生命周期评估（LCA）法（包括过程分析法和投入产出法）；二是排放系数法。此部分内容将在后面相关章节中进行详述。

上述两种方法通过比较分析得知，过程分析法适应于由下而上评价微观或中观经济系统 GHGs[①] 排放的评估，IOA 法则适用于由上而下对宏观领域内经济系统 GHGs 排放的评价。本书将尝试使用 LCA 法来测度企业碳足迹，为碳会计制度设计中的碳核算提供相关的技术计量工具。

---

① 在碳评估时，通常将六种 GHGs（二氧化碳 CO_2、甲烷 CH_4、氧化亚氮 N_2O、全氟化碳 PFCs、氢氟碳化物 HFCs、六氟化硫 SF_6）按照一定的转化比例，都转化为 CO_2 的量，再进行计算。

第 4 章

企业碳会计制度设计的基本理论框架

从逻辑推理来看，要保证低碳经济正常高效运行，必有一套包括碳会计制度在内的逻辑严谨的低碳经济制度，那么构建一套碳会计制度设计的基本理论也就显得尤为必要。因此，需要研究者们根据低碳经济发展的客观规律，运用科学的研究方法，对现代会计理论进行深化和延伸，从而建立起碳会计制度设计特有的基本理论。本书尝试从碳会计制度设计的基本内涵及重要价值的诠释、对象、目标及原则、核算假设、核算基础和要求、碳会计要素、科目、凭证及账簿的设计等方面来着手构建其基本理论架构。

4.1 碳会计制度设计的基本内涵、重要价值及研究内容

碳会计制度设计的主要学科基础是会计学，而直接的学科构成基础是环境会计，实践基础则是碳排放权制度完善及会计制度和准则的发展。因此，详细论证碳会计制度设计的基本内涵和碳排放交易制度是必然的。但由于碳排放交易制度相关内涵在本研究的第 3 章已进行详细撰述，在此不再赘述。

4.1.1 碳会计制度的基本内涵诠释

众所周知，日新月异的科学技术使全球经济正以前所未有的速度发展，人们的物质生活得到了巨大的改善，然而也伴随着一系列资源短缺、环境污染加剧等严重的环境问题。随着人类第一部限制各国温室气体排放的国际法案——《京都议定书》的签订及随后一系列国际环境会议的召开，人们对于

低碳经济的呼声越来越高，我国 2012 年 1 月 13 日跨出了标志性的一步：国家发改委批准北京、天津、上海、湖北、广东、深圳、重庆等 7 省市开展碳排放权交易试点工作，并依次建立国内碳排放交易市场。可以预见，我国碳交易将更加频繁，政府和越来越多的企业对碳会计相关问题的关注度将逐渐加强，对完善和统一的碳会计制度的需求度也将日趋增强。

当前，我国碳会计研究还刚起步，国家政策的制定和发布也略显滞后。因此，开展碳会计研究，进行碳会计制度框架的设计，能为深入研究碳会计相关问题提供依据，亦为丰富和完善会计学科的拓展和会计核算理论提供思路。同时，也能为职能部门了解企业碳排放以及碳治理方面的业绩提供一定的依据；帮助社会公众、债权人、股东等利益相关者了解企业的环保形象，使他们做出正确的投资决策；有助于企业管理者制定兼顾环保责任和经济效益的有效决策，并为我国经济绿色核算提供准确数据。

如前所述，碳会计是适应我国低碳经济发展的一种创新工具。现代会计的基本内涵旨在提高企业经济效益和优化资源配置，通过货币计量为主的手段，对社会再生产过程中的价值活动进行核算和监督，并为企业相关利益者提供有助于科学正确决策的信息依据和支撑。从这个基本内涵来分析，目前会计核算对象把环境和自然资源因素排除在外，仅考虑企业再生产过程中的价值运动，只考虑经济效益，忽视了生态效益和社会效益，能源和自然资源耗用及环境污染的影响未能在会计报告中予以披露和反映。所以，现代会计已不适应低碳经济的发展，碳会计应运而生。碳会计的发展需要相关理论的指导，只有通过构建碳会计制度的相关理论体系，发现低碳经济发展过程中价值运动的规律，并通过科学的会计方法进行记录和报告，才能真正发挥会计信息对低碳经济发展的重要信息支撑作用。

4.1.2　碳会计制度设计的重要价值

碳会计制度的设计是一项复杂的系统工程。适应低碳经济，完善碳会计理论体系；借鉴先进经验，构建碳会计操作体系；加强碳核算，健全企业绿色运行体系；实施部门联动，创新齐抓共管体系。碳核算与控制是碳会计制度设计的核心问题。运用资源环境学、低碳经济学的相关理论和方法，把碳排放问题视为一个具有会计系统特征的研究对象，探讨其特征、机理和演化规律。广泛涉及低碳经济的物质流分析与价值流分析相结合的研究方法；采用碳足迹分析方法对碳排放及交易进行物量核算与追踪反馈；采用价值流分析方法和碳成本逐步结转法来对碳排放及交易进行价值核算与分析，从而提供决策有用的信息。科学设计碳会计制度有重要现实价值：一方面，可为我国企业碳会计准则或体系构建提供理论基础和方法借鉴，同时也是规范企业碳排放与交易发展的重要制度保障；另一方面，碳会计系统的运行与实施，可促进企业节能减排，将外部碳因子纳入企业的内部成本管理和外部战略决策过程中来。在构建外部上下游企业的碳价值链，加强企业碳核算与管理，识别和防范碳排放风险，创新企业低碳经济发展模式等方面具有重要的实际应用价值。

4.1.3 碳会计制度设计的研究对象和内容

碳会计是对传统会计在应对低碳经济方面能力不足的一项理论填补和创新。研究和构建碳会计制度，不论是理论创新还是规范研究，都与深化和推进低碳经济发展，构建和谐社会和人类可持续发展有着极强的现实意义和重大的科学意义。敬采云（2013）分析了碳会计研究的学科基础，认为碳会计是基于环境会计的基础和支撑但又不同于环境会计的一门新的会计工具，一种新的会计核算体系，是财务会计的一项创新；提出碳会计的理论创新和规范构建的主要内容包括：碳会计的内容及研究目标、碳会计的对象及功能研究、碳会计的理论及创新思路、碳会计信息及披露方式、碳会计绩效及模式研究、碳会计规范及碳会计制度研究等。

基于上述观点，本书认为，研究和设计适合我国国情和企业实际的碳会计制度，需要对碳会计的研究对象和内容进行认真的梳理。现在碳会计研究模式有两种：一是适用于经济和社会层面的宏观碳会计，用以解决在宏观层面、全局性和普遍性方面的问题和理论框架；二是企业层面的碳会计，主要针对企业碳相关行为和经济活动而进行的专门预算、计算、核算、分析，从而能够更快捷地建立碳会计的实践运用体系。本书选择第二种研究模式（见图4-1），重点研究企业层面的碳会计内容，即以企业碳核算、碳管理和碳审计为核心内容，建立一种专门的核算工具和信息系统，内容包括：（1）碳财务会计核算体系的主要内容包括：有关碳会计的确认与计量、碳会计业务处理设计、碳信息披露的基本框架设计。（2）碳管理会计系统设计的内容有：企业碳预算的制定与优化、企业碳成本核算与控制、企业碳绩效评价设计及初步应用。（3）碳审计基本框架设计包括：碳审计界定、碳审计目标、碳审计依据与标准体系构建、碳审计分类及主要内容、碳审计流程、碳审计评价。

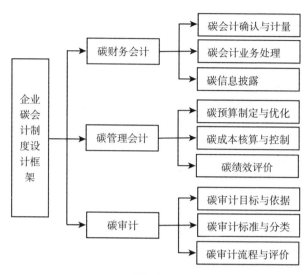

图 4 - 1　碳会计制度设计框架

4.2　碳会计制度设计的目标及原则

要研究碳会计制度设计的目标，必须首先研究碳会计目标。在信息论、系统论、决策论等现代管理理论的广泛研究和应用中，目标理论的研究已成为重要的内容。碳会计目标也不例外。正如亨德里克森（Eldon S. Hendriksen）1982 年在《会计理论》一书所说："任何研究领域的起点都是提出研究的界限和确定它的目标，会计研究也不例外。"碳会计目标是碳会计理论结构的基础和逻辑起点，是碳交易活动的出发点和归宿。碳会计目标受多种因素的影响，是多种因素综合制衡和互动的结果。从碳会计产生原因和解决问题的途径看，碳会计目标可分为两层次①：第一层次是基本目标，即充分发挥会计核算和监督的基本职能，通过碳技术研发使用和能源开发等手段实现低碳排放和绿色生产，最终完成国家节能减排的指标要求，并发展低碳经济和可持续发展。第二层次是具体目标，即充分披露与碳会计财务状况、经营成果及现金流量有关的会计信息，一方面，使政府能及时了解企业在环境保护、资源耗减、节能减排方面的执行情况；另一方面，使投资者、债权人和

---

① 中国碳排放交易网，http://www.tanpaifang.com/tanzichanguanli/2013/0302/16152.html，2013 - 05 - 10.

企业管理层能够充分了解企业碳会计实施情况，为他们提供有用的决策依据。

碳会计制度设计的目标则需以碳会计目标为基础，从碳财务会计、碳管理会计及碳审计等基本模块来设定目标，使之更具体，更具有针对性。本研究认为，碳会计制度设计的目标层次可分为终极目标（即企业目标）、基本目标和具体目标。其中，履行低碳减排责任作为一个影响因素，与碳会计终极目标协调一致，有着内在的联系和决定性的关系。

4.2.1 碳会计制度设计的终极目标：履行低碳减排责任

企业注重经济效益的同时，必然需从长远角度考虑环境问题，只有实现了良好的环境效益，才会有形成良性循环，实现长久而健康的经济效益，即不仅需要经济效益的提高，还应兼顾其环境效益，这才是碳会计制度设计的终极目标，即履行低碳减排的企业目标。

事实上，随着人们低碳意识的不断提高，低碳减排观念也日益得以深入人心。目前，理论界和实务界对企业提高低碳减排观念、履行低碳减排责任这一问题可以说已达成共识。观念已形成，眼下要解决的是如何把握企业低碳减排责任的具体内容及培育途径。

按照系统论的观点，企业作为一个闭合的碳排放系统，其低碳减排责任指的是在企业生产经营活动中所应承担的与其生产经营活动有关的降低能耗与减少排放方面的责任。它要求企业超越"利润唯一"的传统理念，强调生产经营过程中对环境、社会的贡献，使企业的低碳减排责任同企业对顾客的质量责任和对自身的经营责任密切结合在一起。具体而言，企业面临的低碳减排责任主要有以下几方面：

（1）治理和修复低碳减排方面的责任。基于当前出现的能源危机、资源紧缺、高排放污染的态势，人类已经认识到自然界所能排放的资源量并非无限，已经明显感觉到 GHGs 高排放污染带来的危害，整个生态系统所形成的平衡已经不容许人类的无序活动再给予随意的改变。作为社会组织中的一个重要子系统，企业在开展生产经营活动过程中，既创造了物质财富，也带来一系列低碳减排问题。种种资料表明，80%的污染源于企业，70%以上的排放物来自制造业。企业的生产过程不仅消耗资源，而且产生大量废弃物，使得资源日益耗竭，环境容量基本"吃光"。既然这一切的造成，企业是最大的肇事者，那么它就应当承担起节约资源、治理污染和修复环境质量两大责任，充分协调好开发利用自然资源与保护低碳减排之间的关系。

（2）优化企业碳排放行为方面的责任。承担优化企业的碳排放行为责任旨在于控制资源消耗、避免工业污染，实现企业的低碳减排。它要求放弃传统的高开采、高消耗、高排放、低利用的"三高一低"的粗放型生产方式，尽可能地少投入、多产出、多利用、再利用、少排放，发展清洁生产，以生态平衡原则来制约和规范企业碳排放行为，大力发展低碳经济。具体措施表现为：一是减少资源消耗，从而降低生产成本；二是采用低碳和再利用技术，减少 GHGs 排放，从而减少环境保护的费用；三是实施绿色管理，树立绿色企业形象，生产"绿色产品"。使企业的生产经营行为朝低排放化方向发展，实现低碳效率和经济效率的同时最优目标。

（3）低碳减排影响信息披露方面的责任。披露企业各种活动对低碳减排产生影响的信息，是企业实施低碳减排管理的一个重要步骤。企业有责任向环境管理者、资源环境的所有者和资源环境的消费者提供有关产品从生产到消费全过程的低碳减排影响情况方面的信息，以了解企业资源利用情况和环境污染情况。当然上述低碳减排信息的生成有赖于企业低碳管理系统和碳会计制度的合理建立和有效实施。因此，企业还有责任建立以环保理念、环境政策、环境教育、环境机构、绿色采购、清洁生产、绿色营销、产品使用、绿色融投资等为内容的低碳管理系统及与之相配套的碳会计核算体系。基于上述系统的设计和体系的建立，披露企业有关低碳减排影响信息以满足企业利益相关者的需要，从而有助于他们的科学决策。

（4）低碳减排方面的法律责任。低碳减排的法律责任是指由国家法律所规定的使企业在降低碳排放和治理气候污染方面所承担的环境责任。目前，发挥宏观调控职能的国家在处理经济发展与低碳减排保护的关系中，大都制定了一系列适用于本国的关于节约能源、降低排放和保护环境的法律或行政法规，以规范企业与低碳减排之间的关系。例如，美国的《清洁空气法》，英国的《垃圾法》，我国的《环境保护法》《水法》《森林法》等各种有关环境问题的法律法规的建立健全使得企业承担了来自国家环保法律方面的环境责任。各种环境法律法规的实施和执行，企业不仅要承担道义上的低碳减排责任，而且还必须为已造成的"三高"损害承担法律责任，要求自身的生产经营活动中注重低碳减排，把环境保护与人们的经济利益和其他利益充分的结合起来。可以说，国家环保法律的强制性是目前企业承担低碳减排责任的主要动因。

接下来，在上述终极目标约束和指导下，再深入剖析碳会计制度设计的基本目标及具体目标，为碳会计制度设计奠定明确方向。

4.2.2　碳会计制度设计的基本目标

碳会计制度设计的基本目标是指在终极目标指导下，对外提供有关碳活动的会计信息，帮助信息使用者进行决策。随着我国碳交易试点工作的不断深入，碳交易市场建设得到进一步开放，包括政府、投资者、债权人乃至社会公众在内的信息使用者愈来愈需要了解有关碳交易的会计信息，并运用此类信息进行合理决策。

从理论上讲，满足碳会计设计基本目标所提供的信息，也应该符合一般会计信息所应具有的各种质量特征，但我们认为，碳会计制度设计所提供的信息更应强调以下两个方面的质量要求：（1）相关性。碳会计制度设计所提供的信息应与考虑碳活动的企业管理需要密切相关，为管理层提供用于决策、控制、业绩评价等经营活动的与碳排放有关的各种决策信息，旨在于支持其终极目标的实现。（2）可靠性。碳会计制度设计所提供信息在有效使用范围内必须是正确可靠的。"不影响决策的正确性"是其提供信息的"有效使用范围"。正是基于这一特性，碳会计制度设计可以采用近似的方法来获取所需信息的近似值或估计值，如用碳足迹法计量碳排放量，以此来简化碳会计信息的处理程序，提高碳会计信息的处理效率，降低碳会计信息的处理成本，以成本效益平衡原则即经济性为约束条件、重要性为限制标准来决定信息的取舍，确定碳会计信息的报告量。

4.2.3　碳会计制度设计的具体目标

在其终极目标和基本目标的约束下，碳会计制度设计的具体目标主要包括以下方面：（1）协助管理层计算碳足迹、确实碳交易和碳核算的总体战略目标，具体通过阐述有关碳会计的确认与计量的一般原理，设置具体的碳会计科目，并进行相应的碳会计业务处理，然后再对碳会计具体内容进行核算，并就碳信息披露进行具体规范，从而构成整个碳会计制度设计的信息输入内容。（2）协助管理层做好碳预算，因为在碳交易中，企业碳预算是企业理性地规划和控制企业碳排放、碳减排及碳固、碳排放权交易等活动。发展企业碳预算是一项关键的制度安排。同时还要做好碳管理，确定低碳减排的成本控制目标，包括核算"碳排放"要素，分析碳解锁和碳脱钩过程中所涉及的成本，譬如购买节能设备、低碳材料及碳固治理设备，使用清洁能源，研发或购买低碳技术用于生产和回收处置环节。（3）协助管理层披露碳相关信息，实施碳鉴证，实现碳绩效评价目标，提高碳资源的利用效率，识别关键碳排放源，达成碳排放目标。

综合以上分析，我们可以对碳会计制度设计目标的具体内容做如下表述：碳会计制度设计目标就是通过对其具体目标的逐步实施，以支持其基本目标的实现，最终促进履行低碳减排责任的终极目标的达成。

4.2.4　碳会计制度设计的一般原则

任何行为都需要有原则可以遵循，碳会计制度设计也不例外。碳会计制度设计原则是进行碳会计核算的指导思想，是在碳会计实践普遍经验的基础上，通过高度概括形成的关于建立碳会计信息系统和开展碳会计实践的一般规律。碳会计制度设计应遵循的一般原则有社会性和外部影响内在化、战略性和系统性相结合、激励和取长补短、强制与自愿相结合的原则等。

4.2.4.1　社会性和外部影响内在化原则

在传统会计中，企业仅核算与自身利益相密切相关的经济活动，但碳会计特征要求企业对其与碳排放相关的事项进行确认、计量和报告，旨在充分揭示其活动所造成的环境影响及补偿，从而承担起企业的社会责任，从这点来看，碳会计制度设计要坚持社会性原则。当然，社会性原则的具体体现则是要求企业所承担的成本费用不仅包括企业内部产生的，还要包括企业碳排放给自然、环境和社会所带来的外部影响，即外部性的环境成本或碳成本。这正是碳会计制度设计中所要遵循的外部影响必须内在化的原则，将这部分外在影响转化而来的环境成本或碳成本计入企业正常生产经营的成本费用中去，实现企业经济效益、环境效益和社会效益的正确合理计量。

4.2.4.2　战略性与系统性相结合的原则

在传统经济管理模式中，碳排放因素的影响往往被束之高阁，资本、劳动、技术进步甚至制度都成为经济增长的内生变量，而碳交易却被拒之门外，被视为经济发展的外生变量。碳会计制度设计是基于低碳经济管理模式，不断调整企业的发展战略，将碳排放因素作为提高企业竞争力，获取最终目标的战略要素之一，以培育出企业的竞争优势，这就体现出碳会计制度设计的战略性原则。根据战略性原则，通过关注企业产品生命周期中对与碳排放因素有关的企业活动所产生的影响来进行预算、决策、核算、控制和业绩评价等一系列会计活动，谋求在提高企业经济效率的同时，寻求碳效率的不断改进。

同时，碳会计制度设计是基于企业的低碳经济系统、环境管理系统、会计信息系统等子系统建立的一个综合决策支持系统，它同时也是一个考虑碳排放因素的计划与控制系统，还是一个信息反馈系统。可见，整个碳会计制度设计系统是一个综合的工作系统，其中各个环节或程序之间存在着密切联系，并相互作用和相互影响，组成一个整体，具有系统的性质。因此，做好碳会计制度设计工作，需要将碳交易和预算、碳核算和控制及碳绩效和鉴证等活动看作为一个系统，从系统内各个活动的协调和统一出发，实现碳会计制度设计的终极目标，这就是系统性原则的表现。

4.2.4.3　激励和取长补短的原则

前面有关理论阐述中提及，开展低碳管理活动，必须针对不同群体和个人以及不同层次的需要，制定满足不同需要的低碳管理对策和措施。在实施低碳管理对策和措施的过程中，还必须采用不同的激励手段来鼓励或限制人们的行为，从而更好地为碳交易活动中的碳预算和交易、碳核算和控制、碳绩效评价和碳鉴证等手段的实施服务。另一方面，建设中国特色社会主义是我国的基本国策，在我国碳会计制度设计及碳会计核算时也要遵守这一原则。我国的温室气体排放量居全球第二，面临着巨大的碳减排压力，这就要求我们进行碳会计核算的时候不仅要坚持中国特色还要借鉴国际上较为成熟的会计理论的精华。

4.2.4.4　强制与自愿相结合的原则

碳会计体系构建的目的是完善现有传统财务会计对碳交易事项确认、计量及信息披露方面的不足的补充，可以说碳会计是在传统财务部分可以在碳市场自由交易，若企业实际碳排放量超过国家规定碳排放配额，超额部分企业需通过碳交易市场购买获得。那么，以此为假设前提构建的碳会计体系既能够包含强行交易机制下企业的碳交易核算，也能够涵盖企业在自愿交易机制下的碳交易核算，在碳市场实现自由交易或购买等行为。

4.3　碳会计制度设计的核算假设

前已述及，碳会计制度设计离不开碳会计核算系统的构建，因此研究其核算假设是理所当然的。碳会计是传统会计学的一个分支，因此，碳会计核算的基本前提理所当然应传承其传统会计的基本前提，具体有持续经营假设、会计主体假设和会计分期假设。同时，对已有假设予以拓展，赋予新的内涵，并新增可持续发展假设、资源环境有价假设、多元计量假设及所有权归属假设。

4.3.1　可持续发展假设

诸多文献表明，理解可持续发展内涵有三点：一是可持续发展要求环境发展的同时经济得以增长；二是可持续发展的制约因素是环境承载力，达到生态边际效益的最大化；三是环境和资源是有价的。可持续发展假设界定了代内与代际的权利和义务。代内和代际的主体地位平等，属于广义上的债权债务关系。因此，可持续发展更加注重发展潜力的培植，有既要满足当代人的要求又不侵占后代人的资源基础，若过度耗竭资源时必须进行补偿的义务，而后代人有向当代人要求保全资源的权利。因此，可持续发展的本质在于寻求代际公平，实现生态系统的良性循环。

前面已论及，碳会计制度设计的基本目标是要解决经济增长导致能源消耗和 GHGs 排放之间的关系，实现减缓气候变化与可持续发展目标的一致性。为了达到这一目标，将原本从未以货币形式实现其价值的碳活动纳入会计系统进行碳会计的核算。如果没有可持续发展作为碳会计核算的基本前提，那么会计主体的碳会计核算将与其基本目标实现相违背。这样，尽管碳会计主体仍然存在，但将完全改变低碳经济发展的方向。因此，要想实现低碳经济，就必须要求企业节能减排，发展新型能源，走可持续发展道路。可持续发展假设，要求会计人员在对碳会计要素的确认、计量、报告和披露时要运用可持续发展的观念，而不是传统的经济增长的观念，不以牺牲环境为代价来换取企业经济的高增长。如果没有可持续发展，碳会计必然失去其理论支撑。总之，可持续发展假设是碳会计研究的首要基本前提。

4.3.2　资源环境有价假设

劳动价值理论认为，劳动是价值的源泉，商品的价值只是凝聚在商品中的一般和无差别的人类劳动，它由社会必要劳动时间决定，只有通过商品交换的量的比例即交换价值表现出来。而资源和环境被认为是先于人类而存在，没有赋予劳动，或是不能作为商品和生产要素进入市场，可以任意取用，是没有价值的。其实，这是一种误解。根据环境经济学的理论，资源和环境也有价值，原因在于：（1）资源环境具有效用，能提供对人类生存与发展有用的东西；（2）资源环境具有稀缺性，存在着用途上的选择性和竞争性；（3）资源环境包含了人类一般劳动。现在人类活动所产生废弃物的排放水平大大超过了环境的自净能力，造成了环境污染。为了进行环境污染的改善和保护，就投入了大量的人力、物力和财力，如太空、深海和极地的探险，新材料和新能源的研制和开发等。由此可见，现有的资源环境已凝结了人类的一般劳动，它应该具有价值，就必须对自然资源和环境质量的价值进行重新定义和估价，转变资源、环境无价的思想，确立环境资源有价假设的评估体系，实现资源和环境的优化配置。

资源环境价值源于资源和环境的稀缺性。因为自然资源和生态环境在一定时空范围内并非可以被无限利用或任意挥霍的，它们具有稀缺性。目前，资源环境有价假设是企业进行碳会计核算的理论基础，为企业在实施低碳管理活动时所进行的资源和环境的计量和计价提供了指导。根据资源环境有价假设，一般认为生态环境价值包括自然资源价值和环境质量价值两部分。自然资源价值首先取决于它的有用性，价值的大小取决于它的边际效用和供求关系，具体表现为：一是自然资源本身的价值，未凝结人类劳动，用存在价值对其进行价值衡量，主要依据是资源的边际效用，即当资源越少时，它的利用价值越大。二是人类劳动投入自然资源开发所产生的价值，这部分价值可以根据生产价格理论来确定，但也同时要考虑资源的供求关系和货币时间价值。三是环境质量价值的确定，即具有间接使用价值的环境资源。这一部分价值难以量化，但可通过间接的方法来衡量。如地表植被所产生的碳固价值，或称生态效益，由于不能通过市场来体现其价值，只能采用机会成本法来估算。

根据资源环境有价假设，在碳会计核算中，就必然会有关于碳排放量的价值转化工作要做。因此，在本书中将提出采用价值形式与实物形式相结合的多元计量方法来核算企业全生命周期中碳足迹的价值影响。

4.3.3　货币与实物计量相结合的多元计量假设

在传统会计核算中，需要用货币来确认计量、记录和报告会计主体的经营活动。多元计量假设是由传统会计的货币计量假设演变而来，不过多元计量假设只是过渡阶段的折中选择。多元计量是指用其他的计量属性和计量单位与货币计量相互补充。一方面，采用货币计量形成财务指标；另一方面，采用实物计量、劳动计量、化学或物理计量等形成实物指标、技术经济指标和文字说明等。另外，在货币计量内部也体现多元计量属性，既可使用历史成本，也可使用公允价值、重置成本、可变现净值等。

碳会计计量具有这个多元性特征，不只局限于货币性计量。因为资源环境一部分具有商品的性质，一部分则不限于商品，在计量上有模糊性特征，难以用货币单位进行精确计量，多元计量手段成为必然。随着技术提高和方法的改进，它必将被货币计量假设所代替的，所以货币计量是会计核算中最主要的和最终统一的计量形式。

4.3.4 所有权归属假设

从根本上讲，大气污染问题类似于博弈论中著名的"公地悲剧"，即人们对于没有明晰产权的碳排放空间（空气）的过度消费问题，是典型的负外部性的表现。科斯定理认为，在交易费用为零的条件下，只要产权明晰，负外部性问题就可以得到克服。其根源就在于碳排放空间（空气）的公共物品属性。从理论上讲，碳排放空间（空气）的消费具有非排他性、非竞争性以及不可分割性，无法界定其产权，但是，可以通过界定行为主体碳排放权的方式间接"界定"空气的产权。有了行为主体的明晰排放行为权，政府的政策才能够行之有效，低碳经济的制度安排才有了基石，碳会计制度设计才有了基本前提。

当然，严格"界定"碳排放空间的私有产权并不是排斥合作，而是更有利于合作。所有权学派理论认为，市场优化资源配置的关键是确立清晰、可行而又可市场流通的产权制度。因此，碳市场的运行就显得重要，将碳排放量当作商品并纳入碳市场在不同所有者之间进行转移实质就是一种所有权的交易，使得碳排放具有了货币属性。碳排放权交易就是基于上述理论，通过政府介入为碳排放空间确定所有者，让其成为非公共物品，每一个企业或经济参与者就会自觉核算外部性成本并实现内在化，达到低碳减排的目的。在这里，政府介入有几种含义：（1）在碳排放空间是所有权资源的假设前提下，政府对碳排放空间划定产权归属，明确责任，使各种资源各自有归属；（2）划定归属权后，由碳市场介入进行转让对其碳排放量价值予以评估，确定其价值量，由政府拨款使各特定主体的碳排放权价值得以实现，这实质上正好符合了碳排放空间公共物品属性本身所固有的内在要求，要在一定程度上由政府提供免费碳排放额度或者说由政府代替消费者付费；（3）在划定所有权归属的基础上，实行政企分开和科学管理。

综上所述，本书以企业作为特征主体，向大气中排放以二氧化碳为主的温室气体，从根本上讲，这是一种公共行为。正是由于这种碳排放空间的公共物品属性，使得碳排放空间具有所有权归属假设成为必要，使得碳会计核算有了其基本前提。

4.4　碳会计制度设计中的核算基础和要求

一般来说，会计确认分时间和时点两种情况，因此有些会计要素需按时间确认，有些则需按时点确认。同时，不论是价值量核算还是物质量核算，都有一个归属期问题。在碳会计制度设计中，由于现阶段碳会计内容包括碳排放权会计和碳排放会计两部分，因此在对碳资产等的确认时要以权责发生制为基础，而与碳活动相关的收入与费用的确认要以收付实现制为基础，并遵循收入费用配比和划分收益性支出与资本性支出原则的核算要求。

4.4.1　权责发生制基础

在碳排放权会计核算中，企业所从事的各种与碳排放相关的生产经营活动，能提供低碳减排服务，产生碳效益，经过有关权威机构的科学计量得出其碳收益的大小。从碳会计核算内容来看，一定时期内获得的碳收益应根据权责发生制原则，在被盈利单位拥有并能控制的这一时点上确认为资产。但这项资产到底何时确认为盈利单位的一项收入呢？根据收入确认原理，碳资产只有被社会认可并得到政府或相关管理机构承诺或正式给予补偿时，这时才能确认这项碳资产带来了收入。由此分析过程可知，权责发生制的核心是根据实际发生的权责关系及影响期间来确认盈利会计主体的收支。权责发生制反映的是某一特定会计期间"应计的"现金流动，而非实际的现金流动。

4.4.2　收付实现制基础

收付实现制要求将碳排放相关活动会计事项的入账时间的确认分别与实际的现金流时间相联系。当确认收入和费用时，凡本期内未收到收入和尚未支付的付款，即使归属本期也不能确认为收入和费用。例如，企业出售因节能减排而节余的碳排放配额，政府通过碳交易市场给企业节能减排支出提供补偿这一经济业务，资产和负债的确认时点应是企业真正获得补偿的时点，即企业实现减排并出售转让了碳排放配额的时点，而不是无偿取得配额或使用配额抵销实际排放量后有剩余时。这就符合收付实现制的确认基础。如果使用权责发生制的确认基础，势必会导致企业虚增资产和负债。同理，当企业超额排放时，需通过有偿购买碳排放配额支付超额碳排放成本，实际上是一笔超额排放换来的"罚款"，导致了企业经济利益流出企业，形成一项负债而得以支付并即时确认。

4.4.3　收入与费用的配比

所谓会计收入与费用的配比要求是指一定时期内发生的各项收入和与之相关联的各项费用必须在同一时期予以确认入账，做到同步配比。在现有会计准则中已取消了有关收入与费用配比原则的要求。但在碳会计核算中，这条原则和要求又不得不被提出并得以遵循。因为企业低碳减排所取得的收入主要来自多余碳排放配额出售后的收入，将它与所有发生的成本费用进行配比，只核算总收益，这样会将低碳减排活动给企业带来的经济利益全部混算在总收益中，缺乏清晰性和对应性。所以有关的成本费用必须在碳排放权会计和碳排放量会计两种核算模块中进行分配，实现收入和费用的配比，以清晰地体现低碳减排活动给企业所带来的收益，从而能更有效地激发企业低碳减排的积极性，改善整个气候环境。

下面就要来论述收入和费用如何配比的问题。有关收入的确认在权责发生制基础上已论及，那么如何准确确认费用呢？广义上的费用概念是指企业所有生产经营活动中所发生的一切开支，包括了资产的耗费和劳务的消耗价值。但于碳会计核算而言，要精确划分费用的归属期，并将费用与收入达到严格的配比是非常困难。在此可分两种情况简述之。

其一，配比要求在碳会计中的应用不同于一般制造业企业的应用。比如，当把本期所产生的低碳减排成本在碳排放量与相关的低碳经营产品之间进行分配，如何在本期"库存商品"和期末"在产品"，或在"已销产品"和"未销产品"之间进行分配。理论上讲，可将尚未产出本期低碳减排效益上的"耗费"作为待摊费用递延至以后会计期间与之相关联的未来收入进行配比确认。但是，由于碳排放量核算的特殊性，期末存量的价值无法计量出来，只能将所有耗费在本期进行全额确认，不予待摊或递延，不存在与一般传统制造企业所进行的生产费用再分配的流程或环节。

其二，在碳排放权会计中，采用权责发生制的核算基础，自然要求遵循收入与费用配比的要求来核算损益。收入与费用配比的关键是判断两者间的因果关系，若收入要在未来期间才能实现，则相应的费用或成本就需进行递延分配到未来的实际受益期间。出售企业节约的碳排放配额所取得的收入应在被买方实施购买行为时，即得到相关机构的认可，那么此时才能确认与此相配比的成本，并予以配得到当期节能减排的损益。当然，也有例外。有些收入和费用无法严格对应权责关系，不能保持绝对的配比关系，需要特殊处理。例如，在低碳减排过程中所列支的一些管理费用给未来期间所带来的收益是难以预测和计量，因此很难做到精确划分费用的归属期，只能适当简化核算，将其一次性地计入本期费用中。在这点上的处理与一般企业遵循配比要求时所采用的方法一致。

4.4.4　收益性支出与资本性支出的划分

与传统会计一样，碳会计支出业务按其影响的期限可分为收益性支出和资本性支出。我们知道，通常以一项支出的受益期长短来划分收益性支出和资本性支出。具体而言，如果一项业务的支出金额很小，未来收益不多并很难合理衡量，这时我们往往就把此支出列为收益性支出，否则归为资本性支出。一般来说，在碳会计核算体系中，盈利性会计主体的业务支出按其目标可分为三部分：第一，低碳管理费用支出；第二，日常研发维护使用各项低碳技术及购买碳排放配额的支出；第三，购置减排设备及低碳无形资产等的支出。其中第一部分列为收益性支出，只对当期收益产生影响。第二部分则要区分两种情形进行判断分类。第一种情形是碳排放权会计中所发生的一切支出，一般将其列为当期费用进行净损益的结算；第二种情形就是碳排放会计中所发生的费用，则要分是否达到预定的节能减排目标来区别，如果在节能减排目标达成前发生的费用，则这种开支明显是为未来发挥效用而发生的支出，应归为非流动性资产，即归为资本化支出。节能减排目标达成后发生的费用，则根据重要性原则，对这部分的支出的处理不再递延到以后各期，则将其作为本期费用处理，即划为收益性支出。第三部分的处理方法与传统会计一样，划为资本性支出，然后逐期摊入成本费用，再在碳排放权会计和碳排放会计间进行分摊。

4.5　碳会计要素的设计

碳会计是会计学科的一个新的分支领域，旨在以国家相关环境法律为依据，使用货币和实物计量属性，确认和计量企业的低碳活动，报告和考查企业的自然资源利用情况，以帮助企业实现低能耗生产和绿色利润最大化。已有文献表明，有关碳会计要素的划分意见不一。本研究认为，可将碳会计核算范围内的所有内容作一个大的要素分类，与传统会计一样，也可归类为碳资产、碳负债、碳权益、碳收益、碳成本及碳利润。其中，碳会计的静态等式为：碳资产＝碳负债＋碳权益，但此处的三要素除了核算碳排放权会计的内容外，还需考虑实物计量的碳排放会计。碳会计的动态等式为：碳负债＝碳资产－碳权益－（碳收益－碳成本），此处的碳负债通过差值公式倒推出其金额大小。

4.5.1　碳资产

沿袭传统会计对资产的定义方法，碳资产是指由企业过去的交易或事项形成的，所有低碳经济领域内可能适合于储存、流通或价值转化的由企业拥有或控制的，预期会给企业带来经济利益的资源。这类资源主要包括碳排放权和碳固资源。碳资产作为一种特殊资源，不但是企业生产的一项重要投入，也是企业碳交易项目中占主体地位的有价商品，符合碳资产要素的定义及确认标准，并能合理对它进行可靠计量或估算。

碳资产具有以下特征：第一，效用的可利用性。碳资产在可预见的将来能持续带来价值，不会因为某些不确定性因素的影响而消失，能根据所得到的证据评估其实现的有关效用。第二，碳资产的稀缺性。效用是价值的源泉，价值取决于效用和其稀缺性。据前述可知，效用决定价值的内容，稀缺性决定价值的大小。环境资源具有效用，企业向大气中排放二氧化碳的权利是一种稀缺资源。该资源预期会给企业带来经济利益，所以碳排放权应该作为一项资产进行确认、计量和报告。第三，计量的可靠性。当会计核算资料能如实反映会计信息，并作为信息使用者提供决策依据时，该会计资料的计量就具有了可靠性。当然，由于会计计量方法和反映技术的局限性及碳排放权的复杂性，往往反映的事实可能具有模糊性的特点，但这并不影响计量的可靠性。第四，核算对象的归属性。从某种意义上看，碳会计只能对本会计主体内的碳排放权及碳固资源进行确认。例如，很多企业共用一片森林，因为任一企业都不拥有其所有权或控制权而不能将其确认为该企业的碳资产。综上所述，碳资产的确认必须满足碳资产要素的定义、确认标准及相关属性，并能合理地对它进行可靠的计量或估算。在碳会计核算体系中，有关碳资产的计量需根据具体情况区别对待。根据形态可设计的碳资产相关账户有"碳排放权""生物资产""碳固定资产""碳无形资产"等，分别用来核算碳排放权、企业的树木和绿化带、企业自行研发的碳减排设备、企业自行研发或通过 CDM 项目的技术转让等内容，其中碳排放权总账科目下还可设计以下明细科目："配额"、"国家核证自愿减排量"和"交易碳排放权"。

由上述分析可知，碳资产内涵丰富，不仅包括今天的资产，也有未来的资产；不仅包括 CDM 资产，也包括在碳交易中获得的无形的社会附加值。例如，企业采用节能减排技术，减少了碳排放，并成功申请到了 CDM 项目所带来的效用都可确认为碳资产。总之，碳资产的出现给将实现节能减排目标的企业带来了前所未有的挑战和机遇，现代会计理论不得不重新审视这种看不见摸不着的新型资产的价值，加强碳资产管理是落实"十三五"温室气体减排目标和完善建立碳交易平台的坚实基础。

4.5.2 碳负债

缘于碳会计是会计的一个新兴分支，所以对碳负债的释义也不能违背财务会计的概念框架。因此，碳负债也是因过去的碳排放活动而形成的现实义务，履行该义务预期会导致经济利益流出企业，具体包括碳排放活动中所取得的长短期借款、应付职工薪酬及涉及碳活动的各种应付款项。

一项现实义务确认为碳负债，需要符合碳负债的定义的同时，还要满足以下三个条件：其一，与该义务有关的经济利益很可能流出企业；其二，企业实现低碳减排直接导致企业碳负债的形成；其三，能够可靠计量未来经济利益的流出。

根据传统会计中负债的定义，可以认为"碳负债"是指企业未参加实施节能减排项目或实施效果不理想，而导致碳排放量高于相关部分规定的基准线而形成的现时义务，履行该义务很可能会导致经济利益流出企业。其主要内容包括：企业为进行低碳生产而发生的长短期借款、应付环保费、应付资源税、应付碳税、企业由于碳排放问题而应交未交的罚款以及为购买碳排放权而产生的支付义务等。所以要计量碳负债时，首先要明确企业碳排放量的测算方法（此计量方法内容将在第 5 章有关碳核算内容中进行详细阐述），并通过设置"应付碳排放权"等碳负债科目，进行碳负债的初始确认和计量。

在碳负债关系中，债权人主体不单一，因为环境是全人类的，只是国家在行使管理权。如果企业从其他市场主体购买碳排放量，市场主体就成了债权主体。当然企业也可自行研发新能源或低碳技术来减少碳负债。如果企业不采取任何措施，这时国家成了债权主体，将对超排企业进行惩罚，当然这种惩罚成本一定要高于其购买成本或自行研制成本。低碳新技术、替代能源的开发、市场供求关系及低碳经济政策等都会影响到碳负债的风险和不确定性，因此，对于碳负债计量属性的选择上，可适度采用公允价值进行计量。

4.5.3　碳权益

碳权益，类似于所有者权益的概念，是指企业获得碳排放许可额度的权利，从数额上它等于碳资产减去碳负债。碳权益代表企业所拥有的单位碳排放许可额度净值，碳收益增加碳权益，碳费用减少碳权益，碳收入超过碳费用的净值直接增加碳权益，反映企业碳排放权益的增加。

4.5.4　碳收益

碳收益是指在一定时期内因各种交易或事项而产生的各种利益流入。它主要来自三方面：一是政府因无偿分配排放额度而得到的补偿收入；二是因让渡碳资产使用权等日常活动而取得的其他业务收入；三是与企业日常碳活动无关的偶发事项所发生的损失或收益、投资净收益及各种补贴收入等。与传统会计中的收入不同的是碳收益的产生需要一个缓慢而持续的过程，它的实现不一定会伴随着碳资产的减少，有时甚至会伴随着碳资产的增加而产生。但碳收益的实现应假定在某一时点上（如实际收到补偿款时），这样其收益的实现与传统会计收入的实现就可以统一起来。

4.5.5　碳成本

据相关文献所给的权威定义：所谓碳成本是本着对大气环境负责的原则，为管理企业活动对大气环境造成的影响而采取或被要求采取的措施的成本，以为因企业执行碳排放目标和要求所付出的其他成本。[①] 碳成本表示为在其持续发展过程中各种交易或事项所导致的经济利益的流出，该种流出具体可进行两种情况的处理：满足资本化条件的则形成某一项碳成本；满足费用化的则直接计入当期损益中，形成一项碳收益。碳成本内容具体包括碳捕获及储存的成本、碳解锁的成本和获取碳排放权的成本等。在我国碳锁定的现实下，企业进行碳捕获及储存必然产生大量成本，碳解锁过程中需要技术创新，

---

① 刘美华，李婷，等. 碳会计确认研究［J］. 中南财经政法大学学报，2011（6）：78 – 85.

伴随大量低碳技术的应用，需要碳成本支出；同时，基于 CDM 获取碳排放权，在 CDM 项目完成的每一步骤上都需要大量的成本，以上这些都可归为碳成本核算内容，并建立成本与收益配比，将碳解锁过程中的外部成本内部化，压缩碳排放企业的利润空间。具体而言，碳成本主要包括补偿费、设备购置费、折旧费、摊销费及应交碳税等。那么，结合上述碳成本核算项目，到底如何降低碳成本呢？可通过围绕碳排放权，大力降低全产品生命周期价值链上每一个环节的碳排放量。例如，在研发环节上，更新环保设备，研发、引入低碳技术，从而将结余的碳排放权出售以获取碳收益，相应地降低了碳成本。在产品生产环节充分利用低碳资源，将废弃产品转为新兴产业的产品原料，循环利用废弃物，减少碳排入量，降低碳成本。另外，充分利用碳税等税收优惠政策，加强对节能减排的扶植力度，达到直接降低碳成本的目的。

4.5.6 碳利润

碳利润是指一定期间内企业在有关碳活动的交易或事项中的总成果，包括碳收益减去碳成本和碳税后的余额。它可用来衡量企业在低碳减排中所取得的效果，与一般企业利润的含义一样，是其进行低碳减排活动所引起的净资产的增加。

4.6 碳会计科目、凭证及账簿的设计

会计科目是对会计要素具体内容进行分类的项目。会计科目的设计是一个重要的基础环节，通过会计科目可以对会计核算内容进行具体分类，为设计会计凭证和会计账簿提供依据，也便于会计报表的编制。基于碳会计有别于传统会计的特殊性考虑，在会计科目设计时可对现行会计科目进行适当的修订和补充，具体可从以下几方面考虑。

4.6.1 设计碳会计科目要注意的几点

设计碳会计科目，要遵守全面性和针对性原则，应结合各特定企业会计对象的特点，要将碳会计要素具体内容全部包括在内，不能重复也不能遗漏。在考虑各行业共性的基础上，还要针对各行业的特性进行设计。同时，要符合我国统一会计制度要求，设计的碳会计科目必须在符合我国统一会计制度

的前提下，再根据特定企业的具体情况和经济管理要求，对统一规定的会计科目做必需的增补或归并。另外，碳会计科目名称设计时，要与核算内容一致，文字简洁明了，通俗易懂，便于理解和记忆。

4.6.2　合理增设总分类科目和明细分类科目

碳会计是一个新的领域，在实际情况中会出现许多新业务，相应的经营管理也会有新要求。在原有会计科目体系基础上增设了总账科目，以核算涉及碳排放等内容的经济业务，例如，增设"碳排放权"资产科目，"应付碳排放权"的负债科目，来分别核算特定企业有偿取得的碳排放权的价值以及需履约碳排放义务而应支付的碳排放权价值。

总账科目只能总括地反映经济活动情况，而经营管理还需要较明细的核算资料。因此在碳会计中的那些特殊业务，可以通过在原有总账科目下新设明细科目来反映。例如，碳排放权包括排放配额（简称配额）和国家核证自愿减排量（CCER）因此，在"碳排放权"总账科目下还需设计"配额"和"经核证后的减排量（CCER）"两个明细科目。另外，如果特定企业按照规定将节约的配额或 CCER 对外出售时，应按对外出售的价款扣除相关税费，设计碳收益类的"碳排放收益"明细科目，贷记入"投资收益——碳排放收益"；如果特定企业出售碳排放权，按实际收到的金额扣除相关税费，需设计碳资产类"交易碳排放权"明细科目，贷记入"碳排放权——交易碳排放权"。由此可见，在增设"碳排放权"碳资产类和"应付碳排放权"碳负债类总账科目下，就有必要设计上述四个明细科目来分类核算各种碳排放相关业务的发生。

4.6.3　碳会计凭证及账簿的设计

会计凭证是根据经济业务的内容，按照一定格式编制的一种书面单据，它可以证明业务已发生、明确处理人员的责任，并作为登记账簿的依据。会计凭证在会计核算系统中的作用十分重要。

碳会计凭证设计可分为两大类。一类是碳会计原始凭证的设计，要根据碳活动的客观要求、管理方式和核算方式来制定原始凭证，使之具备反映碳活动内容和执行责任等两方面的基本要素。一般来说，任何一张原始凭证均应该具备反映经济业务内容和执行责任两方面的基本要素，在碳会计中也不例外。因此，所有的原始凭证首先要设计表头，左侧安排项目名称，名称右侧预留位置可以填写以下基本要素：填制日期、凭证编号、填制及接受单位名称、经办人员签章等。由于不同的原始凭证所反映的业务内容不同，在凭证的具体构成要素上也存在着差异。例如，企业支付的一些碳减排活动费用，可设计"碳费用汇总单"这一类原始凭证，再细分为"碳资产折旧费""环保人员薪酬""环保排污费"等。

另一类就是记账凭证的设计。记账凭证的编制有利于对业务的审核和制约，并能保护原始凭证的安全。碳会计中的记账凭证的设计与传统会计中记账凭证的设计基本类似，首先要结合企业的经济业务状况、会计核算情况以及各种可供选择的记账凭证的优缺点及适用性等综合因素加以考虑，从而确定是设计通用记账凭证、专用记账凭证还是其他种类型的凭证。但不论选择哪种都要包含填制单位名称、凭证名称、编号及日期、业务摘要、借贷科目及金额、记账标记、附原始凭证张数和相关人员签章等。按照企业碳活动及碳会计核算具体要求，在凭证制定过程中，综合考虑可供碳会计核算选择的记账凭证的优缺点及适用范围等因素。

在碳会计中，会计账簿的设计与传统会计差别不大，可增设总分类账和明细分类账。在碳会计中，会计账簿的设计与财务会计的会计账簿的设计差别不大。根据碳会计的核算内容及管理的要求，可以增设些总分类账、明细分类账，其中要特别注意三栏式、多栏式、数量金额式等不同账簿格式的选择。碳会计作为反映特定主体环保责任履行情况、国家节能减排指标完成情况的经济活动，需要提供大量真实、准确的资料，比如存货的碳含量、产品含碳比、低碳资金投入量等。因此，碳会计中还有许多资料无法通过日记账、分类账来记录和反映，在账簿设计时，往往更多以备查账簿为主来进行补充登记，这样灵活性较强，能把企业履行环保责任及降耗减排的经济活动内容反映较为清晰详细，比方说各类存货的碳含量、产品的含碳比例、碳资金的投放比等。

第 5 章

企业碳会计核算体系的设计

会计既是一个信息系统，也是一种管理活动，其首要目标是对外提供财务信息，对内实施会计管理。碳会计也不例外，信息的输入、加工和输出三大模块构成碳会计信息系统的主要内容，即碳会计制度设计的框架包括有碳财务会计、碳管理会计和碳审计三个组成部分。其中，碳财务会计属于整个框架中的最基础部分，主要通过阐述有关碳会计的确认与计量的一般原理，设置具体的碳会计科目，并进行相应的碳会计业务处理，然后再对碳会计具体内容进行核算，并就碳信息披露进行具体规范，从而构成整个碳会计制度设计的信息输入内容。

5.1　有关碳会计的确认与计量

碳会计的确认与计量是碳会计制度设计中信息输入、加工和输出的最基础工作。只有对碳会计活动予以合理的确认与计量，才能相应地进行信息的输入、加工和输出。

5.1.1　关于碳会计确认与计量的可靠性特征

会计确认与计量是会计核算体系的重要基础。会计确认与计量有四项一般标准，其中可靠性和相关性是两个最基本的特征。与碳排放交易相关的信息生成无疑是很有价值的，其相关性是毋庸置疑的。因此，在确认与计量碳交易事项或业务中所产生的碳影响时，能最大限度地尽可能约束其主观因素的话，那么碳会计的确认与计量的可靠性特征将保持在一个可以接受的水平。

美国财务会计准则委员会（FASB）第 5 号《财务会计概念公告》最早

对可靠性进行定义，并提出了可靠性的三个部分：反映的真实性、可验证性和中立性。与国际会计准则中对可靠性的定义相比，这个定义强调了两点：一是可靠的信息必须是值得信息使用者信赖的；二是可靠的信息必须是可以验证的。真实性是可靠性的一个内容，但并不等同于可靠性。真实性强调会计信息应与实际相符，应具有客观性。而可靠性不但强调会计信息的客观真实性，而且强调会计信息的主观可信性。具有可靠性的信息必然是真实的，但仅仅具有真实性的信息不一定具有可靠性。会计信息要可靠，就必须是中立的，也就是不带偏向的。如果会计信息通过选取会计信息可靠性相关书籍和列报资料去影响决策和判断，以求达到预定的效果或结果，那它们就不是中立的。某些会计信息即使具有了真实性和可验证性，如果不具有中立性，仍然不值得信息使用者信赖。

然而，作为现代会计的一个分支体系，碳会计的确认与计量也应真实、中立和可验证。例如，在碳足迹评估时，采用合理的确认与计量手段，建立一套配的保证机制，经过有关第三方评估机构的科学评估并出具权威的计量报告，才能将碳排放价值纳入会计信息系统予以账务处理，从而充分保证确认与计量时的合理性、中立性和相对科学性。

5.1.2　有关碳会计确认与计量的一般分析

目前，有关碳会计的确认与计量还未有一个统一的标准，相关文献也主要集中在碳排放权的会计问题上进行规范。国外研究者们都集中研究了碳排放权，认为应将碳排放权确认为资产，但具体应确认为哪类资产，观点就不一致了，有以下几种观点：有的认为可归类为存货，有的认为可确认为期权，也有认为可确认为无形资产，还有认为可确认为交易性金融资产。另外，有关政府免费发放的碳排放权的确认也有不同的选择，有学者提出采用净额法只确认购买的碳排放权，对免费发放的不予确认。但是，国际会计准则理事会（IASB）在2004年发布的IFRIC 3《排污权解释公告》却是用总额法的观点。据统计，国外约有60%的样本公司在实务中采用了净额法，只有5%的样本公司采用了总额法。我国学者对碳排放权的研究观点也有上述情况出现，将碳排放权确认为资产已无争议，但应归属于哪类资产却一直存在争议，只是在2016年10月我国财政部发布的《关于征求〈碳排放权交易试点有关会计处理暂行规定（征求意见稿）〉意见的函》规定，从政府无偿分配取得的碳排放权，不予确认为资产，只确认购买的碳排放权为资产，并直接设置"碳排放权"一级科目。然而，对于碳会计计量问题，国内外学者们基本都认可了碳排放权的计量模式，即以货币计量为主、实物计量为辅的计量尺度，历史成本与公允价值共存的计量属性。

5.1.2.1　有关碳会计确认的一般分析

会计确认是指会计人员按一定的标准，将具体业务或事项确定何时以何种方式纳入会计信息系统的一项基础性会计工作。要正确理解碳会计确认，需要把握以下两个要点：

（1）会计确认实质是一项会计业务的认定工作，简而言之，就是"如何确认和何时确认"两个问题，具体来说有企业经济或非经济事项是否属于考察对象、企业事项纳入会计信息系统的时间、企业事项应归入何种会计要素中去这三个基本要素。

（2）目前，我国尚未建立统一的碳交易市场。为此，何时将碳交易活动纳入会计信息系统中，就成了一个关键难题。解决这个难题需要跳出传统思维框架，具体思路如下：把所有碳交易活动分成无偿取得的碳排放配额、出售取得的免费排放配额、出售国家核证自愿减排量或节约的配额、购买碳排放权用于投资这四类情况。第一种属于政策给定的免费配额，不做账务处理，但对于后面三种情况都可通过全生命周期的碳足迹评估，获得碳交易活动中产生的实际碳排放量，将超额排放部分碳排放配额时才予以确认进入会计信息系统。

5.1.2.2　有关碳会计计量的一般分析

简而言之，计量即量化。会计计量是指将已经确认过的业务或事项的有关数据进行计算、估计、分配、摊销或归集等各种加工处理过程，使之量化进入会计信息系统。因此，加工处理结果会受到量化的方法和步骤的可靠性影响。计量包括计量属性和计量单位两方面，在计量过程中需要明确几点：

（1）碳会计的计量单位是以货币计量为主。企业大部分业务或事项是可以货币计量，但其中有些碳交易活动无法直接予以货币化，需要适当使用实物、技术等计量形式（具体转换方法将在第本章有关碳核算内容中进行详细阐述）并将其转化成价值信息融入财务状况和经营成果之中，从而为信息使用者提供全面有用的决策信息。

（2）在采用货币计量时，其计量属性也是呈现多样化的。会计计量属性主要有历史成本、重置成本、公允价值、可变现净值、未来现金流量等，现行会计的计量模式主要是以历史成本为主，同时采用多种计量属性，但对于碳会计的会计计量，要特别注意对计量属性的选择。由于碳活动中既有有形劳务或服务，也有无形的，主要采用历史成本和公允价值两种计量属性。我国资本市场较为活跃，具备了公允价值计量属性的条件，但是，由于我国尚无成熟的碳交易市场，在选择公允价值计量模式时必须要谨慎，严格遵守配比原则。本书认为，考虑碳会计的特殊性，对于将要论述的碳固定资产按已有固定资产准则处理，并使用历史成本计量；碳无形资产则按无形资产准则处理，使用年限可以估计的采用历史成本，否则采用公允价值，不核算每年的摊销额；生物资产按《企业会计准则第5号——生物资产》准则处理；碳排放权的处理则可以碳排放权交易市场中的公允价值进行处理。2017年我国将启动统一的碳交易市场，这为公允价值计量属性的运用提供了更有利的基础。例如，在碳交易市场上，基于碳足迹理论的转换方法，结合碳解锁和碳解脱的技术，按照现有的碳排放交易制度，根据碳排放额与碳价来确定企业碳交易的计价金额，实现碳排放量的价值转化并纳入会计信息系统中，予以账务处理。

5.2 碳会计业务处理设计

我们知道，一个完整的会计信息系统首先必有数据输入。碳会计信息系统也一样，通过碳会计科目的特定设置、要素的确认与计量，然后进行碳会计业务的具体处理和披露才能构成碳会计数据的输入来源。有关碳会计业务的具体处理需遵循其基本原则，对碳会计业务进行以下几种情况的分类和设计：

5.2.1 碳会计业务处理的设计原则

企业经济业务大都交叉杂糅在一起，碳排放业务一般都与企业经济活动融合在一起。因此，碳会计业务处理的难点在于如何处理这些交叉的业务。本书认为，分三种情况进行设计：第一，单一的碳经济业务就按碳会计的确认、计量和记录方法单独处理。第二，难以分辨何种性质的经济业务，其确认、计量和记录按常规业务进行处理，但需通过设置明细分类账进行分类反映，并予以报表附注详细披露。例如，在节能减排措施中，低碳设备的更新改造所发生的成本并不单独确认，而是确认为固定资产或无形资产或当期费用。第三，对于完全融合在一起的经济业务若取得了可供出售的碳排放权，则应将该碳排放权进行碳会计的确认、计量和记录。这是碳会计进行具体业务设计所应遵循的基本原则。

5.2.2　碳会计的账务处理设计

前面已述及，碳会计核算是碳会计制度设计的重要基础。碳会计核算的有关碳活动的经济业务主要考虑两部分：一是碳排放业务（重点在于碳足迹核算）；二是碳排放权业务（包括碳排放权交易业务）。那么下面将针对这两部分业务的处理进行具体阐述和设计。

5.2.2.1　碳排放业务处理的设计

究其实质，碳排放业务的会计处理最终要转化为经济属性的确认与计量，即将碳排放量转化为碳货币的过程，当然，这其中就离不开碳排放量业务的具体计量。

据前述，企业碳排放途径有直接排放和间接排放两种，其中直接排放是指因能源和运输燃料的使用而产生的温室气体排放，而从原材料的取得到废弃物的处置的整个产品生命周期所产生的温室气体属于间接排放。那么，碳排放业务的会计处理实质就是要进行碳足迹的测算、记录和核算，将碳排放量定义为碳货币，碳排放量的确认转化为碳货币的核算。碳货币是一个中转计量单位，可保证计量属性的一致性。这部分业务属于一个技术的会计处理过程，可配备单独的机构或聘请外部的专业人员来完成这部分业务的确认工作。在确认过程中所发生的相关费用可通过设置单独的明细账户支出确认为碳成本。

1. 碳排放量的测算。

碳排放量是指按国家规定的碳排放系数对企业生产经营活动计算出来的排放量。美国能源部给出了国际碳排放系数表，如表 5 - 1 所示。

表 5 - 1　　　　　　　　　　　国标碳排放系数

燃料类型	排放率（万吨/万亿英热单位）
煤炭	25.33
原油	20.98
天然气	14.54
汽油	19.42

燃料类型	排放率（万吨/万亿英热单位）
柴油	19.97
喷气式飞机用燃料	19.46
合成天然气	20.00

遵循环境保护或其授权部门所制定的标准，根据其规定的程序与方法对各类碳库（carbon pool）中的碳活动水平和排放因子进行具体的监测与计算，得出含碳资源的利用率，具体换算如下：1 吨碳经过充分燃烧能产生约 3.67 吨二氧化碳，碳的分子量为 12，二氧化碳的分子量为 44.44/12 = 3.67。因此，碳排放量（Q）$= E \times A \times R \times 3.67$。

其中：Q 表示碳排放量（t）；E 表示能源消费总量（MJ）；A 表示单位能源含碳量（$t-C/MJ$）；R 表示氧化率。

其他气体与二氧化碳间的换算关系是：1 吨甲烷（CH_4）$= 3.67$ 吨二氧化碳（CO_2）；1 吨四氟化碳（PFC_4）$= 6.5$ 吨二氧化碳（CO_2）；1 吨全氟化碳（$PFCs$）$= 9.2$ 吨二氧化碳（CO_2）。

2. 全生命周期法的碳足迹评估。

按照市场上以单位碳的价格将其转换为货币计量。前文多次论及，进行全生命周期法的碳足迹评估是碳排放量计量的主要方法。具体的计量原理是根据核算原则，首先找到合适的测算方法与计算工具，确定核算对象、范围及内容，识别碳排放源，编制温室气体排放清单，并计量整个生命周期直接和间接的二氧化碳排放，确定好核算结果，从而了解碳排放的基本情况，实施好清单质量管理体系，以实现碳减排，并增进顾客和股东对相关信息的了解。

具体而言，碳排放的核算对象是市场参与主体，通常有组织（企业）、项目、产品或服务等多个不同主体，核算范围的实质是确认哪些温室气体、哪类排放源是需要承担碳成本的，其核算方法是量化排放的标尺。鉴于组织（企业）是碳排放的基本单元，在总量控制机制中，需借鉴已有的企业层面的温室气体核算标准。企业的碳排放源主要有上面已提及的直接排放和间接排放两大类，其核算原则主要体现在核算范围的完整性上，两大类排放源属于碳排放的核算范围。

在上述有关碳足迹评估的程序中，编制企业温室气体排放清单是必不可少的最基础的工作，是低碳发展的第一步。通过计算企业所有业务范围内的各部分的温室气体排放，并做成一个清单提供给企业，为企业低碳管理提供数据和参考。在国外，编制温室气体排放清单和财务报表一样重要，备受管理高层重视。

3. 火电厂企业碳足迹全生命周期法的核算流程。

目前，碳足迹核算方法及标准主要参考 ISO14064 标准和温室气体核查议定书（GHG protocol）。前者由国际标准化组织发布，包含了一套 GHG 计算和验证准则，对国际上最佳的 GHG 资料和数据管理、汇报及验证模式进行了规定。温室气体核查议定书是一个国际认可的 GHG 排放核查工具，由世界可持续发展工商理事会（WBCSD）与世界资源研究所（WRI）所发起，旨在协调各方利益相关者。在此，以 ISO14064 标准和温室气体核查议定书为基础，采用全生命周期评价的相关理论，结合火电厂企业的工艺流程，尝试构建火电厂企业碳足迹全生命周期法的核算流程，具体包括了核算原则、核算内容、核算结果及清单质量管理，旨在提供火电厂企业在全生命周期中二氧化碳排放情况，有助于二氧化碳排放清单的编制。

（1）两条核算原则。第一，完备性原则。必须考虑火电厂企业全生命周期内的整个供应链上的碳足迹，既不能遗漏也不能重复计算。用绝对排放量和单位排放量指标全面报告二氧化碳排放情况。绩效指标的设置要公正、科学和合理。第二，可操作性原则。二氧化碳排放的计算数据和相关排放因子可以获得和计算。

（2）核算内容。核算内容即指排放源类型，区分排放源有直接排放和间接排放两种。火电厂企业的直接排放源来自锅炉中的原煤燃烧和脱硫系统的脱硫过程。间接排放源包括原料生产与运输及废弃物处置与运输中的能源消耗。

（3）核算结果。在这一流程中，包括识别全生命周期的排放源并量化排放量。这是最基础和核心的环节，从上述核算内容来看，直接排放源考虑锅炉中的原煤燃烧和脱硫系统的脱硫置换。原煤燃烧产生的二氧化碳排放量取决于煤粉消耗量和排放因子，其中煤粉消耗量受到生产设备、装机容量、煤质含碳量等因素的影响；而煤的净热值和氧化率影响其排放因子。在尾气净化的脱硫过程中所产生的二氧化碳受年耗煤量、煤炭含硫量、脱硫工艺和脱硫率等因素的影响。另一二氧化碳的间接排放主要有原料、燃料生产与运输及废弃物处理产生的二氧化碳。在原料、燃料的生产和运输中，要根据火电厂原料、燃煤运输工具的运输能耗、排放系数及运输距离来计算。脱硫系统的尾气处理中二氧化碳排放较易量化，但在运输处置灰渣、废水时，这部分的碳排放很难量化，需要进一步的研究。

（4）清单质量管理。这一部分离不开清单质量管理的实施和不确定性分析及处理。其中，清单质量管理的具体步骤有清单质量团队的建立、质量管理计划开发、总体质量检查、特定来源质量检查、最终清单估算和报告的审查、反馈途径制度化以及建立报告、文件编制和归档程序等七个方面。火电厂企业不确定的参数来源主要是燃煤的消耗量、低热值及排放因子，使这些不确定性最小的方法则是反复确认上述参数变化值。

在我国碳足迹评估刚起步，相应的碳排放机制仍需完善，数据资料都要完备。火电厂企业应承担更多应对气候变化的责任，将碳足迹评估纳入企业的战略决策。由于全生命周期法评估企业碳足迹，是一个能量开放的系统，核算内容较为复杂，因此需要将企业进行试点研究，设计符合现有条件和基础上的排放系数，更大程度地减少评估误差和不确定性，实现碳排放会计的确认和计量的相对准确和科学。

5.2.2.2 碳排放权的账务处理

碳排放权作为一种特殊的有价商品，不仅是企业的一项重要资产，也是碳会计核算中要处理的主要业务。碳排放权有不同的类型，可分为"配额"和"经核证后的减排量"两种。但由于我国目前主要实行的机制是 CDM 项目，而且有规定，可使用一定数量的中国核证自愿减排量（CCER）抵销的碳排放量不得超过年度碳排放量的 10%，因此暂不考虑 CCER。仅考虑处于强制减排市场环境中的碳排放权业务，主要有两种类型：一是配额的获取；二是碳排放权的交易。相应地，其会计处理也应分为两种情况进行。

1. 配额。

我国于 2011 年启动碳排放权交易试点工作，批准了七个试点地区，并分别制定了相应的碳排放权交易管理规定，建立了碳排放权交易市场。目前我国有关碳排放权交易的两部法律效力最高的行政法规分别是国家发改委先后于 2012 年 6 月制定的《温室气体自愿减排交易管理暂行办法》和 2014 年 12 月制定的《碳排放权交易管理暂行办法》。在这些法规中，配额被定义为一种温室气体排放单位，即在总量控制的前提下，免费或有偿分配给排放单位一定时期内的碳排放额度，换算原则为 1 单位配额等于 1 吨二氧化碳当量，即代表一个固定数量的碳排放权，应确认为企业的一项资产，设为一级科目"碳排放权"，明细科目为"配额"。

2. 碳排放权的交易。

在获取配额后，会有实际碳排放量可能超过或节余的情况出现，所以进行碳排放权交易是下一步很可能会发生的碳经济活动。那么，到底如何处理企业从政府免费获取、到期履约注销配额或为了博取差价、以交易为目的而有偿取得配额，这是本部分碳会计核算体系设计中最为关键的部分。

首先，考虑从政府免费获取配额的会计处理。在这里要理解免费获取配额的内涵。从碳市场发展历程来看，政府免费发放配额应是暂时的，是一种过渡性机制，是政府暂时给企业发放的环境补助，以减轻企业承担的环境成本，暂时由政府买单。因此，政府在整个碳排放过程中仅扮演政策制定和监管的角色，并没有向企业直接转移经济资源，只是创造了市场化的方式引导企业节能减排，从这个角度来理解，碳排放权配额超额和节余的设计只是实施了对超额碳排放或减排的一种惩罚和奖励。通常情况下，企业碳排放只要在限额内，不需要获取任何权利和支付任何成本，因此不存在有经济利益的流出，不符合负债确认条件。其次，如果将免费发放的配额确认为资产和负债，会导致企业资产和负债的虚增，原因在于节能减排企业结余配额用于出售，其经济实质是政府通过市场机制对其减排支出所作的一种补偿，确认补偿的时点应是减排成效实现了并成功转让了配额，而不是无偿取得配额的时点，也不是配额抵销后节余的时点。因此，在我国现有条件下，规定对企业从政府免费获取配额时暂不予账务处理。仅考虑企业到期履约在出售结余配额或购买配额补齐差额进行确认，以及以交易为目的、有偿获取配额的会计处理问题。本书将按以下四种情况来进行会计处理方面的设计。

第一种情况，企业实际碳排放量超过配额需要从市场进行购买。具体处理如下：第一步，碳排放行为实际发生时。以公允价值来计量超排的碳排放权，借记"制造费用""管理费用"等科目，贷记"应付碳排放权"。第二步，资产负债表日的计价。需根据碳排放权公允价值的变动对"应付碳排放权"的账面价值进行调整。如果超额排放对应的公允价值大于其账面价值，则将其差额借记"公允价值变动损益"科目，贷记"应付碳排放权"。否则将作相反的会计分录处理。第三步，实际购买配额时。即从碳交易市场购买碳排放权，以弥补其超额排放的部分。则需按照购买时实际支付的价税借记"碳排放权"科目，贷记"库存现金"或"银行存款"等科目；持有期间会计期末仍需根据碳排放权的公允价值调整"碳排放权"的账面价值，分两种情况处理：如果公允价值大于其账面价值，则将其差额记入"碳排放权"，贷记"公允价值变动损益"。否则将作相反的会计分录处理。第四步，履约交付配额时。实际履约以弥补其超排缺口时，则按应付碳排放权的账面价值，借记"应付碳排放权"，贷记"碳排放权"，如有差额，借记或贷记"公允价值变动损益"。

第二种情况，在企业暂未有碳排放量时，先将所获取配额在碳交易市场进行全部或部分出售。这种情况先要按出售时实收或应收价款扣除相关税费进行会计处理。首先要借记"银行存款"或"应收账款",贷记"应付碳排放权"。然后再分以下业务处理:若当期累计碳排放量超过出售后所余碳排放权配额时,应在实际排放业务发生时,按已出售或超额部分的公允价值入账处理,并借记"制造费用"或"管理费用"等,贷记"应付碳排放权"。期末调整"应付碳排放权"公允价值与账面价值的差额,当前者大于后者时,借记"公允价值变动损益",贷记"应付碳排放权",否则作相反会计分录处理。排放业务发生后,需要购买碳排放权(包括购买原已全部或部分出售的以及后面超额排放的)来补齐差额,按支付价款借记"碳排放权"或"应付碳排放权",贷记"银行存款"。实际履约支付碳排放权时,按应付碳排放权的账面价值借记"应付碳排放权",按碳排放权账面价值贷记"碳排放权",如有差额,则借记或贷记"公允价值变动损益"。

第三种情况,出售节约的碳排放权配额。在出售时,按实际收到的税后价款入账,借记"银行存款",贷记"投资收益—碳排放权收益"。

第四种情况,以短期获利为目的,从碳交易市场专门购入和出售碳排放权用于投资的碳会计核算,具体来说,包括取得碳排放配额的初始计量、资产负债表日计价、出售三环节的会计处理。一是取得碳排放权的初始计量。按实际支付的价款,借记"碳排放权",贷记"银行存款"。二是资产负债表日。要调整碳排放权的账面价值与公允价值之间的差额,当公允价值大于其账面价值时,借记"碳排放权",贷记"公允价值变动损益",否则做相反的会计分录处理。三是出售碳排放权的会计处理。如果出售该碳排放权用于投资,则应按实际收到的税后价款,借记"银行存款",按碳排放权的账面价值,贷记"碳排放权—交易碳排放权",按其差额借记或贷记"投资收益—碳排放权收益"。

5.2.3 实务探讨

目前,与碳交易配套的碳会计国际、国内会计准则都无明确规定,下面我们用两个案例从碳交易机制初衷展开碳会计探讨,本次探讨不考虑税费问题。

【例1】某区域20×6年碳排放总量限额为50 000万吨配额,A、B、C三家企业系该区域的控排企业。1月1日,政府分别向A、B、C发放100万吨、50万吨、20万吨免费配额,20×6年全年A、B实际消耗配额分别是120万吨(30万吨/季)、40万吨(10万吨/季),C由于购买了节能环保设备，上半年实现零排放，6月30日C将所获配额全部予以出售，但后半年由于技术故障，实际消耗配额10万吨。12月31日，A购买配额20万吨，B出售配额10万吨，C购买配额10万吨。A企业减排成本为80元/吨，B企业减排成本为20元/吨，C企业减排成本为40元/吨。1月1日、12月31日市场价格分别为30元/吨、45元/吨。

1. 20×6年1月1日

政府分别向A、B、C企业发放100万吨、50万吨、20万吨免费配额时，A、B、C均不作账务处理。

2. 20×6年3月31日、6月30日、9月30日

碳排放行为实际发生时的账务处理：以公允价值来计量超排的碳排放权。

（1）A企业账务处理

（300 000吨－250 000吨）×30元/吨＝1 500 000（元）

借：制造费用/管理费用   1 500 000

    贷：应付碳排放权   1 500 000

（2）B企业账务处理

（100 000吨－125 000吨）×30元/吨＝－750 000（元）

借：应付碳排放权   750 000

    贷：制造费用/管理费用   750 000

（3）C企业账务处理：

①6月30号，C企业将所获配额全部出售，200 000吨×30元/吨＝6 000 000（元）

借：银行存款   6 000 000

    贷：应付碳排放权   6 000 000

②9月30号，C企业碳排放行为实际发生时：50 000吨×30元/吨＝1 500 000（元）

借：制造费用/管理费用   1 500 000

    贷：应付碳排放权   1 500 000

3. 20×6年12月31日

资产负债表日的账务处理：需根据碳排放权公允价值的变动对"应付碳排放权"的账面价值进行调整。

（1）A企业资产负债表日的账务处理

①（1 200 000吨－1 000 000吨）×（45元/吨－30元/吨）＝3 000 000（元）

借：公允价值变动损益   3 000 000

    贷：应付碳排放权   3 000 000

②本季度碳排放行为实际发生的账务处理：

借：制造费用/管理费用   1 500 000

    贷：应付碳排放权   1 500 000

③购买配额时的账务处理：200 000 吨×45 元/吨 =9 000 000（元）

借：碳排放权——配额   9 000 000

    贷：银行存款   9 000 000

④履约交付配额时的账务处理：

借：应付碳排放权   9 000 000

    贷：碳排放权——配额   9 000 000

（2）B 企业资产负债表日的账务处理

① （400 000 吨 –500 000 吨）×（45 元/吨 –30 元/吨）= –1 500 000（元）

借：应付碳排放权   1 500 000

    贷：公允价值变动损益   1 500 000

②本季度碳排放行为实际发生的账务处理：

借：应付碳排放权   750 000

    贷：制造费用/管理费用   750 000

③出售节约的配额 10 万吨：

100 000 吨×45 元/吨 =4 500 000（元）

借：银行存款   4 500 000

    贷：投资收益——碳排放权收益   4 500 000

（3）C 企业

①100 000 吨×（45 元/吨 –30 元/吨）= 1 500 000（元）

借：公允价值变动损益   1 500 000

    贷：应付碳排放权   1 500 000

②本季度碳排放行为实际发生的账务处理：

借：制造费用/管理费用   1 500 000

    贷：应付碳排放权   1 500 000

③C 企业购买配额时的账务处理：

100 000 吨×45 元/吨 =4 500 000（元）

借：碳排放权——配额   4 500 000

    贷：银行存款   4 500 000

从上述数据不难发现，A 企业以 45 元/吨购买配额，低于其减排成本 80 元/吨，通过碳交易降低碳排放成本 35 元/吨。B 企业以 45 元/吨出售配额，高于其减排成本 20 元/吨，通过碳交易获得收益 25 元/吨。C 企业以

45 元/吨购买配额, 低于其减排成本 60 元/吨, 通过碳交易降低碳排放成本 15 元/吨。

通过碳交易机制, 减排成本高的企业可以降低碳排放成本, 减排成本低的企业可以获得碳减排收益, 使得控排区域的控排成本效益达到最优, 实现成本效益最大化原则。

【**例 2**】D 企业是碳重点排放企业, 20×6 年 3 月 1 日从市场中购入碳排配额 10 万吨用于投资, 购入时价格为: 30 元/吨。持有到本年末时, 碳排放配额价格上涨为 45 元/吨。20×7 年 1 月 31 日, 碳排放配额价格有下降趋势, D 企业将其全部出售, 当日售价为: 40 元/吨。

1. 20×6 年 3 月 1 日

从市场中购入碳排配额 10 万吨用于投资时的账务处理: 100 000 吨×30 元/吨 =3 000 000 (元)

借: 碳排放权——交易碳排放权　　　　　　　　3 000 000

　　贷: 银行存款　　　　　　　　　　　　　　　　3 000 000

2. 20×6 年 12 月 31 日

碳排放配额价格上涨时的账务处理: 100 000 吨×(45 元/吨 −30 元/吨) = 1 500 000 (元)

借: 碳排放权——交易碳排放权　　　　　　　　1 500 000

　　贷: 公允价值变动损益　　　　　　　　　　　　1 500 000

3. 20×7 年 1 月 31 日

D 企业出售碳排放配额: 100 000 吨×40 元/吨 =4 000 000 (元)

借: 银行存款　　　　　　　　　　　　　　　　4 000 000

　　碳排放权——碳排放权收益　　　　　　　　　500 000

　　贷: 碳排放权——交易碳排放权　　　　　　　　4 500 000

借: 公允价值变动损益　　　　　　　　　　　　1 500 000

　　贷: 碳排放权——碳排放权收益　　　　　　　　1 500 000

最终, D 企业投资于该项资产——碳排放权实际获益: 1 000 000 元 (20×6 期末公允价值增加 1 500 000 元减 20×7 出售时净损失 500 000 元)。

从以上两个实例的会计处理来看, 从碳交易机制设计初衷为起点来探讨碳会计实务, 包括了以履约和交易为目的的持有碳排放权配额等实务的会计处理。碳会计作为碳交易的重要工具, 应将碳排放成本真实、完整地反映在会计信息中。投资者从财务报告中获知碳成本, 有利于其投资决策; 管理者利用会计信息获知各产品的碳排放成本, 权衡自行减排与购买配额的利弊, 便于其实施经营战略决策。而且, 我们不难发现, 按照 2016 年 10 月财政部发布的《关于征求〈碳排放权交易试点有关会计处理暂行规定（征求意见稿）〉意见的函》来进行碳排放权的账务处理更加简单易懂，分录数目和篇幅也明显减少。可见，此条规定有其优势所在。

5.3 碳信息披露的基本框架设计

会计报告是充分披露会计信息的工具。碳会计报告是企业所提供会计信息的最终载体，也就是碳信息的输出。碳信息是企业环境行为、环境工作以及其财务影响的信息，其形式具有多样化——既有定性的信息，也有定量的信息；既有货币信息，也有以实物、技术等指标表示的非货币信息。随着碳交易的展开，企业日益关注碳信息的披露。碳信息的披露不仅体现了企业的环保责任，更体现了企业在温室气体排放行为中承担的风险性及企业的碳风险管理能力。2003 年以来，我国相继出台了一系列政策规定，例如，国家环境保护总局发布了《环境信息公开办法（试行）》、深证证券交易所制定《上市公司社会责任指引》和上海证券交易所制定《上市公司环境信息披露指引》，以引导和鼓励企业进行碳信息披露。碳信息披露是碳会计核算系统中的一个核心内容，也是碳会计制度设计数据输入的重要来源。本书将从碳信息披露的意义、目标、原则、内容、方式等方面设计其基本框架。

5.3.1 碳信息披露的意义和目标

碳交易市场和机制的逐步建立和完善所引致的碳交易中相关资产、负债、收入、费用等要素变化成为会计信息系统中的重要披露内容。包括投资者、债权人、企业管理者、会计师事务所等中介机构、消费者及社会公众等在内的利益相关者越发关注企业的低碳发展、节能减排及需要履行的保护生态环境等社会责任的实际情况。总的来说，碳信息披露成为一项重要的世界性会计管理活动。一方面，碳信息披露可以反映企业发展低碳经济的阶段性成效，为企业低碳减排发展战略和财务战略的实施进行有效的评价；另一方面，碳信息披露为企业外部利益相关者提供碳排放量信息，反映企业履行低碳减排责任的情况，满足政府及监管部门制定低碳发展内政外交政策的要求，不仅为政府、债权人和投资者等提供有关碳交易情况、会计处理及财务状况，还可使企业掌握自身碳排放情况和减排潜力，及时获知碳交易总体收益，并为利益相关者提供决策有用的碳信息，接受各方的监督，树立企业主动承担社会责任的良好形象，为提升企业的核心竞争力服务。因此，碳信息披露对促进低碳经济发展具有重要意义，能更好地提高信息的决策相关性，推动资源的优化配置。

以目标作为框架设计的逻辑起点是规范研究的重要方法之一。碳信息披露的目标可分为宏观和微观两个层面。从宏观层面来看，我国正处于低碳发展转型的关键时期。2016 年在我国杭州召开的 G20 峰会就是成功实践《巴黎协定》的全新治理模式和新理念的重要标杆，也是继 1997 年《京都议定书》发布后的在全球气候治理领域的又一实质性文件，我们认为，一直处于"萌芽"状态的碳会计将迎来新的发展契机，也将因此推进碳信息披露的发展。碳信息披露将有助于政府及监管部门掌握和监测宏观经济低碳运行走势，制定走低碳发展的国家战略，顺应国际潮流，承担国际责任，合理引导碳资源的配置和分布，有效推进产业结构调整。从微观层面来理解，碳信息披露有助于利益相关者识别碳风险，甄别好项目，降低碳管制和经营风险，制定低碳战略，提高投融资效率和资源配置效率，拓展业务范围，提高企业低碳竞争力，从而为投资者和消费者等提供决策有用的信息。

5.3.2 碳信息披露的原则和内容

5.3.2.1 碳信息披露的原则

具体而言，碳信息披露是传统会计信息披露在低碳经济背景下提出的新要求。在对碳信息进行披露时，应遵循以下原则：

（1）可靠性原则。企业碳信息不仅要在形式上规范，内容上也必须可靠。其中内容可靠是指在企业披露出的碳排放及碳排放权交易等信息、货币信息、碳绩效信息等都是明确的，能客观真实地反映企业进行碳排放和碳排放权交易时的会计确认、计量和记录等具体处理方式，以及低碳减排措施中所做出的碳绩效水平和贡献。形式规范则是应遵循重要性原则，对于重要的碳交易或事项及其产生的财务影响进行详细披露，披露的碳信息应清晰明了，便于利益相关者理解和使用。

（2）可比性原则。在碳会计信息系统中，要有统一的碳核算标准，将各种气体和影响变成量化的碳标准，从而比较碳排放的成本和所取得成效，使碳信息需求方和供给方能有效互动。

（3）全面性原则。要求清晰明确地披露出碳排放及碳排放权交易等碳活动的具体运行情况，不仅要全面处理碳会计业务，还要准确核算所有碳交易的成果，不能有碳信息披露的任何遗漏和虚假行为，充分真实地披露碳交易项目的确认、计量属性及计量方法等，以满足碳信息使用者对决策有用碳信息的需求。

5.3.2.2 碳信息披露的内容

在遵循碳信息披露原则的基础上，有关碳信息披露的内容因目标导向不同而导致各自的侧重点也各有不同。

综合有关气候治理的国际组织及国内学界对碳信息披露内容的相关研究发现，碳信息的披露不仅包括了关于风险、机遇及温室效应气体（GHG）管理的气候变化项目能带来的各种内部收益，也将气候变化的长期价值和成本纳入企业的财务健康评估及未来的展望中。具体可归纳如下：

（1）在气候风险披露倡议中，重点披露碳排放量总体状况，与碳排放有关的风险分析，气候风险与碳排放管理的战略分析，估计碳排放法规的潜在影响及企业碳成本的估计数据等。

（2）气候披露准则理事会则提出应披露气候变化的各种风险及战略分析以及碳排放报告期内和组织边界内的碳排放量信息。

（3）在全球报告倡议组织制定的《可持续发展报告指南》（2014）中披露了企业概况及经营管理战略和管理方针，重点披露了企业经济、社会和环境三方面的绩效指标以及直接或间接的碳排放总量、减排措施及成效。

（4）由国际上专门机构投资者发起成立的国际性合作项目——碳披露项目（carbon disclosure project，CDP）中规定应披露与气候变化有关的机遇、风险及应对战略，温室气体排放管理及排放量核算。

（5）普华永道会计公司在提交的全球第一份碳信息披露中规范了如下所披露的项目：企业提供碳信息报告的目的、有关年气候治理的战略目标与措施、碳活动对企业财务及经营的影响、碳减排的绩效、企业碳排放报表及附注、碳排放报告政策及各业务区域碳排放量资料、第三方鉴证报告等。

（6）国内学界认为，碳信息披露内容丰富，既有政府、社会公众及消费者所关注的企业碳排放量及碳交易、碳减排措施与绩效等方面的信息，也有企业内部管理者、投资者、债权人及第三方独立审计机构所需要的企业碳风险的种类、应对碳风险的战略措施、企业碳排放量及交易状况、碳减排成本及绩效、碳交易损益及碳信息的审计鉴证等。我国财政部 2016 年 10 月发布的《关于征求〈碳排放权交易试点有关会计处理暂行规定（征求意见稿）〉意见的函》中规定了重点排放企业应当披露与碳排放相关的信息，与碳排放权交易会计处理相关的会计政策、碳排放权持有及变动情况、碳排放权公允价值的获取渠道及财务影响。

5.3.3 碳信息披露的三种方式

碳信息的充分披露可衡量我国企业应对气候变化的最新进展，对开展碳衡量与管理能提供有价值的参考和借鉴。我国碳信息披露刚起步，没有强制规定，还存在很大的主观性。因此根据我国现有条件和环境，可设计以下三类披露的工具和方式：①在现有的财务报表框架内补充披露，即补充报告模式（见图 5-1）；②在现有的财务报告框架内单独建表披露（见图 5-2）；③在企业环境报告中予以披露。前面两种属于表内披露，第三种披露方式则属于表外披露。下面就表内披露和表外披露两种方式进行具体分类阐述。

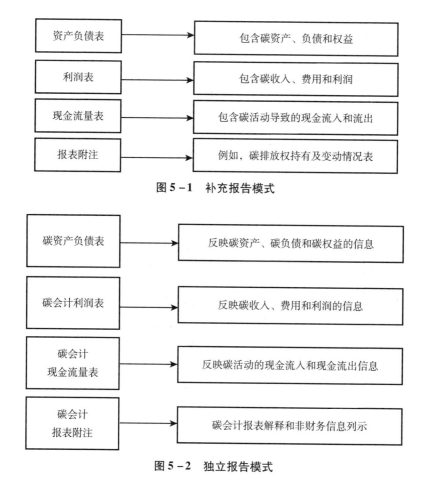

图 5-1　补充报告模式

图 5-2　独立报告模式

5.3.3.1 表内披露方式

根据上述可知，表内披露方式可分为两种情况：补充报告模式和单独建表模式。

1. 补充报告模式。

补充报告模式是指在现有的财务报表框架内增加有关碳信息的披露，即在保留原有财务报表项目的基础上增列碳会计项目、加入碳会计的有关核算资料，再辅之以报表附注、文字说明等，揭示企业基本的碳会计信息。补充报告模式可以起到弥补现行财务报告中碳信息披露不足的作用。

在会计期末财务报表列报中，碳排放量和碳排放权及交易引起的资产、负债、损益的变化结果在"碳排放权""应付碳排放权""制造费用""管理费用""投资收益""公允价值变动损益"等相关项目中列示，不需要改变财务报表的列报项目，即在原有披露内容基础上增加有关碳信息的披露内容。例如，应在"存货"项目和"一年内到期的非流动资产"项目之间增加"碳排放权"项目，在"应付账款"项目和"预收账款"项目之间单独设置"应付碳排放权"项目。具体如表5-2和表5-3所示。

表5-2 资产负债表

一、资产	二、负债
货币资金	短期借款
…	长期借款
存货	应付债券
碳排放权	…
其中：1. 排放配额	应付账款
2. 国家核证自愿减排量	应付碳排放权
3. 购入的碳排放权	预收账款
4. 交易碳排放权	负债合计
一年内到期的非流动资产	三、所有者权益
…	实收资本
…	其中：碳排放权投资
…	资本公积
…	盈余公积
…	未分配利润
…	所有者权益合计
资产合计	负债和所有者权益合计

表 5 - 3 利润表

项目	
一、营业收入	
其中：出售碳排放权所得收入	
减：营业成本	
其中：购入碳排放权所用成本	
加：公允价值变动收益（损失以"－"号填列）	
其中：1. 碳排放权	
2. 应付碳排放权	
投资收益（损失以"－"号填列）	
其中：碳排放收益	
二、营业利润（亏损以"－"号填列）	
加：营业外收入	
减：营业外支出	
三、利润总额（亏损以"－"号填列）	
减：所得税费用	
四、净利润（亏损以"－"号填列）	
五、其他综合收益的税后净额	
六、综合收益总额	
七、每股收益	
（一）基本每股收益	
（二）稀释每股收益	

如果需要编制现金流量表，则可在表中增加项目反映有关碳排放及碳排放权交易的相关信息。对于列作当期收益的碳排放权收入和成本可在由营业活动导致的现金流量部分中增设两个项目反映，对于列作流动资产的购买碳排放权的成本可以在由投资活动导致的现金流量中增设一个项目反映。如果碳排放权交易所产生的收益金额较大，则可以单独设置"由碳收益导致的现金流量"予以全面反映。

另外，应编制财务报表附注，一般包括三方面的内容：第一，编制基础。在报告中应披露企业基本情况、报表编制基础以及申明所依据的会计准则、会计政策、会计估计等。特别地，因为是在原有的财务报表上增列会计项目，所以计量单位应跟传统财务会计相统一，采用货币单位"元"计量。第二，环保责任履行情况。报告可以通过文字描述和数据指标形式对企业的环保责任的履行情况进行披露。例如，对环境法律法规执行情况、企业环境质量情况、新型低碳资源利用状况、污染物排放数量、企业对环保做出的环保承诺等方面的信息。第三，国家节能减排指标完成情况。报表可以通过数字指标的形式对各项指标进行计算，然后和国家制定标准进行比较分析，发现问题所在，以便及时采取措施解决问题。

结合本书的研究对象和范围，在报表附注中具体应披露以下几类信息：第一，与碳排放相关的信息，具体包括参与减排机制的企业特征、碳排放清单年度报告（即碳足迹报告）、碳排放战略、节能减排措施等。第二，与碳会计处理相关的会计政策，包括碳会计的确认、计量与列报的方法。第三，碳排放权持有及变动情况（见表5-4），包括报告年度实际碳排放量（含直接排放和间接排放）、碳排放权数量和金额的变动情况、报告年度减排量或超排量以及原因分析、报告年度减排或超排对当年利润的影响金额等。第四，获取碳排放权公允价值的渠道、用于投资的碳排放权的公允价值变动对当期损益的影响金额，以及售卖碳排放权产生的收益计入当期损益的金额等。表5-4中碳排放权计量的都是实物量，而非货币量。以实物量作为计量单位，不仅可以避免碳排放权价格波动对报表的影响，而且更符合企业需要披露碳流量真实情况的初衷。这种报告模式可弥补企业现行会计报告的缺陷，使现行财务报告更加完善。

表5-4　　　　　　　　　　碳排放权持有及变动情况表

项目	数量（单位）	金额（单位）
1. 当期可用的碳排放权		
（1）上期配额及 CCER 等可结转使用的碳排放权		
（2）当期政府分配的配额		
（3）当期实际购入碳排放权		
（4）其他		
2. 当期减少的碳排放权		
（1）当期实际排放		
（2）当期出售配额		
（3）自愿注销配额		
3. 期末可结转使用的配额		

续表

项目	数量（单位）	金额（单位）
4. 超额排放		
（1）计入成本		
（2）计入当期损益		
5. 因碳排放权而计入当期损益的公允价值变动（损失以"－"号列报）		
6. 因应付碳排放权而计入当期损益的公允价值变动（损失以"－"号列报）		

注：除"因碳排放权而计入当期损益的公允价值变动"项目外，表中的金额栏应当以资产负债表日碳排放权公允价值计量的金额列报。

2. 单独建表模式。

表内披露方式除了上述的补充报告披露模式外，还可有单独建表模式进行披露。例如，企业可以单独编制碳资产负债表（见表 5 - 5）来和普通的资产负债表区分，它可以具体反映企业在某一特定日期碳流量的情况。通过碳会计报表，可以提供企业在某一特定日期碳资产的总额及其结构，表明企业占有的碳总量和可排碳额度；可以提供企业在某一特定日期的碳负债总额；碳权益可以反映企业在某一特定日期所拥有的碳权益，据以判断企业碳排放和碳固情况。碳会计报表采用账户式（见表 5 - 5），左边列示碳资产，右边列示碳负债和碳权益。还可单独编制碳会计损益表、碳会计现金流量表及会计报表附注，其中会计报表附注可有碳活动报告书（见表 5 - 6）、碳成本费用明细表、碳绩效报告及企业年度碳预算表等，专门反映企业有关碳活动的财务状况和经营成果，以及低碳减排的碳效益。同时，为了强调突出碳信息的重要性，便于碳信息使用者一目了然地了解到与碳活动有关的货币化信息，企业可以编制单独的碳成本和碳收益报表，单独披露在碳活动过程中的各项耗费和收益。

表 5 - 5　　　　　　　　　　碳资产负债表

×××× 年 × 月 × 日　　　　　　×××企业　　　　　　　　单位：千克

碳资产	期初余额	期末余额	碳负债和碳权益	期初余额	期末余额
碳排放权					
其中：（1）配额					

碳资产	期初余额	期末余额	碳负债和碳权益	期初余额	期末余额
（2）国家核证自愿减排量			碳负债		
（3）购入的碳排放权			碳负债合计		
（4）交易碳排放权			初始碳权益		
存货含碳量			后续累计权益		
固定资产含碳量			碳权益合计		
森林碳汇含碳量					
碳资产合计			碳负债及碳权益合计		

表 5-6　　　　　　　　　　　碳活动报告书

序号	项目	内容
1	企业概况	企业的主营业务、产品及劳务、涉及的碳活动、企业所处的地理位置、低碳政策等
2	企业碳活动政策	企业管理经营理念、与碳活动相关的目标、方针、预算、绩效
3	企业碳活动执行情况	企业生产所用能源的消耗情况、企业为低碳减排所采取的措施及效果
4	主要的碳活动指标	碳成本效率、碳经济效率、碳减排效率、碳排放强度
5	企业碳管理情况	企业的碳管理系统、低碳减排活动推进情况、对相关法规的遵守情况
6	主要碳活动影响情况	推行碳活动对企业利益相关者的影响情况
7	低碳减排目标	对碳排放设定的量化目标，企业低碳减排设定的目标
8	碳足迹评估活动相关企业情况	碳足迹评估流程涉及的相关企业
9	碳会计信息	包括碳会计核算系统，碳资产、负债、权益、收入、费用、收益、绩效指标等
10	重大碳活动事项	对企业产生重大影响的事项进行说明（包括所受到的指控和罚款，事件原委及对环境的影响）
11	相关机构审计报告	对碳会计报告书真实性和公允性评价

另外，结合本文相关内容，在此就碳成本报表、碳收益报表和碳绩效报表的单独编制进行简要阐述，具体内容如下：

（1）单独编制碳成本报表。具体披露的内容包括了企业在碳排放过程中的各项预防成本、检测成本、治理成本和用于碳排放权交易方面的支出等。例如，为达到 ISO14001 各项认证而发生的成本和在生产工序中采用膜分离法封存处理二氧化碳所发生的成本，检测碳排放负荷是否超过购买的碳排放额度，企业为了治理碳污染支付的材料费用、动力费用、人员的工资福利费用、相关的维修、水电和劳保费，企业周边的绿化率影响到植物吸收二氧化碳等温室气体的量、企业支付的购买碳排放权的成本和缴纳的碳税成本以及对企业所在地域环保活动、环保组织的赞助、与碳排放信息披露、绿色生态和节能减排品牌推广的有关成本支出等都应在碳成本费用明细表中予以披露。

（2）单独编制碳收益报表。需要对参与低碳减排的各项相关活动中所产生的直接和间接碳收益进行披露。例如，节能减排企业购买各项低碳设备和技术从政府取得的补助或补贴；国家颁发的对低碳经济做出贡献的奖励；国家拨付给企业的用于低碳治理的专项资金；接受各项低碳捐赠。另外，各项费用的节减也应予以披露，如各种税费的节约、排污费及罚款支出的减少、碳金融政策中取得的低息或免息贷款，从而节约了利息支出，也应在此进行披露。

（3）单独编制碳绩效报表。碳绩效是指企业所做的碳管理工作及效果。例如，对国家低碳政策执行得如何，碳排放造成了多大的污染，对气候治理作出了哪些贡献，环境质量有何改善等，有些难以用价值量进行计量而只能运用某种技术或实物的计量手段进行衡量。上述内容都应在碳绩效报表中进行单独披露。

5.3.3.2 表外披露方式

表外披露方式即指在企业环境报告中予以披露相关信息，主要采用环境报告进行披露。环境报告是一个广义的概念，它所包括的内容不仅仅是关于环境活动的经济影响和直接的环境财务信息报告，还有纯粹的环境技术报告、环境专题报告等形式，这些环境报告中基本上不涉及环境活动的经济问题。

由于碳排放活动的复杂性、不确定性及自身风险因素的影响，所以仅仅通过前述两种表内披露往往是不够的，需要有表外披露作为一种补充，即在企业环境报告中披露一部分无法量化的碳信息。这种披露方式是指在环境报告中，企业采用一定的方法和形式，编制独立的碳报告书，披露企业相关碳活动以及企业活动对生态环境所产生的各种正面和负面影响。在此情况下，企业碳信息作为独立环境报告的一个组成部分予以披露，不仅涉及碳交易、碳技术开发与利用、碳投资、对新能源的利用和节能减排效果等定性方面的描述情况，还包括了碳排放权的市场价格变动、企业的低碳运营、碳交易额和交易次数等定量记载情况。

这种披露方式正是目前不少企业所采用的，其披露形式多样化，可以是图表、文字甚至是视频等方式的叙述描述性的非货币性信息。披露内容相对全面和详尽，披露格式既可以由政府统一规范，也可以由企业根据自身需要来设置。这种环境报告能提供不同环境利益关系人的信息需要，保证了信息的相关性和可靠性。在环境报告中披露碳信息应注意以下几个方面：

第一，与碳排放活动相关的法律法规、应对战略及方针政策。此部分内容应包括温室气体及碳排放权等方面的国内外协定及法律法规，以及其执行情况与它们对企业发展所产生的影响，包括企业碳排放导致的风险与带来的机遇。还需披露企业的环保履行情况，例如，企业过去、现在和预计的碳排放量总量、国家下达的节能减排指标完成情况、新型低碳资源利用情况等，也可自愿披露企业低碳减排绩效信息。

第二，编制基础和确认计量方法的披露。在企业环境报告中，应披露编制基础，碳会计所依据的具体相关资料及所采用的会计方法、碳资产分类的依据，以及对碳资产和碳负债等新设项目的确认计量方法等都应该进行详细披露。尤其在计量方法上，主要是以实物计量为主，辅助以货币计量及文字表述反映企业碳排放交易情况。例如，不同温室气体对温室效应所产生的影响大小各有迥异，一般选择二氧化碳当量进行统一计量和披露。这些内容都应当在环境报告中进行系统披露。

第三，环境报告也需审查验证，制定全国统一的环境报告准则。环境报告也需要进行鉴证，并必须具有足够的独立性，从而使碳信息质量的客观性和可靠性得到充分的保证。

从已有的研究成果来看，目前世界各国流行的环境报告是企业环境报告书。从其报告内容看，仍然是一个环境质量改进、环境技术信息同环境会计信息的结合报告。其中，很多内容还是依赖企业的环境管理部门的工作，不能通过企业现有会计系统生成。如联合国环境与发展委员会提出了综合式环境报告（见表5－7），美国百事达公司设计了具体式环境报告（见表5－8）。

表 5 – 7　　　联合国环境与发展委员会建议的企业独立环境报告方式

Ⅰ. 管理政策和系统	26. 交通运输
1. 高层管理报告	27. 生命周期设计
2. 环境政策	28. 环境影响
3. 环境管理系统	29. 产品责任
4. 管理责任和受托责任	30. 包装
5. 环境审计	Ⅲ. 财务
6. 目标与指标	31. 环境支出
7. 法律执行情况	32. 环境负债
8. 研究与开发	33. 市场机会
9. 奖励	34. 环境成本
10. 验证	35. 慈善捐赠
11. 报告政策	Ⅳ. 利益关系人关系与合作
12. 公司情况	36. 雇员
Ⅱ. 投入/产出存货	37. 政治家、立法机关人员和政府管理人员
投入	38. 当地社区
13. 使用的材料	39. 投资者
14. 能源的消耗	40. 供应商和签约方
15. 水的消耗	41. 顾客和消费者
工艺过程管理	42. 环保组织
16. 生态效益/清洁技术	43. 科学与教育界
17. 健康与安全	44. 其他
18. 事故与紧急情况反应	Ⅴ. 可持续发展
19. 风险管理	45. 技术合作
20. 土地污染与修复	46. 全球环境
21. 当地物种和生态系统的保护	47. 全球发展标准
产出	48. 全球经营标准
22. 废弃物最小化/管理	49. 展望与未来趋势
23. 大气排放	Ⅵ. 报告设计
24. 污水排放	50. 报告设计
25. 噪声/气味	

表5－8　　　　　　　　　　　　百事达公司具体式环境报告　　　　　　　　　单位：百万美元

		项目	1999年	1998年	1997年
环境责任成本	基本项目成本	公司环境成本——一般和各部门共同承担的成本	1.5	1.5	1.5
		审计费和律师费	0.5	0.4	0.5
		公司环境成本——工程	0.5	0.6	0.6
		分部/地区/设施环境专业人员费用	6.1	6.6	7.1
		包装专业人员费用	0.5	0.4	0.8
		污染控制——经营与维护	5.4	5.1	4.5
		污染控制——折旧	0.9	0.8	1.1
		基本项目成本总计*	15	15	16
	修复、废弃物和其他责任成本（积极的环境行动可以减少这些成本）	与清理要求和违规通知单有关的律师费	0.2	0.2	0.1
		政府要求的执行	0	0	0
		废弃物处理	9.7	9.3	8.7
		包装物环境税	1.1	0.6	0.3
		修复/清理——场内	0.6	0.4	0.3
		修复/清理——场外	0.2	0.3	0
		修复、废弃物和其他责任成本总计*	12	11	9
	环境责任成本总计*		27	26	25
环境成本节约	收入、节约和自1999年以来避免发生的成本	破坏臭氧物质的成本减少金额	0.1	0.4	1.7
		有害废弃物处理成本减少金额	0.1	0.2	0.9
		有害废料成本减少金额	0.1	0.5	0.5
		无害废弃物处理成本减少金额	0.4	−0.1	0.2
		无害废料成本减少金额	2.4	−1.4	3.6
		再生（再循环）收入	5.5	5.1	5.1
		能源保护成本节约金额	2.2	1.7	5.2
		包装物成本减少金额	0.9	1	1.3
		水保护成本减少金额	0.3	0.2	0.6
	报告年度环境成本节约总计*		12	8	19
	占环境责任成本的百分比		80%	53%	119%
报告年度前6年以来避免发生的成本*			86	103	110
报告年度的收入、节约成本和避免发生的成本总计*			98	111	129

注：＊此处的合计数均取整数的约数。

从我国情况来看，大都以企业年报的方式，特别是上市公司年报中单独开辟一章，将企业的环境影响、业绩等环境信息纳入企业环境报告中对外披露。从我国上市公司环境信息披露的实际情况来看，这种报告形式比较常见。例如，中国山西西山煤电股份有限公司始终将环境保护与节能减排作为可持续发展战略的重要内容，认真贯彻落实《中华人民共和国环境保护法》，坚持"预防为主，防治结合"原则，在《2017 年度环境报告》中披露了环境保护与可持续发展相关内容，具体如表 5-9 所示。

表 5-9　　　　　　　　西山煤电股份有限公司 2017 年环境报告

环境信息	披露内容
（1）遵守法律法规，制定环保管理体系	公司建立了完善的环保管理体系：环保部为公司环保管理部门。所属单位和子公司都设有环保科或负责环保管理的相关科室。环保部设有综合科、管理科、环境监察队、水土保持科、环境监测站。环保部负责贯彻执行国家环保法律法规，落实各级政府的环保政策规定，根据上级环保部门下达的环保目标责任书和公司的环保任务，将环保任务及指标分解落实到有关二级生产单位，并负责管理、推进、指导、检查二级单位的污染防治和其他环保工作。环保部每季度组织对所属单位进行环保工作绩效考核并进行奖罚通报
（2）全力建设环保设施，各项指标稳定运行	2017 年环保投资金额为 2.7 亿元。其中相关环保设施投入 2.3 亿元，新上环保设施均达到了相关环保技术要求，运转正常 ①完成电力行业烟气超低排放改造。 兴能公司、西山热电、武乡电厂按照省市政府要求完成了发电机组烟气超低排放改造，设施稳定运行，污染物达标排放。 ②完成集中供热及清洁能源替代燃煤锅炉工作。 燃煤锅炉替代：西铭矿及选煤厂采用清洁能源替代 14 台燃煤锅炉；镇城底矿工业广场采用集中供热取缔了 4 台燃煤锅炉；马兰矿工业广场采用拉热水的方式取缔了 2 台常年运行锅炉。 热风炉替代：采用远红外电加热热风炉、固态电蓄热锅炉等清洁能源替代各矿热风炉。目前，各矿井已有 19 台热风炉完成清洁能源替代工作。2018 年继续改造其余燃煤热风炉。 ③完成焦化行业环保达标升级改造工作。 西山煤气化公司焦化一厂完成焦炉烟气脱硫除尘提标改造工程，并通过了当地环保部门的环保竣工验收，设施运行正常
（3）全面建设防止污染设施，大力推行环境保护	①所有矿井都建设了矿井水处理厂，矿井水经处理达标后部分用于井下消防灭尘、电厂、选煤厂、锅炉房、冲厕、绿化补水，其余达标排放；焦化废水经生化处理后用于熄焦；古交矿区各矿生活污水全部进入古交中心污水处理厂经生化处理后达标排放，斜沟矿生活污水经污水厂生化处理后回用，其他矿的居民生活污水交污水处理费由市政统一处理。 ②各矿除部分正在改造的热风炉外，采暖燃煤锅炉全部实现集中供热或清洁能源取代；电厂锅炉、焦炉均配备在线监测设施；各矿及选煤厂的储煤场分别采取了简仓封闭、防风抑尘网、喷淋、苫盖等措施，并在主要运点配备了轮胎冲洗设施，有效减少了扬尘污染

环境信息	披露内容
（3）全面建设防止污染设施，大力推行环境保护	③矿区固体废物主要为矸石、炉渣、粉煤灰、脱硫石膏。部分用于发电、建材、水泥掺合料、铺路，其余按规范处置。矿区主要噪声源为各风机房风机噪声，均按要求进行了减震、隔声措施。 矿区废水、废气、固体废物及噪声污染都得到有效治理，设施运行正常，基本实现污染物达标排放
（4）推广应用先进技术，注重环境保护	2017年公司积极落实国家大气污染防治行动计划，在矿区建成区域全部实施集中供热替代燃煤锅炉，对不适合集中供热的偏远区域或矿井热风炉采用了目前先进的固态电蓄热锅炉、远红外电锅炉、空气源热泵、水源热泵等新技术替代燃煤锅炉，新设备实现了零污染物排放、环保达标。目前尚有少部分热风炉正在改造中
（5）推行清洁生产技术，发展循环经济	①工业废气污染物排放情况。 2017年公司共有电站锅炉9台计10 920蒸吨，工业锅炉20台计207.5蒸吨（其中西铭矿、马兰矿、镇城底矿共计16台127.5蒸吨工业锅炉均为采暖锅炉，已于2017年10月底前全部拆除，其中污染物排放量为2017年一季度排放量），晋兴公司斜沟矿4台共计80蒸吨燃煤锅炉在用。 ②工业废水排放达标情况。公司下属西铭矿、西曲矿、马兰矿、镇城底矿、晋兴公司斜沟矿生产过程中产生的废水主要为矿井涌水，产生量约为968万吨，均建有矿井水处理厂，废水经矿井水处理厂处理达标后主要用于井下消防灭尘、电厂、选煤厂、锅炉房、冲厕、绿化补水，余则达标外排；选煤厂洗煤废水、电厂废水及煤气化含酚废水实行闭路循环，废水不外排。2017年公司工业废水中化学需氧量排放量为40.09吨。 ③工业固体废物排放情况。公司下属矿井、选煤厂工业固体废物主要为煤矸石和炉渣，电厂工业固体废物主要为炉渣、粉煤灰和脱硫石膏，西山煤气化工业固体废物主要为焦油渣、生化污泥、脱硫石膏。2017年公司工业固体废物共计581.05万吨，全部处置利用

综合表5-7，表5-8和表5-9可知，在环境报告中披露碳信息，能更集中、全面和系统地披露有关企业碳排放相关信息，使信息使用者能依据企业碳信息得出恰当的结论，并作出正确决策。但是在这种披露方式下，披露内容方式参差不齐，企业间的可比性较差，碳排放报告缺乏统一性。据悉①，毕马威专业人员调研了全球前250家公司在环境报告所披露的碳排放信息，发现4/5的企业披露了碳信息，但这些信息的类型和质量各有迥异。比方说，250家公司有53%在企业报告中设定了碳减排目标，但有2/3的企业未说明制定这些目标的依据。同时，碳排放类型也有很大差异，有84%的企业披露的只是自身业务的排放情况，79%披露的是与收购电力相关业务的排放情况；50%的企业披露了供应链的碳排放，7%的企业公布了因使用和处理产品及服

---

① 企业碳排放报告缺乏一致性［N］. 中国环境报，2015-12-24.

务所产生的碳排放信息。针对这种现状，相关负责人表示，需要行业机构、监管机构、标准制定者和投资者等参与共同制定统一的碳排放报告准则，才能有助于解决上述问题。

总的说来，碳信息披露应强调企业须遵循形式规范、内容可靠、清晰明了可比、全面完整的原则，设定需要披露碳信息的标准，提供包括能源运输、生产及消耗的流程分析的技术和方法，确定温室气体排放种类和数量，根据国际惯例与国内实践计算企业当年度的二氧化碳排放当量，设计披露当年实现碳减排或碳排放增加的各种项目说明指南及对温室气体种类与数量的具体影响，设计碳减排战略规范，披露碳减排战略目标及年度碳减排计划，提出企业碳减排分析方法，以实施碳减排的成本效益分析。总之，以上思路是对企业碳信息披露基本框架的规范和设计。

5.4　企业碳排放管理能力的计量与披露

前文已述及，碳会计包括了碳排放权及交易会计、碳排放与碳固会计两大内容。诸多学者和本章上述内容已对碳排放权会计进行了具体阐析，接下来将对碳排放与碳固会计的会计处理原理和实务进行应用分析。

在全球范围内所倡导的各种碳排放交易方案框架下，企业需要执行碳排放方案以满足碳配给的需求，从而赚取收入和降低成本。碳排放交易方案将对会计职业产生重要的影响。然而，就如何报告碳排放交易的相关讨论还仅达成初步共识。迄今为止，会计文献主要关注流动性碳资产及负债在资产负债表中的报告和碳排放在利润表中的即时效应，少有或未有相关成果就如何计量和披露潜在的非流动性碳资产（负债）进行讨论，这类非流动性碳资产（负债）由产生或使用碳信用额度而形成的，形成一种碳排放管理能力，属于一种无形资产。此处将提出一个用于计量企业非流动性碳固和碳排放能力的模型。环境能力提升资产（environmental capacity enhancing asset，ECEA）作为一项新的无形资产项目，旨在将二氧化碳排放和固碳措施活动所产生的碳排放与碳固能力进行货币化转换，形成碳货币，与此同时，在传统通用会计准则下（GAAP）就如何协调这种转换进行了实务处理和论证。

5.4.1　有关碳排放与碳固会计的研究成果梳理

尤其在与日俱增的公众压力下形成了一种可持续的碳约束经济背景下，

各国政府都在积极解决全球变暖所带来的经济和政治问题。首个重要举措就是《京都议定书》的制定，其中阐述了多种降低碳排放的方法。例如，建立全球碳排放市场交易制度，在《京都议定书》框架下，拥有剩余碳配额的国家可在全球碳排放交易市场上进行出售给碳排放量超标的国家。而拥有减排目标的国家采用"总量控制与排放交易"方法将碳排放上限披露给商业机构，以便及时购买超额碳排放配额。当然，后来也陆续出台过一些降低碳排放的替代性方案，例如，悉尼 APEC 峰会通过的议案中提出的总量控制与排放交易模式奠定了碳交易的市场模式，但这种模式在美国和澳大利亚遭受了严重的政治争议（Mackey，2007），2009 年《哥本哈根协议》尝试建立一项新的气候变化框架在 2012 年生效，这时间正好是《京都议定书》承诺到期的时间，然而这个方案并未获得广泛的认同，澳大利亚在碳污染降低计划中的"总量管制与排放交易"方案在 2010 年 1 月召开的国会中也未通过，要求政府将有关碳交易市场的规划推迟到 2013 年开展。2009 年 6 月 26 日在美国众议院通过的《美国清洁能源与安全法案》中，提出了在"总量管制与排放交易"基础上有所变化的方案来降低碳排放，但这项法案仍处于美国国会的考虑之中。当然，在执行《京都议定书》的过程中，欧盟自 2005 年开始建立并维护了全球最大的碳排放交易市场（Cook，2008）。无论如何，"总量控制与排放交易"模式仍是全球许多国家降低碳排放的首要选择。然而，伴随着全球碳交易市场的产生和发展，对有关碳交易的估值、计量和财务报告提出了挑战，要解决以上大部分问题，必须有专业的会计人员、准则制定者、政府及学者们的相互合作和深入研究。目前，关于如何在财务报表中披露通过购买或从政府无偿取得的碳信用额度已有一定程度上的专业讨论并有可能达成共识，但未有文献记载了因企业活动所产生（或使用）碳信用额度的资产能力的评估和报告。鉴于此，本书主要提出评估企业非流动性碳配额和排放能力的计量模型，引入 ECEA 计量指标。ECEA 可理解为衡量能产生碳信用额度的企业能力的无形资产，属于一种固碳资产。该估值模型的关键在于给反映 ECEA 在碳排放或固碳能力的系数赋值，同时也讨论了碳排放和固碳的计量方法与企业整体 ECEA 价值之间的关系。最后，就如何对 ECEA 估值、潜在负债如何记录及如何与传统财务报告融合的可能性等提出了建议。

由于学术界和实务界对上述问题的讨论还处于萌芽阶段，各种观点和结论不一。例如，费里德曼和雅吉（Freedman & Jaggi，2005）对《京都议定书》开展了早期研究，调查了全球最大的会计公司对污染行业的会计披露情况。结果表明，加入了《京都议定书》的那些国家的公司比未加入的国家的公司有更高的披露水平，而且公司规模越大，污染信息披露更详细。昆杜

（Kundu，2006）在一篇专业期刊论文中检验了碳交易的财务影响。拉塔纳贡（Ratnatunga，2007）通过强调在会计和鉴证业务中对买卖碳信用额度的货币价值进行计量、报告和审计，实现了披露内容在理论和实务方面的整合。贝宾顿和拉里纳加（Bebbington & Larrinaga，2008）对全球气候变化倡议所带来的风险和不确定性进行了深入的检验，并分析讨论了在非财务会计和报告框架下有关碳的剩余收益。此文献提出了一个综合的计量和报告框架，预期能有助于越来越多的企业提升碳排放管理能力。霍普伍德（Hopwood，2008）阐述了在碳排放权会计和公司环境报告中所存在的许多问题。同时，卡隆（Callon，2008）讨论了有关碳交易计划和相关计量方案中的许多争议。洛曼（Lohmann，2008）在传统会计报告的框架内解决了环境会计事项引起的相关问题。库克（Cook，2008）提出了国际财务报告解释委员会（IFRIC）能够使用的可能解决方案。就企业内部报告方面而言，拉塔纳贡和巴拉干达（Ratnatunga & Balachandran，2009）分析了碳交易对战略成本管理和战略管理会计信息系统的影响。

　　总之，从上述零散无序的文献分析来看，很少对有关碳交易市场的估值和财务报告等关键问题提供结构化的深度分析。本书将在已有研究成果的基础上对此进行推进，提出了一个综合的估值模型和财务报告框架来解决以下两个问题：一是 ECEAs 的估值和报告；二是如何有效记录 ECEA 并融入传统资产负债表。具体步骤是：第一，分析了碳交易活动的会计影响；第二，讨论了无形资产的估值问题，包括对我们所提出的 ECEA 模型的分析和有关碳排放和固碳的会计计量问题的讨论，而且我们所提出的 ECEA 计量方法为非货币的二氧化碳排放和封存（固碳）转化为货币价值提供了支撑基础；第三，讨论了 ECEA 的财务会计和记录问题，这一部分阐述了在传统复式簿记的通用会计准则（GAAP）范围内，将货币化的 ECEA 进行会计记录和报告的流程；第四，也讨论了在财务报告中反映 ECEA 价值的其他披露方式；第五，总结研究的结论和研究局限性。

5.4.2　碳交易活动对会计行业的影响

　　碳信用额度有两种类型：一是政府配给；二是企业内部创造的可在排放交易方案下出售或抵消其碳负债。政府可能免费配给发放碳信用额度或按授予日价格出售给企业。这些碳信用额度实际上是允许污染物排放的上限（如二氧化碳排放）。企业可以在排污上限下使用其信用额度，如果碳信用额度有剩余，则可以现行市价出售确认为碳收益，或确认为资产来抵消未来的碳负债。

对于第一类碳信用额度可以作如此假设，政府发放的碳信用额度像购买或免费获取的一场音乐会门票，政府强制要求参加音乐会，一旦参加音乐会（如碳排放污染一旦发生），门票则必须交出。多余的门票将以现行市场价格出售给需要票的人，反之亦然。那么政府发放的碳信用额度就可如同存货一样，专门设置资产账户予以处理，前面章节已论述，在此不再赘述。

第二类碳信用额度源于政府允许企业（如电力公司、林业公司）自行发放的碳信用额度（被称之为"碳减量证书"），前提是这类企业能书面证明可以承担一定时期内的固碳活动。与政府发放的碳信用额度相比，这种内部产生的碳信用额度需进行不同的会计处理，因为这种信用额度创造能力的基础资产本质上是无形资产，即固碳资产 ECEAs。本章的焦点在于对 ECEAs 的估值和报告。

从传统惯例而言，各种利益相关者在进行投资决策、开展各项商业活动以及评估上述决策的经济后果时都需依赖于财务会计框架内的货币计量属性。鉴于财务报告被诸多利益相关者大规模地使用，为了保证所披露的数字真实可靠，会计行业发展了审计和鉴证服务，旨在提供"真实而公允"的财务报告评估和量化的经济价值。就碳审计和鉴证来说，有三个关键问题：第一，碳排放权的估值和报告。第二，能产生碳信用额度的无形资产（即固碳资产）的估值和报告。第三，如何披露一个企业承担环境和社会责任。第一个问题前面章节已经详述，迄今为止，未有文献讨论后面两个问题，我们将围绕此两个问题展开详细讨论，尤其关注碳交易活动的影响。在有些学者看来，有关上述讨论等都属于无形资产的定价与报告的文献范畴，认为固碳资产与无形资产之间没有本质区别，但实质上，本章研究希望证实，固碳资产的估值与报告应是无形资产的定价与报告中的一个特例。

5.4.3　无形资产的估值问题

毫无疑问，估值问题影响了大部分的无形资产，更不用说生成碳信用额度的固碳资产的估值。举个例子，一份客户名单如何估值？是重建一份客户名单所需要的营销与广告的重置成本？还是收入估算得到的结果？抑或是该名单带来的边际收入，还是在市场上的售价？答案莫衷一是。所以，像重置成本、收入估算、贴现现金流量及公允价值等传统估值方法对无形资产估值的效果都不见好，在一定程度上是因为无形资产的价值至少部分取决于难以验证的公司价值。因此，有文献已提出考虑一些新的估值方法，主要有两类：

第一，使用修订后的贴现现金流量法和应计制会计调整法来进行绩效评估与公司内部报告；第二，采用指数评估法（如平衡计分卡法），尝试将财务绩效和驱动因素（如员工素质与道德、客户满意度等）联系起来进行评估。但是，根据固碳资产的特征，上述两类估值技术可能都需要修订、调整和完善以适用于固碳资产的估值和报告。当然上述方法并不代表全部，不同方法适用于不同的使用者。现将上述两种方法予以简要介绍。

5.4.3.1　现金流折现法

所谓现金流量法是指预测与无形资产有关的未来现金流量并将其折现。与之相关的方法是"股东增值法"（SVA），这一方法由拉帕波特（Rappaport，1986）提出并在 80 年代盛行。SVA 使用价值驱动因素衡量来自战略和非战略投资的历史与预测自由现金流量的现值。股票估值与所产生的现金流之间的关系并不那么明确（Deloitte & Touche，1996）。一项专业研究表明，现金流与市场估值之间存在很强的关联性。又一项研究发现，在 1977～1996 年，报告收益比经营现金流量能更好地引导市场估价，尽管这项研究是基于对经营现金流量的估计（Lev & Zarowin，1998）。

5.4.3.2　指数法

所谓指数法就是通过系数将财务和非财务的"关键业绩指标"（KPIs）转换为财务绩效指标，如投资回报率（ROI）。平衡计分卡（Kaplan & Norton，1992）就是一种常用的指数估价法，采用多元回归程序或统计推断（如果过去能很好地代表未来）来获取转换系数，或者通过管理层判断（专家意见法）来估算公司有形和无形资产的货币价值，公司的收益获取能力得以评估和披露。该方法用于估计有形与无形资产的货币价值，它首先通过确认其增值性与减值性常量，然后确认这些不变价值如何对支持性支出做出反应。一旦专家给出这些常量，企业的收入创造能力便能被估值与报告。我们会证明该方法已为具有碳排放与固碳能力的资产估值提供了潜在有用的基础。在证实这些估值模型之前，首先需要讨论一些关于碳排放与固碳的重要计量问题，以便于我们充分理解该模型。

5.4.4　碳排放与固碳会计的相关计量

用于计算某个碳源的二氧化碳排放量或者某个生物碳汇的固碳量的机制被称为"碳排放与固碳会计"（carbon emission and sequestration accounting，

CESA）。碳排放与固碳会计机制必须足够的稳健与可靠，以便获得碳交易市场参与者的信心。令人欣慰的是，CES 会计系统正在不断地被诸如政府间气候变化专门委员会这样的机构所发展和完善。当在《京都议定书》设立的碳排放交易体制下使用碳信用额度之前，任何一项由国家或非政府组织发展起来的 CES 会计标准，都需要与 IPCC 的原则保持一致。

会计行业想要建立一套标准化的 CES 会计系统。可遗憾的是，尽管碳交易市场很活跃，但这个新兴的市场仍不规范，缺乏监管与透明度。另外，政府的政策多变，加之碳交易系统所需要的计量与定价问题远未解决。坦杜拉（Tandukar，2007）认为，公司和个人都无法提供一个更好的评估方案来取代能源专家所认可的计量方法。例如，

$$X \text{ 棵树} = \text{固碳量 } Y \text{ 吨} = Z \text{ 美元} \tag{5.1}$$

但是，在等式（5.1）中缺少统一的 CES 计量标准，方程中间部分的变动（属于 CES 会计的核算领域）可能会导致碳交易中所有货币价值的严重扭曲，也就是说，正因为固碳与碳排放的计量可能是一个价值区间（而非一个确定的"统一"价值），所以在碳交易中收支的货币也将不会是一个确定的数值。

不管怎样，无论最终确定的 CES 计量方法是什么，固碳会计的最大问题还是如何确定企业全生命周期中减少的二氧化碳（即固碳资产）的货币价值（Z 美元）。有效碳交易市场的存在能够为碳信用额度（或配额）提供价格，但传统会计报告需要考虑到，某些非流动资产或负债也可能引起未来碳相关的收入与费用。目前，一项能够创造碳信用额度的有形资产在资产负债表中确认，而与其相关的无形资产（负债），例如，该资产的固碳能力价值（ECEA）却未在资产负债表中反映。因此，在碳排放管理中，如果一个企业记录了有形资产的价值，它也应该记录相关的无形资产的价值。

对于上述情形的估值，会计人员需要咨询外部技术顾问，如掌握环境科学和生物学的技术人员来进行 CES 会计计量。但是在实际业务处理中聘请技术顾问的情形并不多见，往往是会计人员兼任公司董事、精算师、商业分析师、工程师、工料测算师、律师等各类角色来编制各类报告，尤其在资产负债表编制中有关资产估值与公允价值领域。碳会计处理中使用专家意见也不例外。当然，会计准则制定者并没有将专家意见作为资产负债表无形资产确认标准，但这些意见又与 CES 会计是相关的，所以很有必要在传统会计实务中植入专家意见的影响，设计固碳资产 ECEA 的价值估值模型，进行碳排放管理能力的计量和披露。

5.4.4.1　ECEA 估值模型设计的原理分析

固碳资产属于一项无形资产，ECEA 是一项重要的固碳资产，其估价和计量需经过估值模型来进行。结合前述有关固碳资产的特有属性，本书在此尝试构建 ECEA 的评估模型。该模型是一项数学估值模型的扩展应用，此项数学估值模型最早来源于维达尔和沃尔夫（Vidale & Wolfe，1957），随后被拉塔纳贡等（Ratnatunga et al.，2004）用于军事能力的资产估值中。拉塔纳贡等的分析背景被限制在政府部门（国防部），在传统的估值方法中，前述的现金流折现法、指数法及市场价值法，其相关性是非常有限的。因此，要将上述数学模型进行扩展的第一步则需要指明该模型在企业财务报告环境中具有潜在的适用性，尤其在现有文献缺少可行或可靠的无形资产估值方法情况下。第二步，需要证明用于防卫作战能力评估的模型经过调整完善后也能适用于企业活动，如企业碳信用额度创造能力 ECEA 的估值问题。

5.4.4.2　ECEA 的估值模型

ECEA 指是企业用以创造碳信用额度的所有无形资产能力。估算 ECEA 价值的第一步是要设定 ECEA 未来排放与固碳能力的一个系数。在拉塔纳贡等的研究中，这一系数由一些军事专家评估其防卫作战能力而达成共识确定的。然而，在碳交易市场下，可以基于 CES 会计程序为基础，由前述的外部专家给定这一系数值，建立 CES 会计计量与 ECEA 价值之间的关系方程式如下：

$$\frac{\mathrm{d}S}{\mathrm{d}T} = r \times E \times \left(\frac{M-S}{M}\right) - \delta S \tag{5.2}$$

该方程表明环境能力提升资产的经济价值。在时间 t 的变化受五个因素的影响，其中，E 表示用以维持 ECEA 的成本或费用；r 表示增值性固碳常数（被定义为，当 $S = 0$ 时，单位费用产生的 ECEA 价值）；M 表示 ECEA 固碳能力的最大值，基于 CES 会计以及 ECEA 的物理限制（最优生长条件下）计算得来（即当树木成熟后其固碳能力消失）；S 表示 ECEA 固碳能力的现值（在目前生长条件下）；δ 表示减值性碳排放常数（被定义为，当 $E = 0$ 时，单位时间内 ECEA 价值的减损值）。

方程（5.1）表明，当 r、E 和未开发的 ECEA 价值潜力（$M - S$）的值越高，或者减值性（排放）常数值（δ）越低，ECEA 价值增加得越多。

如前所述，方程中的许多变量与常数需要通过专家提供的 CES 会计计量法获得。为了例证，我们假设所使用的 CES 会计计量方法是准确的，以确信在方程（5.1）中间部分所赋予的值是正确的。

5.4.4.3　ECEA 估值模型的应用

一片新的人工林是一项有形的经营性能力提升资产（operational capability Enhancing Asset, OECA），因为通过伐木和销售木材，它具有产生未来现金流的潜力。同时，它也是一项（无形的）环境能力提升资产（如碳汇资源）ECEA，它具有固碳能力，可通过销售内部产生的碳信用额度，预期能产生未来现金流。提高森林的经营和固碳能力有几条途径：第一，拥有更多的树木；第二，延长森林成熟期；第三，改善生长环境（如气候保护、维护保养的劳动供给以及肥料等方面）；第四，支持、维持以及提升森林经营能力的支出越多。虽然在此应用中主要关注的是森林的固碳能力价值（ECEA），但如果OCEA 的公允价值（如折现现金流法）不能计算出来的话，那么该估值技术也可以用于 OCEA 的估值。

根据不同生长环境（如土地面积、土壤、气候和树木的成熟度等）的吸碳量，任何一座森林的吸碳能力都是可变的。因此，我们假设 CES 会计专家能够估计树木在不同生长环境下从种植到成熟期间的固碳量 Y ［见方程（5.1）］，这些固碳量满足《京都议定书》下的可转换信用额度的定义。基于年度固碳量的预期信用额度许可证的价格及假设的折现率，可以使用现金流折现法将固碳量转化为 Z 的现值，也就是等于可交易碳信用额度在碳交易市场上的价值 ［见方程（5.1）］。因此，在稳定条件下，即未来生长条件、折现率和碳信用额度价格稳定的情况下，该现金流折现值就是 ECEA 的公允价值，没有进一步计算的必要。但是，当森林成长环境被企业行为影响时（通过维护保养、供水和肥料等方面的支出），ECEA 的价值就会变化，这时需要在 GAAP 准则下进行披露。

据上述分析，我们可以假定采用一致认可的 CES 会计计量法将固碳量货币化，在最佳生长环境下，人工林的预期现金流量现值则为 ECEA 的最大值，假定金额 $M = 10\,000\,000$ 美元；再次假定人工林仍然生长，继续固碳，而且它在目前生长条件下的固碳能力的现值估计为 $5\,000\,000$ 美元，且将相关数据代入方程（5.1）中。如果我们再进一步假定，在未发生 ECEA 物理及环境维护费的情况下，环境科学家和工程师基于他们的固碳与排放计量模型与经验，估计固碳常数增加值 $r = 6.5$，减值碳排放常数减少值 $\delta = 0.05$。这时，如果拥有 ECEA 的企业在未来一年将支出 100 000 美元的费用（E）来维持碳汇，其方式可以是在现有土地与气候限制条件下多种树，或为现有的树木提供更好地维护和保养（供水、施肥等）以促使它们达到最大的固碳潜能，那么 ECEA 的净环境能力提升价值（ECV）的增量将为：

$$\frac{dS}{dT} = 6.5 \times 100\ 000 \times \frac{10\ 000\ 000 - 5\ 000\ 000}{10\ 000\ 000} - 0.05 \times 5\ 000\ 000$$

$$\frac{dS}{dT} = 6.5 \times 100\ 000 \times 0.5 - 250\ 000 = 75\ 000\ （美元）$$

因此，根据专家对固碳常数（r）以及碳排放常数（δ）的观点，尽管企业支出了 100 000 美元来维护 ECEA，但资产的净环境能力提升价值（ECV）只提高了 75 000 美元，或者说只有该维护费用的 0.75 倍。现在我们假定，在早期碳汇（如森林还是小树苗）价值不存在显著的减值性因素，即碳排放常数（如通过植物腐烂等）$\delta = 0$，然后保持维持性费用支出 100 000 美元不变，则资产 ECV 的增加为：

$$\frac{dS}{dT} = 6.5 \times 100\ 000 \times \frac{10\ 000\ 000 - 5\ 000\ 000}{10\ 000\ 000} - 0.0 \times 5\ 000\ 000$$

$$\frac{dS}{dT} = 6.5 \times 100\ 000 \times 0.5 - 0 = 325\ 000\ （美元）$$

在该情况下，通过支出 100 000 美元，以扩张与维护碳汇的方式来支撑 ECEA，其 ECV 价值增加了 325 000 美元，或者说提高到维持费用的 3.25 倍。这和所有类型的资产一样，包括有形和无形（例如，在机器、人力资源培训、品牌广告活动等上的支出）的资产能力价值在早期的使用中增长较快，在随后的年份里增长速度减慢。

如果企业的目标仅是保持 ECEA 现有的 ECV 水平，那么 dS/dT 将被设为 0，然后方程变为：

$$0 = 6.5(0.5)E - 0.05(5\ 000\ 000)$$

$$250\ 000 = 6.5(0.5)E$$

$$\frac{250\ 000}{3.25} = E = approx77\ 000\ （美元）$$

以上表明，要保持 ECEA 现有的 ECV 水平，维持费用的最小值将是 77 000 美元。此方法为既有有形资产（如用于砍伐的树木）又有无形资产（如树木的碳排放与固碳能力）的企业提供了一个重要的估值工具。因为它能确定，当 ECEA 这种特殊的 ECV 水平为 0 时，能维持费用的支出水平。此费用的原理与传统会计中有关公司维修与保养机器的费用并无区别，即在机器现有能力下要维持其运转，就需要发生一定的费用支出。

综合上述分析，只要一项 ECV 达到了它的最大潜力（$M = S$），此时增加维持费用（E）将不会产生边际价值，因为方程的增值部分等于 0。在这种情况下，资产因减值性常数 δ 将损失现有的价值 S，也就是方程（5.1）的第二部分。在其他条件不变的情况下，当 S 减小，M 又会超过 S，这时需要少量的维持费用（E）将 ECV 带回到饱和点。以树木为例，M 与 S 相互变动趋近的平衡点就是树木达到成熟时的点，这时树木的固碳存量等于排放量。

给定之前的 CES 会计值以及两种常数，如果企业只支出 50 000 美元用于支撑 ECEA，那么将这些数值代入之前的方程后，计算出 $ECV(dS/dt)$ 的变动为负的 87 500 美元，或者说净值减少了维持费用 E 的 1.75 倍。所以，企业的净值有一个范围，有的大于 1，有的介于 0 ~ 1 之间，有的是负值。由于负净值会减少资产的价值，这个在概念上类似于传统 GAAP 准则下的资产折旧/摊销，而正的净值类似于传统 GAAP 准则下资产价值的重估。

在碳配给机制下，企业大部分有形资产要么具有固碳资产能力，要么具有排放负债能力。资产能力的例子包括具有地质隔离能力的土地，经过特别设计（或改装）成具有二氧化碳减排功能的建筑物（这些减少的二氧化碳排放量可以作为京都议定书规则下的碳信用额度进行出售）。负债能力的例子包括燃煤或燃油的机器与车辆（具有排放二氧化碳的重大潜力）。之前给出的方程（5.2）可以对这些固碳资产能力或者排放负债能力的碳信用额度进行估值。

本书介绍了具有无形固碳（碳汇）能力的有形资产（森林、土地）的能力价值计算。同样的逻辑适用于企业进行的某种形式的碳抵消活动而非直接减排，也非减少资产碳排放量的活动（如建造节能建筑物）。此处 M 成为最大节能潜力，S 成为现有节能，E 成为特定会计期间用于节能技术的费用，而固碳常数 r 和排放常数 δ 将由能源专家提供。

至于具有二氧化碳排放（负债）能力的有形资产（机器、机动车辆），最大节能潜力（M）和现有价值（S）就是该资产最大和现有的排放（碳源）能力。此时，有形资产的维护支出（E）越多（比如运转资产时耗费更多的石油），无形负债价值将越高。在此情况下，两个常数将反转，排放常数（r）和固碳常数（δ）的取值仍然由能源专家给出。综上所述，方程（5.2）是用来估算碳排放与碳固能力的估值模型。接下来将讨论由此估值模型所衍生的碳财务会计和报告问题。

5.4.5　碳信用额度的核算与报告程序

如何将未来碳信用额度能力的资产等相关信息纳入财务报告是本章要解

决的关键问题。在此要实现传统思维方式的转变。主要的思维转变是资产负债表应该以货币记录"企业能做什么"（能力），而不是"企业拥有什么"，这当然取决于对资产的定义。国际会计准则理事会（IASB）所定义的资产是"企业所控制，由过去事项所导致的，未来经济利益很可能流入企业的资源"。然后问题变成，只是拥有减排的能力而不是实际已经减排，是否满足资产的定义。有人会认为实际已经减排比拥有减排的能力更可能带来创造未来可交易碳信用额度的能力。如果把讨论放到有形资产（非流动），如机器的框架下，问题将变得更明朗。这样的机器满足 IASB 对于资产的定义，因为过去的事项（付出的历史购买价格）导致企业能够控制资源（机器）以及控制该资源在未来生产商品（存货）的能力，这些存货通过出售可以获取未来经济利益。类似于像树木这样的无形环境资产（它通过自身的生长来固碳，从而在未来创造碳信用额度的能力），表明这种资产不同于由已经实现的减排所创造的信用额度存货。

值得注意的是，碳相关资产的这种独特的有形/无形特征使得在传统会计框架下对其进行会计处理困难重重，尤其是在林业公司这样的企业，它们拥有诸如树木这样的碳汇资产。这些企业可能会发现如果它们的树木毁于一场森林大火，这些资产马上会变成碳排放源（负债）。同时接受这一点，即企业活动中企业资产总会包含或有负债因素，以至于资产被注销的时候，一项负债产生了；大部分或有负债本身是有争议的。如果一架飞机（有形资产）坠毁或是一项药品专利（无形资产）被发现存在危险的副作用，可能不仅会从资产负债表中剔除这些资产，还同时会记录一项集体诉讼或有负债。但是，像树木这样的碳汇同时又是碳源（比如树木在成长期间还要落叶）。因此任何评估这些资产固碳能力的方法必须同时也要捕捉这些资产的碳排放能力。所以本书将提出一种在传统复式记账体系下如何记录固碳资产的方法。

5.4.5.1　ECEA 会计：记录程序

前面已述及，碳信用额度具有特殊的资产属性，因此要求在财务会计的记录过程中使用一种新方法。如果一项资产只是经营性资产，那么它应该在现有 GAAP 下记录。但是，一些资产已经被证实同时具有固碳的潜在能力（如一座森林）和在碳配给与碳交易机制下的碳排放能力（如汽车）。在此种情况下，无形资产或负债必须作为一项环境能力进行记录。此类资产兼具有从其经营性能力中获取收入的潜力（即树木的砍伐出售）以及从其固碳（或排放）能力获取收入（费用）的潜力。

下面将通过一个简单例子来介绍上述兼具经营性与碳排放功能的资产交易，并需在账簿中记录以反映企业总体的环境提升能力价值（ECV）。当然我们不能将此处的 ECV 价值与前面章节中提到的有关企业碳排放量的计算相混淆，即企业的净排放，因为能源专家已将用来计算企业碳排放量的 CES 会计计量纳入了估值模型，通过方程（5.2）中的增值性与减值性常数予以反映。通过实例将证明资产的经营性价值（即经济增加值 EVA）以及环境能力价值（EVA）来自三种或更多交易情形：有形资产的采购成本、无形资产（负债）本身具有的成本（收入）潜力、有形（无形）资产的维持成本。为简化起见，在该案例中我们仅讨论有关有形经营资产及无形的固碳资产的交易记录问题，尽管之前已经讨论过碳排放过程中的有形资产交易问题。

我们假定，企业有一个期初的能力资产负债表，在表 5 - 10 中以融资与投资形式来表示，其中清楚划分了经营性资产（房地产、厂房和设备、营运资本）与无形能力资产（ECEA、商誉、商标、知识产权等），以及经过时间累积的相关能力资产准备。能力资本准备的概念类似于传统报告中的资产减值准备。能力资产负债表只列出了可以货币化的环境能力，主要是指在碳配给与碳交易机制下的碳相关能力。

表 5 - 10　　　　　　　　　能力资产负债表期初余额　　　　　　　　单位：万美元

投资	
经营性资产	
经营性能力提升资产（OCEA），如森林	35 000
其他能力提升资产，如营运资本	10 000
无形资产	
环境能力提升资产（ECEA）	10 000
其他能力提升资产，如商标、商誉、知识产权	5 000
总投资	60 000
融资	
累计剩余权益	25 000
能力资本准备	30 000
负债	5 000
总融资	60 000

5.4.5.2　几种交易活动的会计处理

以下是通过具体的交易活动阐述其对能力资产负债表具体影响的复式记账处理。

1. 交易 1：购买用材林。

我们假定森林的购买价格 4 000 万美元，由 3 000 万美元的原木资产以及 1 000 万美元的碳汇能力组成。该笔影响经营性资产与无形资产的交易以单式记账形式记录，虽然在现实中，依照国际会计准则，这笔交易需要单独记录土地、树木、通道以及建筑物。交易记录如下：

借：OCEA——有形资产（以砍伐为目的）　　　　　　30 000

　　ECEA——无形碳汇资产（以固碳为目的）　　　　10 000

　　贷：其他资产（现金）　　　　　　　　　　　　　　　40 000

2. 交易 2：将木材成本价值转移到伐木单位。

在木材还未砍伐或出售的情况下，该转移看上去似乎没有交易动机。但是，我们这里建立的是能力资产负债表，代表的是企业能够做什么（能力）而不是它拥有哪些历史成本项目。同样地，作为有形资产的森林历史价值在现阶段将全部从账簿中注销。该项分录类似于在资产购买年份对其进行 100% 的折旧。木材的能力价值将在下一个交易中被重新记录在账簿中。如果历史价值和能力价值是一样的，那就对资产负债表货币价值没有影响。但是如果有因素（在讨论下一个交易时会介绍）造成这两个价值的不同，那么当然就会改变资产负债表货币价值。

该交易记录如下：

借：营运费用（P/L）　　　　30 000（最终影响权益）

　　贷：OCEA——有形资产（伐木）　　30 000（100% 折旧）

长期来看，特定年份的"资产采购支出"金额将等于之前计算的、这些年购买的全部资产的"净折旧"。

这里涉及有形资产的财产保全问题。有人可能会认为如果将资产价值在购买年份 100% 注销，那就不存在资产台账，因此资产就有容易被盗的风险（如森林的非法砍伐）。但是，资产台账可以独立于财务报告以内部报告的形式单独设立。而且大多数林业公司对有形资产实行"实体保护"来防止偷盗与纵火。

3. 交易 3：以公允能力价值记录森林木材。

如果资产具有在经营中产生现金的能力，那么将使用现值进行记录（如果资产确实具有该能力）。交易记录如下：

借：OCEA——有形资产（伐木）　　50 000（预期收入的现值）

　　贷：能力资产准备　　　　　　　　　　50 000（未实现收益）

此时，资产以能力价值形式重回账簿。在购买一项有形资产的经营性能力时，大多数情况下，其价值等于购买成本，原因是竞争者也可能购买到这种资产，所以在那个时点它们并没有为企业带来竞争优势。然而，像处在限制区域或要求特别许可的环境资产，以及企业拥有的那些训练有素、能带来效率的人力资源，基于协同效应，它们的能力价值可能会超过成本。在此案例中，假定企业拥有竞争优势，那么能力资产的公允价值，即 5 000 万美元，将会超过购买成本 3 000 万美元。

4. 交易 4：森林的费用支出。

这是一项经营成本（比如是 100 万美元），用以购买肥料、修剪工作以及人工等来维护、保养和提高森林的能力价值。这也是之前方程中的 E 变量。简化起见，我们忽略维持其他期初环境能力提升资产的经营成本。此项交易记录如下：

借：能力支持费用（P/L）　　　　　1 000（最终影响权益）

　　贷：其他资产（现金）　　　　　　　　　1 000

5. 交易 5：确认森林的边际无形固碳能力价值。

这是由交易 4 中用以维持/提升森林固碳能力的费用支出所导致的边际 ECV。这项边际价值是通过使用 CES 会计程序算出的固碳常数 r 以及碳排放常数 δ，将费用支出进行杠杆处理得来，它的数学形式在之前的方程（5.2）中已经证明。现有能力价值 S 是在交易 1 中购买碳汇能力时最初的 100 万美元。假定 4 000 万美元是 M 的饱和点，忽略其他期初 ECEA 的边际能力提升价值，同样假定经营成本足够维持现有能力价值，即方程（5.2）中 dS/dT 等于 0。

综上所述，$E = 2\,000$ 万美元，$r = 8$，$\delta = 0.5$，$S = 10\,000$ 万美元，$M = 40\,000$ 美元。将其代入方程（5.2）后得到：

$$\frac{dS}{dT} = 8 \times 2\,000 \times \frac{40\,000 - 10\,000}{40\,000} - 0.5 \times 10\,000$$

$$\frac{dS}{dT} = 8 \times 2\,000 \times 0.75 - 5\,000 = 7\,000 \text{ 万美元}$$

交易记录如下：

借：ECEA——无形资产　　　　　7 000（使用方程（5.2））

　　贷：能力资产准备　　　　　　　　　　7 000

6. 交易 6：确认森林的边际经营能力价值。

这是近期购买的伐木作业的维持费用所导致的综合边际经营能力价值，其现值为（S）4 000 万美元（交易 3）。假定能力的饱和点（M）是 1 亿美元。无形经营能力价值即可以通过现金流折现技术（如果变量已知）或者通过使用农业土地评估值给出的增值性（r）和减值性（δ）常数对费用支出进行杠杆处理取得。在本例中，经营成本是 100 万美元，无法满足维持森林现有经营能力价值（S），因此计算出的价值减少了 160 万美元。

综上，$E = 2\ 000$ 万美元，$r = 4$，$\delta = 0.1$，$S = 40\ 000$ 万美元，$M = 100\ 000$ 万美元。将其代入方程（5.2）得到：

$$\frac{\mathrm{d}S}{\mathrm{d}T} = 4 \times 2\ 000 \times \left(\frac{100\ 000 - 5\ 000}{100\ 000} \right) - 0.1 \times 50\ 000$$

$$\frac{\mathrm{d}S}{\mathrm{d}T} = 4 \times 1\ 000 \times 0.6 - 4\ 000 = 1\ 600\ \text{万美元}$$

交易记录如下：

借：OCEA——无形资产　　　　　　（1 600）（使用方程（5.2））
　　贷：能力资产准备　　　　　　　　（1 600）（未实现收益）

至于有形经营资产能力，重估价值一般都将是负值（类似折旧），因为能力预计会随着设备年限增加而减少。至于像森林、葡萄园等这样的农业资产，其经营能力最初会随着树木走向成熟而增加，成熟之后会随着年限而减少。同时，其固碳能力在成熟期消失，该时点上资产固碳与排放能力达到平衡。国际会计准则要求每年对这些农业资产进行重估。任何减值部分都要加入重估价值（如部分森林毁于大火）。经营能力价值和环境能力提升价值计算方法比诸如重置成本和市场价值法等只考虑估值的传统方法能更好地评估经营和环境能力的有形与无形部分。

交易 5 和交易 6 理想状态下可以合并成一个分录，这样就能涵盖串行的有形和无形资产的联合能力部分。如果企业因为森林火灾损失其全部资产（有形），那么这些资产的固碳能力价值（无形）也要减至 0（如果火灾引起的碳排放通过 CES 会计方法记录，那么能力价值损失将作为一项名义费用进行记录，这与股票损失类似）。记录了上述 6 个交易后，能力资产负债表期末余额将如表 5 – 11 所示。

表 5 – 11　　　　　　　　　　　能力资产负债表期末余额　　　　　　　单位：万美元

投资	
经营性资产	
经营性能力提升资产（OCEA）（如森林）	44 400

其他能力提升资产（如营运资本）	5 800
无形资产	
环境能力提升资产（ECEA）	11 700
其他能力提升资产（如商标、商誉、知识产权）	500
总投资	62 400
融资	
累计剩余权益	21 800
能力资本准备	35 600
负债	5 000
总融资	62 400

上述案例忽略了涉及（收入与费用等式）利润表方面的交易，几乎只是讨论资产负债表等式（资产、负债与所有权权益）。原因是该案例只是讨论传统会计框架在非流动"资产能力"估值上遇到的困难，尤其是当有形与无形资产能力交织在一起时。正如之前提到的，会计行业对通过政府授予或市场买入的碳信用额度（流动资产资产与负债），在买卖交易中如何记录其收入与费用问题上，比对能够产生信用额度（非流动资产与负债）的潜在能力估值与报告问题上更能达成共识。

库克（Cook，2008）已经考虑到碳交易对资产负债表的影响，但他只是讨论了如何在资产负债表上记录碳信用额度价值的问题（取得、购买或者通过已经发生的固碳活动所创造）。这些碳信用额度价值将被纳入企业碳排放负债的净估值。举例来说，碳排放估值专家可能会考虑到企业的内部固碳活动已经创造了信用额度（无形资产）用以抵消其碳排放负债。如果企业的总信用额度（有形和无形）超过其碳排放负债，以至于最终结果为零负债，那么就会存在两种记录可能。如果剩余信用额度是由政府授予或者通过交易市场购买的，且未到期的有形资产（它们可以用于抵消未来碳排放负债），那么它们可以作为有形资产继续留在资产负债表上。如果剩余碳信用额度属于内部创造，那么在大多数情况下，将作为无形资产确认，除非它们是"被授予证书"的信用额度（能源专家就是如此称呼可再生能源信用额度），而且能够作为减排证书交易。在这些情况下，碳信用额度将从无形资产状态转变为有形存货资产，同时对利润表产生影响。

如前所述，本书没有涉及上述情景下对有形与无形信用额度以及它们对碳排放负债抵消的会计处理问题。相反，本书关注的是非流动资产与负债的碳排放管理能力，即创造信用额度的能力以及对这些能力的评估。接下来的部分将讨论将环境能力资产价值整合到传统财务报表中的方法。

5.4.5.3　能力资产在财务报告中的披露

在之前讨论的报告方法中，估值对象是能力（企业能做什么）而非传统意义上的资产（企业拥有什么）。由此增量变化引起的能力价值的有效性问题将被及时回答。公司管理层和利益相关者可能一致认为：第一，固碳价值可以通过有形资产的公允价值估计获取；第二，在传统财务报告中确认这些无形资产能力可能会降低信息的整体可靠性和决策有用性。因此认为这种披露方法是无效的。当然，他们也可能认为，如果发现"增值性"以及"减值性"常数导致他们不能控制企业能力资产、负债、收入以及费用数据的内容，他们将不愿使用能力价值，并排斥采取这些披露方法和手段。就算是上述的披露原理有其合理可靠之处，但要考虑是否需要在企业财务报告中归集有关环境能力价值的信息。本书建立采用三种方式来进行披露：完全披露法、补充式披露法和混合披露法。

在全部披露法下，之前详细计算的新计量数据都被纳入财务报表。而补充披露法下，则是有单独的能力财务报表和符合 GAAP 或 IFRS 的传统财务报表保持协调一致。这两种披露方式旨在帮助投资者评估创造企业价值的能力（无形资产问题），包括环境能力（环境报告问题）。混合披露法则是一种折中的方法，有形与无形能力资产进入资产负债表的过程是渐进的，或者通过临时账户（在企业允许能力资产进入资产负债表前，将有形与无形能力价值分离）或者通过可修改账户（当 CES 会计方法能够被主要利益相关者接受时，对过去的账户进行修改）。

无论采用哪种方法，首先需要估计无形与有形能力资产的现值，以及准备"特定时点的期初能力资产负债表"（如表 5 – 10 所示），之后需要执行如交易 1 ~ 交易 6 的复式记账处理。

5.4.6　结论与局限性

上述研究表明，企业进行碳交易活动所做的经济决策，以及这些企业执行碳排放管理战略带来的最终后果，将显著影响会计行业。尽管已有一些讨论关于如何更好地报告碳交易活动对利润表（损益）的影响，但未有相关文献涉及研究如何在资产负债表中计量产生或使用碳信用额度的基础资产问题。

本节以企业创造碳信用额度的能力（即那些不仅作为碳排放负债，同时兼备碳排放减少能力的无形资产，如 ECEA）为关注点，提出了一种估值技术模型，不仅能使估值更具有相关性和可靠性，还能展示出有形与无形资产组合如何提供真实的能力价值。但是，本书论点的有效性取决于能力价值方程的实用性，尤其是模型中需要从 CES 会计专家那里获取的固碳与碳排放常数。尽管这些计量方法在能源专家那里存在争议，这些数字经常被计算并且由此产生的碳信用额度作为被核证的减排量①以及自愿减排量②正在活跃的交易市场上被出售。

本节研究的局限性在于两方面：其一，可交易碳信用额度的未来价格不能被确定。但是，这个内部的不确定性存在于所有的交易市场，当然包括股票交易市场。这种不确定性并不妨碍财务分析师使用估值模型，这些估值模型使用了对市盈率未来变动的估计以及诸如每股收益和销售增长的财务估计。其二，正如传统会计认为的只是局限披露在已知的企业碳相关交易现时成本对财务报表的影响，是因为基础能力的估值将财务影响量化的责任从会计师转移到了科学家与工程师。但是，会计相关人员长期以来一直使用"专家"估值作为交易的基础（如贷款）。而且，现有大量文献是关于无形资产估值的新方法与方法论，以及如何将这些价值记录到资产负债表中。本书展示了一项将已有文献扩展到企业能力估值的模型，在该模型中有形与无形资产交织在一起。

尽管本节讨论的是有关该模型在财务报告中的应用，而它同样适用于内部报告。几个公司已经感受到它们有必要通过媒体公布它们在碳排放、固碳及气候控制方面所做的努力。一个恰当的例子就是苹果公司。苹果公司在美国的几项环境排名中都不尽人意（例如，美国新闻周刊对最绿色大公司的报告中，惠普和戴尔分别排名第 1 位和第 2 位，苹果公司只排名第 133 位）。苹果遭遇困境是因为它没有公开设定长期环境目标。绿色和平组织挑出苹果公司是因为其在 2007 年使用了有毒化学物质。作为回应，苹果公司采取了多项措施来减少碳排放并且做到了以下几点。每年顾客使用苹果产品占据了公司总排放量 10 200 万吨的 53%，38% 来自亚洲制造的产品；3% 来自苹果公司自身的运营。相反，惠普和戴尔的排放量分别为 840 万吨和 47.1 万吨，尽管两者的收入超过苹果公司。但是，它们自己也承认，它们的数据除去了产品

---

① 在《京都议定书》规定的市场下出售的碳信用额度叫做"被核证的减排量"。

② "自愿减排"（VERs）是企业在东京机制之外承担的减排任务（如芝加哥气候互换）。

使用和一些制造过程，加入这些因素将使碳排放总额翻几番。然而，两个公司都认为现在急需更多的估值模型，而非披露碳排放量。估计碳排放的数量是科学家与技术员做的第一件事。第二件事是将碳排放货币化，这也是本节所提出模型的一个有用的开端。

5.4.7　本章附录

针对政府授予或从碳交易机制中购买的碳配额的会计处理，会计行业已经确认至少三种处理方，具体如下：

（1）如果配额是政府有价授予（政府以低于公允价值的价格进行分配），那么将以初始成本确认为无形资产（借记：碳许可资产；贷记：现金）。随后，配额的价值增加到公允价值，成本与公允价值之间的差额在遵循期间以系统基础确认为收入（借记：碳许可资产；贷记：收入）[①]。当企业进行碳排放时，碳许可以市场价值注销（借记：费用；贷记：碳许可资产）。所有处置配额的损益在利润表中确认。

（2）如果政府以低于公允价值授予的配额可以确认为收入（因为它们可以立即交易）（借记：碳许可资产；贷记：收入）。该处理方法同样适用于政府免费授予的情况。

（3）如果政府以低于公允价值授予的配额可以确认为"负债"（因为其中的部分或全部在为发生的碳排放负债结算时将归还给政府）（借记：费用；贷记：负债）。如果配额不足，企业需要最终在公开市场上购买不足的碳信用额度（借记：负债；贷记：现金）[②]。

（4）除了从政府授予获得碳信用额度外，如果一项碳信用额度作为存货或者现金对冲项目而被购买，那么流行的观点是将其以公允价值记录（借记：碳许可资产；贷记：股本准备金）[③]。同样，当企业进行碳排放时，碳许可以市场价值注销（借记：费用；贷记：碳许可资产）。

净模型被建议在碳配额机制下进行此类会计处理，该模型下企业没有确认被分配的配额（它们仍然在表外），同时只有企业以市价购买的信用额度也不足以冲抵这些排放量时，才能对实际排放进行记账（借记：费用；贷

---

①　至于该收入是否应纳税还是可扣除的问题依赖于特定公司的税收政策。

②　请注意"负债"是过去事项引起的现时义务。"碳许可"的未来有关可能事项更像是一个或有负债。

③　如果交易机制存在的话，公允价值将以市价为基础。"公允价值"的问题类似于股票投资，即基金管理公司的股票是作为"投资"或者"存货"是存在报告差异的。

记：现金）。但是，在传统会计处理中，资产和负债都必须单独确认，即处理碳资产（即配额）独立于负债（即义务）。因此，在这些情况下不允许用净额列示（即抵消）资产与负债。因此提出了摊销模型，该模型下企业将分配的配额以成本确认为资产（借记：资产；贷记：未实现收入负债），随后当开始排放时摊销配额（借记：费用；贷记：资产），同时将递延收入确认为收入（借记：未实现收入负债；贷记：收入）。在这种方法下，只有当企业持有的信用额度不足以抵销这些排放时，企业才确认一项实际排放负债（借记：费用；贷记：负债）。企业排放产生的负债以其持有配额的成本计量。但是，企业最终不得不从公开市场上购买不足的"碳信用额度"（借记：负债；贷记：现金），同时根据碳信用额的市场价格，该负债可能会供应不足/过度供应。显然，碳配额（许可）的定价与估值是碳排放与碳固会计的关键。

5.5　本 章 小 结

本章是碳会计制度设计框架中有关碳财务会计、碳管理会计和碳审计三大模块中最基础的内容。通过四节内容对碳会计制度中的碳财务会计内容进行了深入而系统的设计和应用。现总结如下：

第一，与传统会计基本理论相区别，对碳会计的确认与计量进行具体阐述。指出相关性是碳会计确认的基本特征，这一结论毋庸置疑。但对碳会计的可靠性特征则需尤为关注，这也是碳会计自身特殊属性所在。例如，在碳足迹评估中，需要借助实物计量手段，主观性评估在碳会计确认中有一定比例，因此，可靠性特征对于碳会计确认有关键影响。另外，碳会计计量中，需考虑货币与非货币计量的结合，还需有其他相关计量属性进行组合，尤其体现在公允计量和现值计量方面，需不断完善碳排放权交易市场，让多种计量手段有更科学合理的环境和机制保障。

第二，碳会计处理需进行碳会计科目的具体设置、碳会计要素的确认与计量、而后才有碳会计业务的具体处理和披露。因此，这一部分是碳会计核算体系中顺承第一部分有关确认与计量原理的应用，具体分两方面进行：一是碳排放业务；二是碳排放权业务。对这两方面业务的会计处理进行了原理阐述和实务探讨。

第三，碳会计核算主要内容除了碳会计处理外，就是有关碳信息披露的基本框架设计。碳信息披露应从原则、内容及方式方面来设计和规范，目的在于为包括政府在内的所有利益相关者提供决策有用的信息。

第四，上述有关碳会计确认、计量、会计处理及披露的原理阐述和应用属于碳会计制度设计中碳核算的基本框架内容设定。前面已述及，碳会计可分为碳排放权会计、碳排放与碳固会计两部分。因此，在对碳排放权会计进行具体阐述和应用后，接下来在此部分则是对碳排放与碳固会计的计量和披露进行具体计量、记录和披露。

第 6 章

企业碳管理会计系统的设计

在竞争日趋激烈的新经济时代，全球气候变化和能源稀缺的问题日益突出。在深入推行系列碳排放政策和法律等行动约束的同时，我国开始利用市场手段，通过碳排放交易机制作为行政约束的良性补充，促进低碳经济发展。与此同时，企业也面临着既要创造利益，又要通过碳预算和"碳解锁"机制实现"碳脱钩"，解除碳排放政策的约束，努力寻求企业碳绩效的最小化，降低企业碳成本。基于此，在碳会计制度设计结构下，除碳排放与交易事项在碳财务核算框架内的确认、计量及披露外，有必要设计统一的企业碳管理会计（carbon management accounting，CMA）框架，提供有关企业财务业绩、股东价值及经营战略有重要影响的碳信息，并发挥会计在国家生态文明建设及企业低碳经营和绿色发展进程中的积极作用。

6.1 历史回顾与思路架构

据文献考查可知，有关碳管理会计的研究，是基于碳会计研究中有关碳财务会计分支的另一个补充。为了把握碳管理会计的发展历程和相关研究，有必要对现代管理会计的发展动态进行简单的回顾和梳理。

6.1.1 管理会计发展的历史回顾

自 20 世纪以来，现代管理会计发展大致可分为四大阶段：

（1）以追求效率为特征的管理会计阶段。在这一阶段，管理会计的主要内容包括标准成本、预算控制和差异分析。它的主要作用是在企业的战略、方向等重大问题已经确定的前提下，协助企业在执行过程中如何通过降低生产成本来提高生产效率和经济效果。可以说，以泰罗制为基础的管理会计，对促进企业生产效率和经济效果的提高起到了积极的推动作用。但是，由于泰罗的科学管理学说仅仅着眼于生产过程，把科学管理重点放在生产过程的个别环节、个别方面，而有关企业管理的全局以及企业与外界的关系等问题却未能在该阶段得到反映和体现。所以，总的说来，这一阶段的管理会计还只是处于局部性、或者说执行性的初级阶段，追求的是"效率"，强调把事情做好①。

（2）以追求效益为特征的管理会计阶段。在 20 世纪 50 年代到 80 年代末这一阶段，管理会计形成了以"决策与计划会计"和"执行会计"为主体的管理会计结构体系。这一阶段的管理会计，在广度和深度上都有异于前一管理会计阶段的特征，主要表现在它是一种以全局性的、以决策性会计为主体的管理会计，其管理职能从服务于管理的控制职能向服务于管理的决策职能转变，以及从服务于成本的最小化向服务于利润的最大化转变。可以说，这一阶段的管理会计的显著特征是以追求企业经济效益为核心，强调首先把事情做对（doing right thing），然后再把事情做好（doing thing right）。

（3）以培植企业核心能力为主题的管理会计新发展阶段。纵观 20 世纪90 年代以前管理会计发展历程，其主题总体上都是围绕着"价值增值"（value-added）而展开。因为管理会计无论是追求"效率"还是"效益"，只不过是企业所处的经济环境不同而已，其本质都一样。进入 20 世纪 90 年代，变化是世界经济环境的基本特征，企业内部组织结构及其所面临的外部环境的变化推进管理会计的发展。核心能力是一种新的管理理念，是现代管理会计新发展阶段的主题。归纳起来，这一管理会计新发展阶段的主要特点是围绕企业核心能力的培植而展开所有管理会计活动，具体表现在下列五个方面：一是研究的内容"对内深化"与"向外扩展"并举；二是应用的指标从滞后性向前导性转变；三是计量方式的货币性与非货币性相结合；四是学科的性质更趋向于多学科化；五是决策支持模式从科学观向人文观转变。

（4）一个新领域：碳管理会计。从以上相关阐述可知，碳管理会计就是具备了该发展阶段特征的时代产物，是以关注企业的价值增值，从而实现企业核心能力的培植、巩固及提升为特点的管理会计新领域。具体来说，基于低碳经济发展理念，碳管理会计的研究思维是着眼于企业全生命周期所有碳排放活动，研究的时间跨度既包括过去、也包括现在和未来；研究内容要求

---

① 引自：胡玉明．高级成本管理会计［M］．厦门：厦门大学出版社，2002：12－15。

有关企业的总体战略决策同企业内部的各个层次、各个阶段、各个环节的经营战略的制定和实施紧密结合，并将新兴的低碳管理理论与先进的低碳管理方法和技术贯彻始终，以促进企业低碳战略目标的顺利实现；采用四维度的碳绩效评价体系，发挥了前导性指标的职能；从计量方式看，货币单位计量与碳足迹计量相结合，表现企业的财务绩效和碳绩效；融合低碳经济学、环境管理学、管理学、经济学、生态学、环境科学等多学科的相关理论和方法，其决策支持模式以环境友好的方式有效利用碳排放配额，将碳排放量尽可能控制在免费额度以内，从而实现经济活动的低碳化。

综上所述，碳管理会计是一种有关碳信息的加工和管理手段，针对企业碳活动（由前面章节所述可知，碳活动包括了碳排放、碳减排及碳固、碳排放权交易三类活动）进行监督和管理，向管理者提供企业碳排放及碳资产管理信息，并注重非货币碳信息的跟踪和提供，有利于管理者以低碳战略为目标导向，实施全生命周期的碳价值链管理，具体在预算、控制及绩效评价等活动中充分考虑低碳因素，从而实现以低能源消耗与低污染排放为基础的生态效益与经济效益的共同发展。

6.1.2 碳管理会计框架设计

关于前人对碳管理会计的相关研究成果，在第2.4.2节中已有详细综述，有关碳管理会计框架设计的文献具体见第6.3节内容，从文献梳理可知，设计碳管理会计体系的关键在于通过构建企业内部碳管理和外部上下游企业的碳价值链，设计一个统一的碳管理信息系统，将外部碳因子纳入企业内部成本管理和外部战略决策中来。企业的低碳战略目标为：通过有效的碳排放管理将促进企业改善碳排放管理水平，提高碳管理绩效，促使企业减少实际碳排放量，获得剩余的碳排放权并通过出售等方式提高企业碳减排收益。两者的有效结合将促进企业碳绩效的提高，从而充分发挥碳会计对企业经营决策的支持作用。设计碳管理会计系统的具体思路如下：在应对全球气候变化背景下，企业对碳活动进行预算、控制、评价和内部报告，并向企业管理者提供碳相关信息以供其制定决策解决碳排放问题，实现企业可持续经营目标。因此，碳管理会计系统的设计应基于碳价值链管理的低碳战略目标导向，从以下三个方面来讨论碳管理会计系统的构建：一是碳预算的制定与优化；二是碳成本核算与控制；三是碳绩效评价与提高。具体设计框架如图6－1所示。

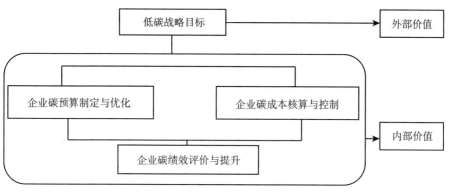

图 6-1 碳管理会计设计框架

6.2 企业碳预算的制定与优化

碳管理会计的一个重要核心内容就是企业碳预算管理，主要涉及碳预算方案的制定与优化过程。碳预算（carbon budget）一词源于西方，最先应用于生态学研究的科学报告中，用来衡量生态系统中一定时期一定区域的累计碳排放及碳汇。2009 年英国第一个制定并实施碳预算，并首次将其纳入国家财政管理，旨在发展低碳经济、应对气候变化。碳预算成了英国《气候变化法》建立的核心制度。我们知道，在传统预算体系中，存在一个分层的"国家预算—区域预算—企业预算"的纵向体系，碳预算作为一种具体预算形式，也不例外。在低碳经济背景下，企业要面对国家和区域层面的碳减排任务，碳减排分两种：一是技术减排，属于"硬减排"；二是管理减排，属于"软减排"。而企业碳预算属于软减排，涂建明等（2016）借助企业碳会计制度设计理念，进行碳排放核算和报告设计之外的管理会计工具设计和制度安排[①]。在此，企业碳预算可定义为：为了实施企业低碳发展战略，企业管理当局应根据统一的碳减排标准和企业的低碳战略目标，合理筹划和配置企业现在乃至未来的碳排放和碳管理措施。将低碳减排作为一个重要的因素纳入传统的预算编制中来，目的在于降低企业碳经营风险，激励企业经济投入进行碳减排，从而理性规划和控制企业碳排放、碳减排及碳固、碳排放权交易等活动，使企业的经济目标、生态目标和其经济资源始终保持动态平衡，走

---

① 涂建明，邓玲，等. 企业碳预算的管理设计与制度安排——以发电企业为例 [J]. 会计研究，2016（3）：64-71.

低碳经营和绿色化发展之路。

6.2.1 碳预算的设计基础

预算是管理会计的重要手段。考察有关企业预算管理的文献，发现企业全面预算管理体系是企业会计制度设计中有关内部控制的重要机制。根据企业业务特征和市场信息，通过全面预算管理体系的设定，提前制定一系列的财务预测，以货币等形式展示未来某一特定期间内，企业全部经营活动的各项目标及其资源配置的定量说明，按照规定的目标和内容对企业在未来销售、生产、成本、现金流入与流出等有关方面以计划的形式具体、系统地反映出来，将企业内部复杂工作有机结合起来，发挥各级预算责任部门和预算管理部门的职能，有效地组织与协调企业的全部生产经营活动，以预测目标达成情况为绩效考核指标，对企业经营运作的全过程进行监控和管理，使企业的各项资源获得充分的利用，达到提高企业经营效益，优化管理水平，实现企业长期战略发展目标。但是，在上述的全面预算体系中并无针对碳排放、碳减排及碳排放权交易等活动的系统性管理，这影响到我国低碳化发展的进程。为此，本书尝试将企业碳减排任务和目标纳入企业的预算管理中，通过管理会计学科的拓展，在现有的全面预算体系中增加企业碳预算模块，将企业的碳排放、碳减排及碳排放权交易等活动都从企业的传统经营活动中科学地分离出来，进行规划、控制、评价和考核，使之成为国家碳预算和区域碳预算的基础。

6.2.1.1 企业碳预算管理的三类碳活动

从微观企业来看，应在了解企业自身碳足迹的基础上提前预测企业未来的碳排放量，即从产品设计、产品研发、生产流程、投融资安排等各环节发掘碳价值，融合企业自身的碳战略，完成碳预算。现阶段，碳预算应由企业管理会计担当。鉴于此，具体可将碳管理活动划分为碳排放活动、碳减排及碳固活动、碳排放权交易活动这三类，具体阐述如下：

（1）碳排放活动。企业是碳排放和碳减排的基本单元，在碳排放总量控制的市场机制中，企业的碳排放源通常分为三类：直接排放、间接排放和其他间接排放。既有发生在企业内部的，也有企业与企业之间所发生的。发生在企业内部的碳排放既有直接排放的，也有间接排放的，如企业生产过程中的化石燃料燃烧、原料或半产品的消耗、脱硫排放等所形成的排放源属于直接排放源，间接排放则指由其他企业所控制的排放源所产生的碳排放，如外购电力、蒸汽等能源生产的排放属于间接排放。那么企业间的碳排放多是指企业间能源转移所伴随的特殊碳排放和能源输出等。

（2）碳减排及碳固活动。企业的碳减排活动大多贯穿于企业的生产经营活动和投资活动，可分为资本性支出减排和经营性支出减排两大类。诸如为了实现"碳解锁"或"碳脱钩"而进行的低碳技术研发或引进、节能和废气等设备的投入等投资活动都属于资本性支出减排，而低碳材料的采购、清洁能源的使用、废气处理及外包业务等则属于经营性支出减排。上述活动都该纳入企业的预算管理中。

（3）碳排放权交易活动。这类活动主要是因为在碳减排活动中，未能实现既定的碳排放配额目标，就需要通过碳排放交易市场进行碳排放权的购买和出售，这就涉及企业的现金预算，所以也属于企业预算管理的范畴。

6.2.1.2　企业碳活动的核算

基于上述三类碳活动的特征，可以认为企业碳预算包括了碳排放子预算、碳减排及碳固子预算、碳减排及碳固的成本（收益）子预算、碳排放权交易子预算内容所构成的预算体系。

企业碳预算的首要环节就是合理规划企业碳排放量和碳减排量，即对企业碳排放量和减排量进行量化核算。在量化过程中需要借助一些减排系数及具体指标的换算（如碳当量、温室气体排放因子、标准煤系数）等，但在本书将不深入论及，重在讨论有关企业碳活动的相关核算原理、碳预算方案设计机理及制度设计机制，为此将围绕上述三大碳活动构建核算的公式。

基于上述碳排放量及碳减排量所形成的路径，可根据相关核算原理形成如下具体公式：

$$碳排放总量 = 直接碳排放量 + 间接碳排放量 - 特殊碳排放量 \quad (6.1)$$

其中：直接碳排放量 = 化石、燃料燃烧的排放量 + 生产过程中的排放量

间接碳排放量 = 外购电力、蒸汽等能源的碳排放量

特殊碳排放量 = 能源输出的碳排放量 + 转移的碳排放量

$$碳减排及碳固总量 = 经营性支出减排量 + 资本性支出减排量 \quad (6.2)$$

$$\begin{matrix} 碳减排及碳固的 \\ 成本（收益） \end{matrix} = \begin{matrix} 经营性减排 \\ 成本（收益） \end{matrix} + \begin{matrix} 资本性减排 \\ 成本（收益） \end{matrix} \quad (6.3)$$

$$\begin{matrix} 碳排放权 \\ 交易损益 \end{matrix} = \begin{matrix} 碳排放权交易量（企业在碳排放权 \\ 交易市场上购入或出售的额度） \end{matrix} \times \begin{matrix} 单位碳排放权 \\ 份额的市场价格 \end{matrix} \quad (6.4)$$

由上述公式（6.1）、（6.2）、（6.3）、（6.4）可依次得出碳排放子预算、碳减排及碳固子预算、碳减排及碳固的成本（收益）子预算和碳排放权交易

子预算的企业碳预算平衡式：

$$\frac{碳排放}{预算量} = \frac{企业预计碳}{排放需求量} - \frac{碳减排及碳固的}{预算量} \qquad (6.5)$$

$$\frac{碳减排及碳固的成本}{（收益）预算额} = \frac{本期碳减排及碳固}{的收益预算额} - \frac{本期碳减排及碳固的}{成本预算额} \qquad (6.6)$$

$$\frac{碳排放权}{交易预算量} = \frac{企业预计碳}{排放需求量} - \frac{碳减排及碳}{固的预算量} - \frac{企业碳排放权}{配额} \qquad (6.7)$$

从上述公式（6.1）至公式（6.4）和碳预算平衡公式（6.5）至公式（6.7）来看，企业必须通过合理规划碳减排方式，权衡资本性减排和经营性减排两种方式及其组合所带来的成本或收益，并确定最有利的减排方案，纳入碳减排及碳固子预算与碳减排及碳固的成本（收益）子预算；通过预计企业碳排放的需求量和碳减排及碳固的预算量得到碳排放预算量，可得到企业碳排放子预算；通过企业总体碳排放预算量与政府配额间的差异来确定所需交易的碳排放权额度和交易损益，并将其纳入碳排放权交易子预算。

6.2.2 碳预算方案的构建

考虑前述章节中所提到的碳核算与碳披露等内容，碳预算是管理会计中的重要管理工具。由于企业现行管理工具和制度对碳会计实施的空间还非常有限，还没有类似的预算方案设计，因此只能说这种设计是构建性的，为今后深入发展提供基础。在企业碳预算方案构建中，需考虑与执行碳核算和碳披露可提供的实际碳排放数据相衔接，重点通过碳预算实施企业碳管理会计系统的管理，确立企业碳预算的总体目标和思路，设计其关键步骤，编制子预算，形成企业碳预算体系。

6.2.2.1 确立企业碳预算的总目标

在企业碳排放管理中，企业根据从政府无偿获取的碳排放配额，计算其预算年度中相关碳活动中碳排放总量、碳减排总量及减排目标，做出企业在预算年度碳排放总预算的安排。企业碳预算总目标的确立要突出三个方面：第一，预算年度的碳排放总量和碳排放权交易量都不是实际数，而是一个预算数，另外碳减排及碳固成本信息是评判企业碳减排决策方案是否经济上可行的重要参数。第二，各种碳排放及碳减排的预算数对企业的经营决策及投资决策等都应有实质性的指导性和约束力，强调企业碳预算方案与现行预算体系要实现管理上的衔接和耦合。第三，为了提供企业碳排放管理效率的数据，支持碳排放管理的改善和碳减排绩效评价，需要对碳预算与最后按预算执行结果的数据进行比较和诊断，并适时调整碳预算。

6.2.2.2　设计企业碳预算的关键步骤

将企业碳排放、碳减排及碳固与碳排放权交易等活动纳入企业预算体系中进行系统规划，在生产各环节和部门进行分解，在执行预算过程中进行实时控制和调整，是碳排放和碳减排目标实现的重要保障。同时，还需要设计企业碳预算的关键步骤，以直接规划和引导企业碳预算总目标的实现。关键步骤具体包括：首先，核算预计碳排放需求总量，具体通过市场需求调研获取企业预计业务量和资源消耗量，获取企业所处行业适用的碳排放核算方法与披露指南。其次，结合政府给定的碳排放权配额，考量企业自身的减排潜力，充分采用减排技术设备、低碳能源和低碳材料，确定企业预算年度的碳排放总量和相应的减排方式，估算碳减排成本或收益，选择合理的碳减排方案。再次，单独编制企业碳预算表，在表中突出碳减排量及减排成本或收益、碳排放权交易量等关键数据，并具体细分到各排放流程、环节和部门，从而对企业碳排放、碳减排及碳固及碳排放权交易等活动起到约束作用。最后，还需负责监督和控制碳减排责任的履行，实施针对性的考核评价和奖惩激励，使得碳预算管理与资本预算、经营预算、现金预算等全面预算体系有机融为一体，升级企业现有的全面预算体系，形成高效的减排机制，发挥升级版的全面预算体系，实现系统规划和有效控制企业碳排放和碳减排等活动的关键作用，走践行低碳化发展的管理创新之路。

6.2.2.3　企业碳预算体系子预算表的编制

在上述关键步骤中有一核心步骤就是企业碳预算表的单独编制。编制企业碳预算表需要细分为碳排放子预算、碳减排及碳固子预算和碳排放权交易子预算等的编制，这三大子预算表既相互独立又相互钩稽地提供有关碳活动的关键信息，有利于企业碳预算管理的执行和强化。下面就来讨论上述三大子预算的编制。

不过，首先得明确，在编制企业碳预算的子预算表时，此处所指的碳排放源主要有直接排放、间接排放和特殊排放三种，归集在企业流程或部门等价值链上的总能源、含碳材料的消耗量、或产品生产量，再乘以相应的温室气体排放因子，得到相应的碳排放量。此内容在前面章节已述及。碳减排量则来自经营活动和投资活动中所涉及的碳减排及碳固活动，具体表现为直接排放量×减排系数 + 能源（包括各种形态的燃料、电力、热力等）消耗减少量×温室气体排放因子；碳减排成本则为衡量企业碳减排行为而设置的一个经济性的关键指标，也是低碳管理中的一个决策变量。碳减排成本来自于经营性减排成本和资本性减排成本两部分，其中经营性减排成本主是因为购买了低碳材料、低碳能源多出的采购差价，资本性减排成本则是因低碳研发技术及低碳设备的研发或购买都会增加额外的支出，将此归集为碳减排成本。具体如表6-1所示。

表6-1　　　　　　　　企业碳排放和碳减排及碳固子预算表

排放源	类型	碳排放预算数		碳减排预算数	
		消耗量或产量（1）	碳排放量（2）=（1）×相应的温室气体排放因子	碳减排量（3）=直接排放量×减排系数＋能源消耗减少量×相应的温室气体排放因子	碳减排成本（4）=经营性减排成本＋资本性减排成本
直接排放	各种形态的燃料能源燃烧的排放				
	原材料、半成品、成品生产过程中的排放				
	合计				
间接排放	电力、蒸汽等能源消耗				
	合计				
特殊排放	输出燃料、电力、蒸汽等能源				
	碳封存、碳转移等碳固活动				
	合计				
总计					

为了指导企业在碳排放权交易市场的活动，有必要综合碳排放预算数和碳排放配额的结果，规划企业预算年度所需的碳排放权交易量，编制碳排放权交易子预算表，并计算出碳减排收益，与碳减排成本比较后得出碳减排净收益。具体如表6-2所示。

表6-2

企业碳排放权交易子预算表

价值链流程（部门）	碳排放额度（分配于价值链流程或部门）(1)	碳排放量预算数（来自表6-1中）(2)	碳排放权交易量(3)	碳排放权交易收益预算数(4)	碳减排量预算数(5)（来自表6-1中的碳减排量预算数）	碳排放权交易损失预算数(6)	碳排放权交易净收益预算数(7)
流程1							
流程2							
…							
…							
合计		∑流程i	(1)-(2)（即盈余或超支）	(3)乘以碳排放权单价	∑流程i	(5)×单位碳减排成本（为表6-1中碳减排成本预算数合计数÷碳减排量合计数）	(4)-(6)

6.2.3 战略目标与资源配置导向下嵌入企业碳预算的全面预算管理体系

"预则立，不预则废"，全面预算管理体系是企业内部控制的一套会计机制，在企业发展中发挥着重要作用。根据企业业务特征和市场信息，通过全面预算管理体系的设定，提前制定一系列的财务预测，以货币等形式展示未来某一特定期间内，企业全部经营活动的各项目标及其资源配置的定量说明，按照规定的目标和内容对企业在研发、采购、生产、销售、现金流入与流出等有关方面以计划的形式具体地、系统地反映出来，即通过经营预算、资本预算、现金预算等全面预算体系将企业内部复杂工作有机结合起来，发挥各级预算责任部门和预算管理部门的职能，有效地组织与协调企业的全部生产经营活动，以预测目标达成情况为绩效考核指标，对企业经营运作的全过程进行监控和管理，使企业的各项资源获得合理配置和充分利用，达到提高企业经营效益和资本效益，优化企业经营决策和投资决策水平，实现企业长期战略发展目标。

在低碳战略目标与低碳资源合理配置导向下，将企业碳预算嵌入其全面预算管理体系，需要增加两部分内容：一是企业碳排放权额度预算数［见表6－2中的（1）］，以及因碳排放权额度与碳排放量实际数之间的差额而产生的碳排放权交易收益或损失预算数［见表6－2中的（4）或（6）］；二是因研发或外购低碳技术、节能设备、碳固治理设备与低碳生产等减排活动所发生的资本预算［见表6－1中的（4）］。另外，还需考虑价值链流程上碳排放量和碳减排成本所进行的预测和计划，并实施预算控制和绩效考核发现差异（注：这部分内容将在后面章节中进行论证），从而针对性进行预算优化。综合上述相关研究，基于低碳战略目标和碳资源合理配置导向下，可绘制包括现金预算、经营预算、资本预算、碳预算在内的全面预算管理体系，具体如图6－2所示。

如图6－2所示，经营预算、资本预算、现金预算及碳预算构成了全面预算管理体系的主要内容。其中，经营预算是在生产成本、销售及管理费用等传统预算内容基础上，增加了在产品或服务流程中所消耗的电力、蒸汽、燃料以及生产过程中所产生的碳排放量，这一部分内容是通过碳排放量核算纳入了企业碳预算的碳排放子预算中；而另一部分，因为选择低碳材料或低碳能源而增加的碳减排成本则被纳入了碳减排子预算中。资本预算的内容包括两部分：一是传统的固定资产、长期投资及其他资本性预算；二是企业低碳

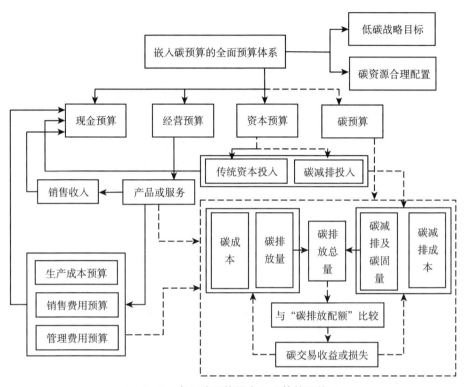

图 6 – 2　嵌入碳预算的全面预算管理体系

技术研发、节能减排设备购置而增加的碳减排成本纳入企业碳预算的碳减排子预算。碳预算则可细分为三类子预算，分别是碳排放、碳减排及碳固（包括碳减排量和碳减排成本）和碳排放权交易。当然，在上述经营预算与资本预算中，涉及碳排放和碳减排活动的发生，就会伴随着碳预算中的节约额或超支额等需要通过碳排放市场的交易来平衡，导致有现金流量的流入和流出。这些都应该在现金预算中事前安排和规划。

6.3　企业碳成本核算与控制

在低碳战略目标导向下，需要有完善的碳成本管理系统，提高企业的低碳核心竞争力。具体而言，需要了解企业自身的碳排放来源，将各个生命周期环节带来的碳成本加以确认和计量，纳入企业的会计核算体系中来很有必要。碳核算的对象是市场参与主体，核算范围的实质是确定哪些温室气体、哪类排放源是需要承担碳成本的，其核算方法是量化排放的标尺。因此，碳成本的计量是 1 吨二氧化碳当量在市场中同质、同量的重要依据。为了更好地计量碳成本，有必要对碳成本的核算和控制进行分析。

6.3.1 碳成本的定义与分类

不同企业其碳活动的内容是不一样的，其碳排放的轨迹各不相同，所要计量的碳成本内容也有所不同。目前，学术界对碳成本并没有统一的界定。据已有文献梳理，曾勇、蒲富永等（2001）认为，碳成本是企业在整个生命周期中为控制温室气体排放而发生的一切可计量的经济利益的流入或流出的总和。张旭梅、刘飞（2001）指出，碳成本是生态资源消耗与温室气体排放的"监视器"，碳成本的高低，反映着企业节能减排的成效。邹冀、傅莎（2009）定义碳成本是企业为预防、计划、控制碳排放而支出的一切费用，以及因超出既定的碳排放量而造成的一切损失之和；郑玲、周志方（2010）提出，为满足可持续发展和生态文明的要求，以物质流成本会计理论为基础，追踪价值流的变化，将碳素流及其相关原料在工艺流程中的不同时空所发生的耗费货币化而形成的一种成本费用。王岩、李武（2010）将碳成本描述为：为消除或减少企业经营管理活动对大气环境造成的影响而采取的或被要求采取措施的成本。上述定义的界定视角各不一样，有的着眼于生命周期理论，有的着眼于资源价值流理论，还有的着眼于碳排放管理理论，但都反映了碳成本的本质特征，即碳成本是环境成本的进一步细化，较外部性较强的环境成本而言，碳成本相对具体，便于计量和核算，是一种用于碳排放和减排活动的成本费用或损失。

碳成本根据作用力的不同可分为直接碳成本和间接碳成本。直接碳成本是企业内部为了降低碳排放所支付的成本，以及企业在生产经营过程中产生的二氧化碳直接排放对环境及社会公众产生的不利影响而带来的经济损失成本。具体来说，还可以分成预防成本、检测成本、治理成本。预防成本是在碳损失发生之前，为了预防未来因碳排放产生的不良后果而发生的支出，是一种事前主动性的支出，例如，为达到 ISO14001 认证而发生的成本和在生产工序中采用膜分离法封存处理二氧化碳所发生的成本；检测成本是指对产品生命周期中产生的碳排放进行跟踪和检测所发生的支出，是一种事中防御性的支出，如检测碳排放负荷是否超过购买的碳排放额度；治理成本是在碳排放造成的损失发生后，企业支付的为了弥补过去的损失而付出的代价，是一种事后被迫性的支出，例如，企业为了治理碳污染支付的材料费用、动力费用、人员的工资福利费用、相关的维修、水电和劳保费等。间接碳成本是企业从事有关外部活动方面支出的费用，间接地作用于降低碳排放。例如，企业周边的绿化率影响到植物吸收二氧化碳等温室气体的量、企业支付的购买碳排放权的成本和缴纳的碳税成本以及对企业所在地域环保活动、环保组织的赞助、与碳排放信息披露、绿色生态和节能减排品牌推广的有关成本支出。

6.3.2 碳成本核算的构成因素

碳成本分析从以下几个因素着手：第一，碳成本的确认。当企业经济业务发生后，应按照权责发生制原则和确认流程将发生的碳成本确认为收益性支出和资本性支出。收益性支出是指受益期在一个会计年度内，当期支出计入当期的成本费用，如企业对碳排放的补偿费；资本性支出是能够改善碳资产的生产能力、预防或减少企业经营活动对碳排放的影响的支出，如企业购买的实现碳减排的设备。第二，分析企业碳成本的形成过程。确定碳排放发生在哪些环节及其产生的动因。只有不放过流程中的一点一滴，才能最大化的发现碳排放漏洞，为降低碳成本打下坚实的基础。第三，确定碳成本的计量方法。碳成本确认之后要对发生成本进行量化，需要依赖于对碳排放量的估算。根据不同业务的特点确定相应的计量单位、计量属性得出碳成本金额。第四，记录和报告碳成本。根据计量结果，将二氧化碳等温室气体排放发生的成本计入碳成本中。然后将生产过程中发生的碳成本按一定的对象进行的归集，分类和汇总可以得出各对象的碳成本总额，计算产品碳成本是在报表中进行碳排放披露的基础。

下面重点讨论一下碳成本的确认和计量。

6.3.2.1 企业碳成本的确认

碳成本的确认目的在于通过核算企业重点相关指标的碳排放量，帮助企业清楚自身碳排放结构，为企业制定相应的减碳措施打下基础。确认成本应考虑两个问题：一是成本与收入的关系；二是成本的归属期。同时还需满足以下条件和确认原则。

碳成本的确认应该与一般成本费用的确认一致，至少应当符合以下条件：一是与成本相关的经济利益应当很可能流出（入）企业；二是经济利益流出（入）企业的结果会导致资产或者负债的变化；三是经济利益的流出（入）额能够可靠计量。除此之外，还应该满足以下条件之一：一是企业因减少碳排放而发生的相关成本；二是企业因超额排放而发生的惩罚性支出；三是企业碳排放权交易盈余或亏损。

企业碳成本的确认是碳成本分析的基石，其确认必须符合四个基本原则：可定义性、可计量性、相关性、可靠性。

（1）可定义性——拟确认的项目应符合财务报表的某个要素定义。首先必须明确碳成本的定义与分类，才能将碳成本从传统成本会计体系中的制造费用、管理费用中剥离出来，将相关费用分类划入对应会计科目。

（2）可计量性——拟确认的项目应具有可计量的特征，能在财务报表中加以反映。碳成本只有具有这个特性，才能被纳入会计核算的范畴，才能进行第二步的成本计量，否则对于碳成本的确认是毫无意义的。

（3）相关性——拟确认的项目具有导致决策差别的特征，企业碳成本方面的信息能为信息使用者提供决策支持。所以在成本信息确认时需要考虑：揭示与企业碳成本密切相关的或有负债；划分碳成本资本性支出与收益性支出；采用摊销等方法对资本支出的本期发生额进行确认。

（4）可靠性——拟确认的碳成本项目具有真实性、可验证性和无偏性，成本信息能够如实反映企业的生产经营状况和经营成果以供使用者作出决策。企业必须做到两点：一方面，以实际发生的交易或者事项为依据进行确认、计量，将符合会计要素定义及其确认条件的资产、负债、所有者权益、收入、费用和利润等如实反映在财务报表中，不得根据虚构的、没有发生的或者尚未发生的交易或者事项进行确认、计量和报告。另一方面，在符合重要性和成本效益原则的前提下，保证会计信息的完整性，其中包括应当编报的报表及其附注内容等应当保持完整，不能随意遗漏或者减少应予披露的信息，与使用者决策相关的有用信息都应当充分披露。

6.3.2.2　碳成本的计量

会计上的计量是在确认的基础上，根据一定的计量单位和计量属性来认定某一项目的金额大小，它主要解决"是多少"的问题。碳成本的计量是对碳成本确认的结果予以量化的过程。在这个过程中，要按照业务或事项的特性，计算、认定碳成本的数量和金额，并确定最终的结果。正确计量企业成本是碳排放核算的前提，也是碳成本核算的核心问题。由于一些碳成本存在的形态不规范，分类模糊，所以要对其进行准确计量非常困难。目前对碳成本进行计量，都要以碳足迹的测算为基础。

碳足迹是最直观的碳排放指标，通过对碳足迹的分析，国家、企业、消费者能够了解到企业和产品的碳排放情况，从而促进节能减排、低碳消费，进而推动全社会的生态进程。目前测算企业碳足迹的主要方法有：排放系数法、生命周期法（包括过程分析法和投入产出法）。

（1）排放系数法。排放系数法是指由联合国政府间气候变化专门委员会（IPCC）所编写的《国家温室气体清单指南》所提供的温室气体排放计算方法，计算公式表达为：排放量 = 排放系数 × 活动强度，日本的 TSQ0010、英国的 PAS2050 规范中碳足迹的计算方法都属于排放系数法。该法全面考虑了所有温室气体排放源，阐述了温室气体排放的计算原理，提供了不同情形下适用的不同方法，并给出了详细的排放因子数据，简单，容易操作。但是仅从生产角度计算碳足迹，无法从消费角度计算隐含的碳排放，加上地区差异导致的碳排放系数差异，结果可比性低。

（2）过程分析法。生命周期法"自下而上"的计量模型，采用清单分析的方法获得研究对象每一阶段的能源和原料输入、中间产品和废弃物输出等数据，通过建立"输入 = 累积 + 输出"的质量平衡方程，确保物质的输入、累积和输出达到平衡。然后根据方程，量化研究对象在生命周期中的碳排放。基本公式为：$E = \sum Q_i \times C_i$，其中 E 为产品的碳足迹，Q_i 为物质或活动的数量或强度，C_i 为单位碳排放因子。该法便于找出气体排放热点，计算结果可信度较高；但存在边界问题，即只有直接的和少数间接的影响被考虑在内，结果可能存在一定误差。而且，要获取详细的清单数据，投入成本较大。

（3）投入产出法。它是生命周期法"自上而下"的计量模型，根据投入产出表及碳排放强度数据，按照"谁消费谁排放"的原则对总碳排放量进行分配，通过平衡公式 $X = (I - A) - 1 \times Y$ 和衍生模型反映经济系统初始投入、中间投入、总投入，中间产品、最终产品、总产出之间的关系。该法不需确定系统边界，且能够包括由需求引起的隐含碳排放，不仅可以用来计算企业直接生产所产生的碳排放，也可以得出其上游所产生的间接排放，这使其成为划分污染与最终需求的责任归属的有效工具。但由于投入产出分析法仅使用部门平均排放强度数据，无法获悉产品的情况，因此只能用于评价某个部门或产业的碳足迹，而不能计算单一产品的碳足迹。

由于排放系数法、过程分析法、投入产出法各有优缺点，只运用单一的方法往往难以对工业领域的碳足迹做出全面而准确的评价。因此，近年来混合计算方法在碳足迹的计算中得到了越来越多的青睐，一般而言，行业碳排放以投入产出法为主，这种方法既保留了生命周期评价法具有针对性的特点，又能有效利用已有的投入产出表，减少了碳足迹核算过程中的人力投入；单一产品碳排放以过程分析法为主、碳排放系数法为辅的加以计算，划分系统边界，简化计算。但是无论如何，碳排放量的计算都应该根据不同行业和需求，选定适宜方法进行计算。

6.3.3 碳成本核算流程设计案例

××公司属于典型的专业生产用于工程机械、建筑等方面的精细化工产品，主要产品有：环氧系列、单组分环氧酯系列、醇酸涂料、单双组分丙烯酸聚氨酯涂漆、丙烯酸聚氨酯面漆及系列功能性与装饰性面漆，年生产规模达5 000吨以上。2008年公司通过了 ISO9001 质量管理体系和 ISO14000 环境体系认证。涂料生产工艺过程，如图 6－3 所示。

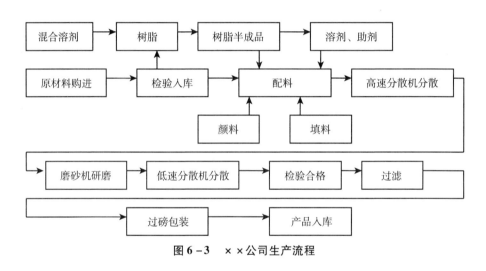

图 6－3　××公司生产流程

6.3.3.1　××公司生产流程分析

从上面的生产流程图可以看出，大致可分为以下三个阶段：第一，混合材料阶段。将购进的各种原材料混合溶剂、树脂、助剂、配料、颜料、填料等有机化工高分子化合物送至分散车间，用高速分散机进行分散，经过机械密封搅拌阶段，使原料更加均化，从而保证高质量的混合。第二，研磨加工阶段。将混合好的原料，通过砂磨机进行研磨，使得研磨介质形成一定的颗粒级配，满足涂料凝结、硬化要求；再用强制冷却机械将液体分离后，对物料进行低速分散和溶解；再将涂料半成品送到检验车间，看是否达到生产标准，经检验合格的产品进行过滤处理，过滤后的涂料成品送到贮存库，等待过磅包装。第三，分装出售阶段。危险品的涂料产品通常使用钢桶、罐（或外加包装），非危险品的涂料产品包装使用钢桶、罐、塑料桶、塑料袋（或加外包装）；包装材料表面有一层防锈用的包装涂料，而且容器有压力承受要求，包装完成之后产成品入库。若接到订单便用运输工具分销到各个消费者手中。第四，售后处置阶段。对废弃物进行分类回收，能够循环利用的，重新进入生产流程，不能再次使用的构成损失，对于碳排放可以交易碳排放权或者使用碳固技术封存温室气体。

6.3.3.2　××公司碳成本的计算

如前所述，对××公司的单一产品（A 涂料）碳排放计量采用以过程分析法为主、碳排放系数法为辅的计算方法。

（1）建立产品的制造流程图。将产品在整个生命周期中所涉及的碳足迹全部列出，为下面的计算打下基础。经过上述生产工艺流程的分析，追踪碳可以将流程简化为"企业—消费者"即原料—制造—分配—消费—处置。具体流程如图 6-4 所示。

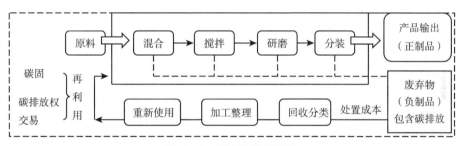

图 6-4　碳追踪简化流程

（2）确定系统边界。根据建立的产品流程图，界定产品碳足迹的计算边界，包括生产、使用及最终处理该产品过程中直接和间接产生的碳排放。本企业碳成本计算项目如表 6-3 所示。

表 6-3　　　　　　　　　碳成本项目

阶段	成本计算项目		耗用量	分类
混合材料阶段	采脂电能消耗（千瓦/小时）	E_1	3 725.8	
	采购运输燃油消耗（千克）	O_1	30.24	

续表

阶段	成本计算项目		耗用量	分类
研磨加工阶段	高温燃煤消耗（千克）	C_1	740.36	直接碳排放
	分散机电能消耗（千瓦/小时）	E_2	2 714.3	
	砂磨机电能消耗（千瓦/小时）	E_3	4 269.5	
	检验机电能消耗（千瓦/小时）	E_4	1 957.2	
	过滤机电能消耗（千瓦/小时）	E_5	5 341.6	
分装出售阶段	销售运输燃油消耗（千克）	O_2	72.95	
售后处置阶段	治理碳污染的费用（元）	F_1	1 281	间接碳排放
	购买（销售）碳排放权	P_1	-16 430	
	碳排放信息披露	P_2	2 170	
	节能减排品牌推广	P_3	3 240	

（3）收集数据。主要收集产品生命周期涵盖的所有物质和活动以及碳排放系数，即单位物质或能量所排放的 CO_2 等价物。该企业的生命周期涵盖活动上已述及，碳排放系数表是采用国家发展和改革委员会节能信息传播中心发布的排放因子。

（4）计算碳足迹。根据过程分析法的基本公式：碳足迹＝物量×单位碳排因子，计算产品生命周期各阶段的碳排放。××公司是电力最终用户，电力消耗的 CO_2 排放量采用中国工程院发布的 0.287 千克/千瓦时排放系数计算；而燃油的 CO_2 排放量根据 IPCC 清单指南提供的能源部分基准方法计算，公式为：

$$CO_2 \text{ 排放量} = \text{化石燃料消耗量} \times \text{碳排放系数}$$
$$CO_2 \text{ 排放系数} = \text{低位发热量} \times \text{碳排放系数} \times \text{碳氧化率} \times \text{碳转换系数}①$$

根据表 6-4、表 6-5、表 6-6 可得汽油低位发热量为 43.12 兆焦耳/千克，二氧化碳排放系数为 0.0694 千克/兆焦耳，碳氧化率为 0.98，实物燃煤二氧化碳排放的排放系数为 0.68 吨/标准煤，碳氧化率为 0.918。

---

① 碳转换系数是指二氧化碳与碳的换算：1 吨碳在氧气中燃烧后能产生大约 3.67 吨二氧化碳。其计算是这样的：碳的分子量为 12，二氧化碳的分子量为 44，所以碳转换系数为 44/12＝3.67。

表6-4 CO₂及污染物排放现状——排放系数

大气污染物排放系数（吨/标准煤）	SO₂	0.0165
	NOₓ	0.0156
	烟尘	0.0096
CO₂排放系数	推荐值	国家发改委能源研究所
		0.67（吨-C/标准煤）
		2.4567（吨-CO₂/标准煤）
	参考值	日本能源经济研究所
		0.66（吨-C/标准煤）
		2.42（吨-CO₂/标准煤）
火力发电大气污染物排放系数（克/千瓦·小时）	SO₂	8.03
	NOₓ	6.9
	烟尘	3.35
火力发电CO₂排放系数		0.287（千克-C/千瓦时）
		1.0523（千克-CO₂/千瓦时）
实物燃煤CO₂排放系数		0.68（吨-C/标准煤）

表6-5 燃料排放系数及碳氧化率

燃料种类	CO₂潜在排放系数（千克/兆焦耳）	碳氧化率（%）
汽油	0.0694	0.98
柴油	0.07402	0.982
天然气	0.05622	0.99

表6-6 能源发热量 单位：兆焦耳/千克

能源名称	平均低位发热量
汽油	43.12
柴油	42.71
天然气	35.59

直接碳成本可以计算为：

①用电耗用的碳成本 $=(E_1+E_2+E_3+E_4+E_5)\times0.287=5\,168.41$（元）

②汽油耗用的碳成本 $= (O_1 + O_2) \times 43.12 \times 0.0694 \times 0.98 \times 3.67 = 10.76 \times (O_1 + O_2) = 1\,110.32$（元）

③实物燃煤耗用的碳成本 $= C_1 \times 0.68 \times 0.918 \times 3.67 = C_1 \times 2.29 = 1\,695.42$ 元

④治理碳污染的碳成本 $F_1 = 1\,281$（元）

间接碳成本为：按照中国碳排放交易网的 2014 年平均数确定碳排放权的交易价格为 53 元/吨（下面金江水泥的例子也是用此数进行计算），公司 2014 年减少温室气体排放 310 吨，所以 $P_1 = 53 \times (-310) = -16\,430$（元）。$P_2$ 为碳排放信息披露的成本为 2\,170 元，P_3 为节能减排品牌推广费为 3\,240 元。

××公司 A 涂料生产的总碳成本为 $-1\,764.85$ 元，负的成本就意味着企业的收益，若公司能进一步控制碳排放，在国家发改委发布的 10 个行业企业温室气体排放核算方法与报告指南下，企业的获利空间是巨大的，在未来碳排放控制能够持续给企业带来经济效益的流入。

6.3.4　碳成本控制的动因分析

碳成本控制是碳管理会计系统的重要部分，致力于满足碳成本要求，按照哈佛大学商学院教授迈克尔·波特于 1985 年提出的价值链理论，碳成本控制应贯穿于碳成本发生的每个基本活动和辅助活动的全生命周期环节，具体包括：低碳设计、生产、营销、运输、售后服务和弃置、物料供应、技术、人力资源或支持其他生产管理活动等流程或环节所发生的，并可细分为作业类别进行碳成本分析、计算和控制。在所有作业中，低碳设计、低碳采购、低碳生产和弃置等这四个核心环节的动因对整个碳管理会计系统设计的影响是尤其突出，具体分析如下：

6.3.4.1　低碳设计环节

产品的设计环节决定了产品类型是低碳还是高碳，从而也很大程度上决定了产品能否给企业带来超额利润，并获得市场竞争优势。因此，在碳成本控制流程中，低碳设计阶段的成本占了企业碳成本的大部分，设计环节成为企业碳成本控制的源头与关键。为了实现企业碳成本的最小化目标，必须在产品研发设计阶段密切关注其碳排放量和碳成本，尽可能做到碳排放最优和碳成本最低化，以均衡兼顾其环境利益与经济利益。产品的低碳设计可具体通过降低以下作业动因中的碳排放来实现：第一，节约材料使用。为实现材料最小化使用，可精减产品的设计环节，减少原材料生产过程中的碳排放，

还有利于减少运输和存储空间，进一步降低运输带来的碳压力。根据国家科技部的分析数据可知，减少使用 1 千克包装纸就能节约 3.5 千克标准煤，根据碳排放当量计算，可减排 3.5 千克 CO_2。若全国每年节约 10% 的过度包装纸量，就可节能约 120 万吨标准煤，实现碳减排 312 万吨。第二，延长产品生命周期。延长产品的使用寿命是一种重要的低碳设计策略。例如，选择优质材料，改进产品设计，完善产品功能，从而提高产品的耐用性和持久适用性，降低客户对产品更新换代的速度和频率。第三，实现低碳消费。在设计环节，低碳消费也是碳成本动因的一个重要作业，通过降低能源消费和使用清洁能源两种主要方式可降低碳排放，如设置自动关闭电源的装置，优先使用能效最低的原件；推广清洁能源的使用，减少使用不可再生资源所生产的产品。据相关资料显示，省油 30% 以上的混合动力车每年可节油 378 升，相当于实现 832 千克的碳减排量。

6.3.4.2　低碳采购环节

基于全生命周期流程或环节，低碳采购也是构成碳成本动因的一道重要作业。在企业采购环节，考虑碳排放因素，尽量减少采购对生态环境有害或难以处置的材料，降低采购的低碳成本，促进采购材料的循环使用。具体而言，可从两方面采取相关低碳采购策略：其一，可以选择低碳供应商。企业在采购过程中，应该优先选择低碳供应商。关注产品单位产值碳足迹，采用可再生、可循环、碳排放少的材料和零部件，以最少的资源消耗和碳排放实现最大的经济效益。目前供应商低碳评价的主要标准包括：碳风险评估、低碳计划、低碳技术、产品或服务绩效、企业创新与发展能力、碳信息管理与监管等。其二，对采购资源进行回收与再利用，即实现循环使用。例如，通过建立再循环和回收系统，发挥产品功能的最大效应；优先采购标准元部件，方便弃置后的再更新再制造后的继续使用；充分利用多余设备或材料，变废为宝，有效实施低碳采购的策略，使低碳采购的碳成本动因得到有效控制。

6.3.4.3　低碳生产环节

生产阶段是落实企业低碳排放的具体实施环节，低碳生产作业是碳成本控制动因分析中的重要影响因素。在实现低碳排放和碳成本控制活动中，必须加快"高碳改造、低碳升级和无碳替代"等低碳策略的防范和实施，具体要求做到：第一，合理利用原材料和资源，建立长效的资源选择机制。据统计，原材料费用约占产品成本的 2/3。对优质材料进行分组，并保证每优质材料组能尽可能达到物料平衡，在合理高效的产品生产方案下，才能实现碳成本控制动因分析下的低碳生产作业。第二，改进生产工艺和技术，更新生产设备。包括对原有设备进行新材料、新装备和新工艺的升级，实现新能源如核能、风能和太阳能等新能源的无碳替代，努力提高原材料及能源的利用率，减少生产作业的碳排放量，实现清洁生产。上述碳成本动因得以控制后，获取企业碳排放权的交易成本相应将得以控制和降低。

6.3.4.4 低碳弃置环节

弃置阶段是企业实现清洁生产和循环经济不可或缺的作业环节，这一环节主要考虑三个方面的动因：一是不可回收废弃物的处置；二是废弃物的再利用；三是可回收残次品的再加工。该作业环节是企业实现低碳生产的一个不可忽略的阶段，理由源于碳排放的公共性特征，决定该作业外部性问题的存在对碳成本控制的影响。一旦碳排放规模大于环境容量，形成温室气体外溢，产生负外部性（外部成本），形成资源配置的失灵，外部性内部化成为必然，企业碳成本增加。因此，弃置阶段的碳成本控制需要把握上述三类处置作业中的碳排放量降低，通过直接管制和经济刺激等手段，提高企业直接外排的成本，降低内部治污的成本，从而实现污染减排的目标。

6.3.5 碳成本控制的基本步骤

控制是围绕着目标展开的管理工作。基于成本动因的碳成本控制目标旨在实现经济效率与生态效率的最佳组合。为了实现这一目标，企业应构建和设计全生命周期碳成本控制的基本步骤，即在原有碳成本控制流程基础上，按照企业不同的碳成本控制对象，结合不一样的控制工作要求，增加针对碳排放要素的专门化碳成本控制步骤，即在传统成本控制系统基础上，以建立碳成本控制中心、制定碳成本控制标准、实施碳成本控制措施、建立碳成本控制外部保障机制等基本步骤为内容，设计一个次序分明、相互关联、缺一不可的完整体系。为此，在碳成本控制案例设计之前，首先需对碳成本控制基本步骤的内容进行探讨性的分析和阐述。

6.3.5.1 建立碳成本控制中心

基于碳成本控制动因，以全局观念建立碳成本控制中心，对碳管理会计系统实施集中责任制管理。碳成本中心建立的好处在于可以改以往传统成本管理和控制的各自为政、单兵作战的分散式管理，而是实施统一的规划和控制，协调企业内部各部门（包括技术和管理部门）间的关系，实现对碳成本控制和管理的团队合作，减少成本支出。当然这是建立碳成本控制中心的首要前提，现代管理手段、碳管理技术及企业管理当局的相互合作与支持是设计碳成本控制系统的重要保障。同时，需要整体规划，实施监控，并协调各部门间碳排放行为的影响，避免无效控制行为的发生。另外，需要一套新的考核机制，防止碳成本控制中心各部门以减少本部门的碳成本分配责任为目的，尽量优化本部门的碳成本信息而间接其他部门的碳成本等导致一系列短期行为的发生。综上，全局观一定要贯穿于碳成本控制中心始终。

6.3.5.2　确定碳成本控制标准

碳成本控制标准是碳成本控制设计的基本手段，是确定碳排放工作的必要标准，为评定工作绩效的重要尺度。基于全生命周期的碳成本动因，需结合企业现有的资源条件和管理水平，并考虑产品全生命周期的特点，综合运用历史成本分析法和任务分析法等控制方法，采用科学的碳排放效率指标来确定碳成本控制标准，使其标准具备目的明确性、时效性、灵活性和全面性等特点，使之达到预期的控制目标。总之，缺乏科学的碳成本控制标准，就无法检查和衡量实际发生的碳成本行为，碳成本控制工作也是就无法正常开展，企业碳会计的终极目标也无法实现。

6.3.5.3　实施碳成本控制措施

在碳管理会计系统设计中，碳成本控制措施的实施是其关键环节。根据前述已制定的碳成本控制标准，衡量其碳排放的控制成效，确保碳会计终极目标的实现，需要分三步来实施其碳成本控制措施：首先，以企业全生命周期各动因层次来划分所产生碳成本控制的基本层次，并以此层次形成各碳成本控制中心来实行责任制，继续对所有分层中心实施全面控制，简而言之，即分层管理、集中控制，从而有效防范各自为政的无效控制。其次，对碳成本控制中心实施全生命周期管理，具体方式有中心人员的亲自观察、抽样调查、资料分析、听取汇报和专家会诊等，实现全方位的跟踪，便于发现问题，为及时矫正碳成本控制提供信息支持。最后，采取比较和纠偏的措施，即从企业碳成本控制目标出发，以碳成本控制标准为准绳，对企业碳管理会计系统中的实际碳排放行为进行衡量和比较，发现、分析并纠正偏差，使碳成本控制标准与其竞争环境相匹配，真正发挥企业碳管理会计系统所具备的指导、约束和纠偏功能，赢得"低碳比较优势"的同时又增强了"成本比较优势"，实现经济效益和生态效率双赢，为实现低碳管理目标提供坚实有力的保障。

6.3.5.4　建立碳成本控制的外部保障机制

在企业碳管理会计系统中，碳成本控制和管理会计系统是相互关联的，要使碳成本控制发挥应有的功效，需要着眼于企业外部利益关系者，建立和完善可靠的外部保障机制。具体而言，一方面需不断制定和完善有关节能减排的环境法律法规体系及碳排放标准，并制定具有实际可操作性的碳会计准则、制度及指南等，使企业更加明确自身在发展低碳经济、降低碳排放及可持续发展等方面应履行的环保责任。如我国 1989 年颁布了《环境保护法》，2014 年得以修正；日本政府近年来制定或修订了以《循环型社会基本法》为首的一系列环保法律法规，颁布了《环境会计准则》指导会计实务。另一方面，加强政府相关部门对企业节能减排等方面的指导监督，给企业实施碳成本控制措施形成外部压力。例如，通过政府各级环保管理机构会同财政部门编制有关法规章程用于指导环境问题治理，督促相关专业组织或协会发挥相关作用，监管企业碳成本等信息的披露和发布等多方面工作，为碳成本控制措施的实施提供外部保障机制。

6.3.6　碳成本控制设计的案例分析

以某水泥企业为例，运用新型干法替代湿法来提高碳减排潜力，通过生产环节的改善设计来检验企业碳成本控制所带来的战略价值。

6.3.6.1　某水泥厂的主要生产工艺

某水泥企业主要产品为"金农牌""三江牌"32.5 级和 42.5 级普通硅酸盐水泥。主要的生产工艺为湿法立窑的"两磨一烧"，生料制备将石灰石和黏土为主要原料，经破碎、配料、磨细制成生料并调匀；熟料煅烧在回转窑中碳酸盐进一步的迅速分解并发生一系列的固相反应，生成水泥熟料中的等矿物。随着物料温度升高近时，等矿物会变成液相，溶解于液相中和进行反应生成大量（熟料）；水泥粉磨将水泥熟料粉磨至适宜的粒度，形成一定的颗粒级配，增大其水化面积，加速水化速度，满足水泥浆体凝结、硬化要求。

6.3.6.2　湿法工艺的年度碳成本情况分析

公司使用湿法工艺并使之正常运营时所发生的碳成本主要为碳排放控制成本。而湿法生料中含有 35% 的水分，料将均匀成分稳定，有利于生成高质量的熟料，但蒸发水分需要更多的能量消耗。预计本年碳排放机会成本会达到 23 000 元, 在以后各年还会逐渐增长; 为了使碳排放控制在法律规定的范围内, 员工需要具备碳储存的技术, 公司每年将追加一定的培训支出等等。水泥厂在未来五年的碳成本情况如表 6 - 7 所示。如果以 7% 作为年贴现率对表 6 - 7 中所发生的环境费用支出进行贴现, 则现值为 943 885.30 元。

表 6 - 7 湿法工艺的年度碳预算 单位: 元

年数	资本支出	培训成本	检测成本	碳排放交易权	现金总流出	现值
1	81 000	10 000	11 000	23 000	125 000	125 000
2	97 000	12 000	24 000	31 000	164 000	153 271
3	110 000	16 000	31 000	39 000	196 000	171 194
4	230 000	21 000	39 000	45 000	335 000	255 569.9
5	230 000	21 000	39 000	45 000	335 000	238 850.4
合计	748 000	80 000	144 000	183 000	1 155 000	943 885.3

6.3.6.3 生产工艺改进控制的设计

针对上述这巨额的碳成本, 公司决策者决定对水泥产品的生产工艺进行改良, 推行低碳生产, 围绕着改换工艺、降低能耗等一系列内容, 对整个生产工艺流程进行全程控制和处理, 可有效地减少温室气体的排放, 提高能源、资源的利用效率, 降低碳成本。

接下来, 公司成立了单独的碳成本控制中心, 该中心负责收集有关碳排放方面的各种信息和资料, 制定碳成本控制标准, 进行碳成本的预测、计划、计量和分析, 据此实施碳成本控制的一系列措施, 使之达到预期的控制目标。鉴于湿法工艺热耗高能耗支出较大, 公司考虑采用新型干法熟料制备工艺流程来代替。新型干法熟料制备工艺流程将生料粉在预热器和预分解窑中预煅烧, 节省了蒸发水分的热量, 通过额外增加的预处理工艺能够保证水泥质量的稳定, 也使排放量和能耗水平更低, 能给公司带来一些现金流入。

新型干法熟料制备工艺的年度碳成本控制的设计如下: 新型干法熟料制备工艺的采用, 必须进行设备替换, 并要求公司每年追加 143 000 元的技术投资, 五年累计投资支出达 715 000 元。另外, 替换工艺后, 原有的能源消耗减少, 碳排放风险下降, 而且由于工艺改换, 企业从碳排放权的需求者成为供给者了, 在交易市场上获得了巨大的收益。新型干法熟料制备工艺的未来五年支出预算见表 6 - 8。

表 6 - 8   新型干法工艺的年度碳预算   单位：元

年数	购买新技术	购买新设备	能量消耗减少	碳排放交易权	现金总流出	现值
1	143 000	60 000	− 27 000	− 6 000	170 000	170 000
2	143 000	62 000	− 33 000	− 8 000	164 000	153 271
3	143 000	65 000	− 39 000	− 9 000	160 000	139 750
4	143 000	65 000	− 48 000	− 15 000	145 000	110 620
5	143 000	65 000	− 48 000	− 15 000	145 000	103 383
合计	715 000	317 000	− 195 000	− 53 000	784 000	677 024

按 7% 的年贴现率计算得出该工艺的综合税前成本的现值为 677 024 元。显然，公司选择新型干法工艺流程，在五年中较湿法工艺节约支出的现值总额为 266 861.3 元，比例高达 28.27%。

6.3.6.4   启示

从某水泥企业的案例可以发现，企业在生产流程工艺的低碳改进设计可以使公司减少现金流量的支出，获得长期的利益及竞争优势。由此可见，基于低碳工艺的清洁生产有着巨大的开发和推广价值，通过抑制碳排放，降低环境负荷，使产品生产环节做到不产生或少产生碳排放，整个产品生命周期都符合环保低碳要求。我国 1993 年就已开始清洁生产的试点和示范工作，收效良好。在碳管理会计系统设计中，首先要在决策管理层上认识到低碳设计和清洁生产的重要性，并在经济政策、技术管理等方面制定相应的配套措施，全面推广清洁生产和节能减排，在中小型及乡镇企业也应创造条件逐步推行，这样才能真正实现环境与经济的可持续发展。

6.4   企业碳绩效评价设计及初步应用

绩效评价是管理会计体系中不可或缺的构成内容，是促进现代企业发展的根本动力。一个企业缺乏正确的绩效评价和管理，就失去了必要的核心竞争力。在低碳经济发展模式下，重新思考企业绩效评价系统的构建显得尤为重要。本书尝试将碳排放纳入企业整体战略管理过程中，在既有的绩效评价目标、标准、指标和方法等四方面中考虑碳排放因素的影响，着手设计企业碳绩效评价系统，对前述碳预算的制定与优化、碳成本的分析与控制等碳管理会计活动的有效性进行评价，发现问题，肯定成绩，以利于企业管理者制定新一轮碳战略目标，修正碳预算计划，有效控制碳成本，提升企业碳绩效水平，旨在引导和激励企业的低碳发展。

6.4.1　企业绩效评价的发展历程

绩效反映的是人们从事某一活动所取得的结果；评价是人们对这一结果进行价值判断的过程；绩效评价则是指企业的不同利益相关者（如股东、债权人、财务分析师、供应商和客户、社会公众等）为达到特定的目的，选择特定的标准，设定特定指标，并采用特定方法对企业在一定期间内的经营管理活动过程及结果做出客观、公正和准确的综合判断。这是一个价值和技术的判断过程。企业绩效评价是企业管理控制系统的一个重要组成部分。企业制定了战略目标，就必须在内部管理决策中反映其战略目标，对战略实施的过程进行控制，对实施战略后所取得的效果和效率进行评价。企业绩效评价的发展经历了成本评价阶段、财务绩效评价阶段和综合绩效评价阶段这三个阶段。接下来将简单评述上述三阶段的主要特征。

6.4.1.1　成本评价阶段

国外学者对企业绩效评价研究始于 19 世纪初。因企业规模小，产品生产单一，管理制度较为落后，会计核算的目的仅在于计算企业盈利，事后成本核算即为企业的绩效评价。随着泰勒"科学管理"的出现，企业事后成本核算已明显不能满足企业成本控制的需求，标准成本制度应运而生，引入事前控制和事后控制，形成了企业全面的成本控制。

6.4.1.2　财务绩效评价阶段

在这一阶段，经历了基于利润和 EVA 的两种财务绩效评价。前者是以财务效益为基础，将若干财务比率用线性关系连接起来，并发展了以净资本收益率为核心的杜邦分析评价体系，推动了企业财务绩效评价系统的探究。后者则是在前者进一步推动的基础上，由斯特恩斯图尔特（Stern & Steward）咨询公司提出经济增加值（economic value added，EVA）方法，用于公司的内部决策和管理会计中的绩效评价。

6.4.1.3　综合绩效评价阶段

大致主要有五种代表性的综合绩效评价模式：

（1）金字塔式的绩效评价模型。将公司战略处于塔顶，自上而下逐层分解成具体的战略目标传达到塔底，做到了企业总体战略与财务、非财务信息的有机结合，实现了绩效目标与绩效指标的相互作用，但该模型只注重了公司战略的影响，对其他譬如组织的学生能力有所忽视，另外操作性较差。

（2）平衡记分卡（balanced score card）。这种绩效评价方法将财务、顾客、内部业务流程及学习发展能力联系在一起，基于企业战略和公司愿景，将企业无形资产转化成企业利益，对企业实施实时控制，弥补了传统财务指标滞后、片面和静态的缺陷。

（3）三棱镜绩效评价法。这种方法由英国克兰菲尔德大学的安迪·奈利（Andy Neely）教授等和安德森咨询管理公司合作构建的三棱镜评价体系。运用这一体系可反映了利益相关者的不同要求，并有效解决企业绩效管理架构、模型和方法。但这一评价法未能将利益相关者与企业战略及经营目标进行有机结合。

（4）四尺度评价法。罗伯特·霍尔（Robert Hall）提出了四尺度评价法，认为可以选择资源利用、人力资源开发、质量及作业时间等四个非财务指标来评价一个企业的综合绩效。但这种方法有其不足，如指标选取欠全面，评价范围欠过窄，不能全面评价企业绩效。

（5）"三重底线"绩效评价。英国可持续发展（Sustainability）公司总裁约翰·埃尔金顿（John Elkington）于1998年首次提出"三重底线"（triple bottom line），意即企业在追求自身发展的过程中，需要同时满足经济繁荣、环境保护和社会福利三方面的平衡发展①。它顺应了可持续发展的要求，说明了一个健康的企业需要同时在经济绩效、环境绩效和社会绩效三方面都有显著表现，即"三重底线"绩效。

从上述国外有关绩效评价的相关文献看，绩效评价从单一的财务绩效方法逐渐发展到有更多的非财务指标。而在传统经济发展模式下，国内关于企业绩效评价主要以财务模型为主，例如，杜胜利（1998）以财务评价、非财务评价、无形资产评价及顾客导向评价等要素构建了企业绩效评价指标体系。温素彬（2005）提出了应从经济、环境和社会三方面构建"三重盈余"的综合绩效评价模式。张蕊（2010）认为应将企业战略作为企业绩效评价指标之一来反映企业战略的经营绩效。然而，随着经济、环境和社会的不断发展，低碳经济发展模式成为当代经济的发展主流。相应地，企业绩效评价的相关

---

① 温素彬. 企业"三重盈余"绩效评价指标体系［J］. 统计与决策（理论版），2005（3）：126 – 128.

研究有了进一步的提升和拓展。

6.4.2　企业碳绩效评价的内涵诠释

　　企业碳会计实施的关键是碳成本问题，由此产生的碳绩效问题则是碳会计的一个核心问题。因此，碳绩效研究是碳会计制度设计研究中的重要内容。在正式展开企业碳绩效评价目标、指标、标准及方法的相关研究之前，有必要对碳绩效评价的若干相关概念进行界定。例如，什么是碳绩效、什么是碳绩效评价等等。界定碳绩效评价内涵的目的在于对本章研究对象作一个界定和交代，以便于后文的进一步分析。

　　关于碳绩效的定义，目前仍没有明确的定义，关于此的研究大多处于探索性阶段，学者们对碳绩效概念的界定也是仁者见仁，智者见智。本研究认为绩效也叫效绩，反映人类某种活动所造成的结果或影响。考察企业碳绩效，应从两个方面来理解：一是关于企业碳排放行为给自然环境的影响，此类影响会导致企业改善碳绩效的外部驱动力因素，例如，政府法规、标准和消费选择等。二是企业碳排放行为给企业自身组织能力的影响，这类影响则会促进改善企业碳绩效的内部驱动力的出现，因为组织能力是企业绩效的首要内部作用要素。例如，前面第 4 章已述及的 ECEA 能力的形成就属于后者。

　　相应地，认识和理解企业碳绩效应着眼于广义和狭义两个层次。广义上，王爱国（2014）认为，企业碳绩效指企业在从事低碳或零碳技术应用、能源节约或能源结构改变、碳项目投资、碳交易参与、碳信息披露及碳管理等涉碳活动中所付出的努力和产出的效果[①]。改善碳绩效的主要驱动力来自经济上的可行性和企业利益相关者两方面的影响。从制度理论来看，受企业利益相关方的影响，即使经济上不可行，但企业也可能有主观积极性自动改善碳绩效，当然，这种主观积极性的发挥还需要有其他前提条件的配合，例如，经营决策者拥有完全信息、低碳技术创新与组织内部的激励相兼容等。事实上，管理者拥有完全信息并非现实，毕竟其投入的时间和精力有限；此外，企业组织中妨碍变革的种种因素也阻滞了可能的低碳技术创新。因此，从企业决策管理的需要出发，必须强调企业碳绩效中的激励因素，例如，中国的《清洁生产促进法》（2003 年 1 月 1 日起实施）中对企业从事清洁生产研究、

---

　　① 王爱国．碳绩效的内涵及综合评价指标体系的构建［J］．财务与会计（理财版），2014（11）：41－44．

示范和培训提供资金扶持、相关费用列入经营成本等规定，将有助于激励企业启动主动改善碳绩效的过程。具体来讲，通过采用企业低碳战略目标、低碳管理体系、绩效考核、创新战略等多方面的指标，来反映企业碳绩效的不同侧面。

狭义上，企业碳绩效指企业在现有低碳标准中规定的，以及其他可直接测量的碳排放指标上的表现。碳绩效指标一般由可直接衡量的显性的绩效指标来衡量，通常反映企业碳排放控制的效果，因而它往往是定量的、标准化的，一般用于对企业环境合法性的考察以及企业之间的直接比较，既可以进行单个碳排放指标的比较，也可以对通过加权处理形成的综合碳绩效指标进行比较。本书侧重研究狭义上的企业碳绩效相关问题。

在碳会计制度设计研究中，碳绩效评价是不可或缺的一环，碳绩效评价提供了刺激碳排放控制行为的必要反馈，与碳激励政策以及碳绩效管理系统紧密相关，通过建立评价指标体系，对照相应的评价标准，对企业一定经营期间的碳资产、碳盈利、碳风险等各方面进行评判，并敦促管理层追求满意的绩效，以此增加管理层的碳减排动力。

综观国内外碳绩效评价的相关研究成果，归纳起来大致有这样几方面的特征：第一，相对成熟的碳绩效评价指标体系正逐步建立，评价方法也日趋多样化。第二，因行业差异性和企业可操作性等原因的存在，国家、地区等宏观层面上设计的碳绩效评价指标并不适用于行业或企业等微观层面，意即碳绩效评价指标缺乏普适性。第三，碳绩效评价指标在获取过程中存在一定的不可比性、主观随意性以及困难度很大等特点，为碳绩效评价带来了阻碍和争议。第四，企业现有碳绩效评价方法单一性。例如，有学者通过采用DEA模型来进行企业碳绩效评价，但这方法并不适用企业生产流程的碳绩效评价。结合上述特点，在低碳经济背景下就企业绩效评价问题进行了深入拓展和延伸，张彩平、肖序（2011）提出应构建基于实物和货币、静态和动态等维度的碳绩效指标评价体系，主要包括碳强度、碳依赖度、碳暴露度和碳风险等四大指标；王爱国（2014）从财务角度将碳财务能力概括为碳投入能力、碳运营能力、碳产出能力、碳发展能力和碳风险能力五方面的碳绩效评价指标体系；周鎏鎏、温素彬（2014）借助平衡记分卡模型，引入变权思想，尝试性地构建碳绩效评价变权评价模型。

6.4.3　企业碳绩效评价目标的设计

在整个企业碳绩效评价系统中，企业碳绩效目标决定了其评价标准的设置、评价指标的选择和评价方法的确定。明确企业碳绩效评价目标是正确进行碳绩效评价的前提，是整个碳绩效评价系统运行的指南和目的。设计碳绩效评价目标更多应以其关键影响因素与企业低碳战略目标及规划结合在一起。在我国当前"十三五"生态环境保护规划和节能减排预定目标的前提下，对于现代企业而言，关键影响因素究竟包括哪些维度？

如前所述，绩效评价发展历程中有五种代表性的综合绩效评价模式，它们都为评价目标设计提供了可借鉴的基础。毫无疑问，在碳绩效评价中，应将碳排放相关活动作为主要影响因素纳入该综合绩效评价体系中。具体来讲，企业碳绩效评价的目标主要表现在两个方面：其一，通过分析和评价碳预算的合理性、破解"碳解锁"机制实现"碳脱钩"，计划控制效果的好坏，分析对企业低碳战略选择的贡献大小及目标实现的贡献等，以评判各项已实施的预算方案及控制措施的结果，并以此来对经营管理者实施奖惩，从而使碳绩效目标得以有效贯彻和实施。其二，利用碳绩效评价获得的信息进行归纳分析，合理修正碳预算方案，在全生命周期的各个环节实施信息的不断传递，努力寻求企业碳绩效的最小化，降低企业碳成本，为企业管理当局制定和实施下一步战略目标提供保证。

另外，鉴于目前我国企业碳绩效评价模型中仍未突出有关企业低碳管理的绩效和社会责任的履行情况。本书将设立专门的维度指标以单独考评企业碳绩效，影响企业碳绩效评价目标基本选择的关键因素分析应着眼于现代企业的组织背景，其中企业竞争力是组织背景中最具有决定性的表现。诸多理论和实践证明，平衡记分卡的四个基本维度，即学习与成长、内部运营、客户和财务等应构成本研究探讨企业碳绩效评价目标选择的指导性框架。当然，在实际操作和运行中，企业可根据各自的组织背景和战略目标，对基本维度予以修正。

6.4.4　企业碳绩效评价指标的设计

碳绩效评价指标的设计是企业碳绩效评价系统的关系与核心环节，也是上述评价目标具体内容的反映。评价指标设计是否科学、合理与正确关系到是否能真实全面反映管理当局计划、控制战略实施活动的效果和效率，从而直接影响碳绩效评价的结果。

评价指标的设计实际上是指标选择的过程，需要注意两方面的情形：

第一，仅就指标的单一选择而言，应符合指标选择的质量特征和要求，如相关性、准确性、可操作性等。具体而言，所谓碳绩效评价指标的相关性是指绩效指标的设计应从其真实性、重要性和明确性方面来考虑，具体应达到如下目的：是否反映评价目标；是否以反映碳绩效评价目标为主；是否能够无误地表达等。准确性则是要求绩效评价指标具备可理解性、对策性和行动性等特征，具体要求指标是否为评价客体所接受；是否可能鼓励不期望或不适当的行动；是否能够导致正确的行动发生。可操作性的质量要求表现在可获得性、适时性、一致性和成本效益等方面，具体通过以下内容进行衡量：是否便于和及时获取绩效指标计算所需数据和信息；是否可以重复操作所需数据和信息的搜集和整理方式；所需数据和信息的获取成本是否大于所获得的效益。

第二，在构建碳绩效评价指标体系时又应遵循哪些指标设置原则问题，如整体原则、权变原则和平衡原则。阐述如下：一是整体性原则。企业在实际设计指标时，应以战略目标为源头，按企业内部层级关系进行层层分解和落实，整个指标体系的层级之间协调一致。二是所谓权变性原则。指标设计时可先考虑搭建通用框架，再根据企业自身要求和特点选择相应的具体指标。例如，既可有先行指标，也有后行指标；既有过程指标，也有结果指标。三是平衡原则。指碳绩效指标由于类型不同，作用不同，需要把握它们之间的平衡，例如，结果指标作为后行指标，揭示的仅是最终成果，管理无法影响这类指标，但可对过程指标等这类先行指标实施影响，进行平衡。当然还有财务指标和非财务指标之间、内部和外部指标之间都需要进行调整和平衡。

只有解决了上述两方面的问题，我们才可以综合已有相关文献的成果，并结合我国企业实际情况，根据上述选择评价目标的指导性框架中的四个基本维度来设计我国企业碳绩效评价的指标体系。

6.4.4.1 企业碳绩效评价的"四环"模型

设计碳绩效评价的指标体系是碳会计制度设计研究中的核心内容之一。一方面，碳绩效指标能体现企业的低碳减排战略，向利益相关者传达企业重视低碳绩效的理念；另一方面，决策者还能够根据碳绩效指标的导向，并结合薪酬设计、职工教育等手段及时激励"正绩效"，纠正"负绩效"，从而实现企业的减排目标和战略规划。因此，本书将借鉴平衡记分卡的思路设计企业碳绩效评价的"四环"模型，如图6-5所示。"四环"即四个评价的维度，每个维度相互影响，整个模型指标分为先行指标和后向指标两大类指标，形成过程导向和结果导向的路径，其中财务维度作为模型的最古老和最核心的评价内容，与其余三个维度有密切影响，良好的财务维度会带动其余三个维度的绩效表现，反之，其余三维度也能对财务维度形成正向影响，从而保证企业碳减排战略得到有效的执行。

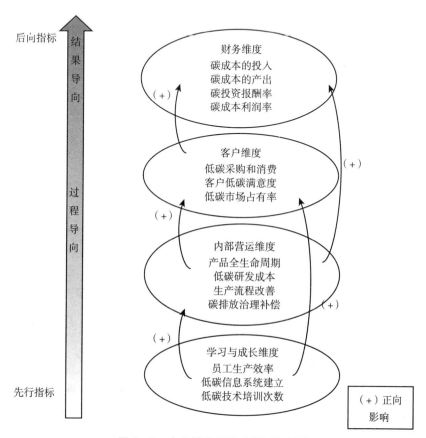

图 6 - 5　企业绩效评价"四环"模型

6.4.4.2　企业碳绩效评价的指标设定与解释

评价指标是碳绩效评价内容的载体和外在表现，是提供碳绩效信息的一种企业内部管理工具。鉴于此，本书将尝试以图 6 - 5 为基本框架，结合碳绩效评价指标的质量特征，并遵循其选择原则，针对企业自身需求而对碳绩效评价的关键绩效指标（key performance indexes，KPIs）予以设定，用 S 表示整个企业碳绩效评价的 KPIs。具体见表 6 - 9 所示。

表 6 - 9　　　　　　　　　　　　企业碳绩效评价的 KPIs

目标层	准则层	指标层
企业碳绩效评价指标体系 S	财务维度 S_1	碳投资报酬率 S_{11}
		低碳产品成本比率 S_{12}
		碳资产周转率 S_{13}
		碳成本利润率 S_{14}
	客户维度 S_2	客户低碳满意度 S_{21}
		低碳新客户开发率 S_{22}
		低碳市场占有率 S_{23}
	内部运营维度 S_3	低碳研发投入比率 S_{31}
		碳排放损失成本率 S_{32}
		碳排放治理成本比率 S_{33}
	学习与成长维度 S_4	低碳培训费率 S_{41}
		低碳员工保留率 S_{42}
		低碳信息系统成本比率 S_{43}

下面将根据表 6 - 9 的内容，依次对四环模型的 KPIs 的内涵进行解释。具体内容如下：

1. 财务维度的 KPIs。

财务维度的 KPIs 最能直接反映企业碳财务能力的高低，应从盈利能力、营运能力、偿债能力等方面设定代表性指标，全面反映企业财务状况。具体选取有碳投资报酬率 S_{11}、低碳产品成本比率 S_{12}、碳资产周转率 S_{13}、碳成本利润率 S_{14}。

（1）碳投资报酬率 S_{11}。它是企业用于碳排放活动中的各类投资所增加的利润与碳投资总额的比值。这一指标反映了每一单位的碳投资所带来的企业年均利润的增加额。

（2）低碳产品成本比率 S_{12}。它是碳排放成本与产品总成本的比值。对于企业的产品总成本来说，碳排放成本所占的比率越高，企业未来生产经营过程中出现潜在碳风险的可能性就会越大。

（3）碳资产周转率 S_{13}。它是销售收入与碳资产总额的比值。一般情况下，该数值越高，表明企业碳资产周转速度越快。销售能力越强，碳资产利用效率越高。

（4）碳成本利润率 S_{14}。它是碳成本与销售收入的比值。用以反映企业每单位销售收入所需的碳成本支出。碳成本利润率越高，预示着企业销售方法不正确或企业处于不利的市场竞争地位。

2. 客户维度的 KPIs。

客户维度 KPIs 的选择可以为希望在市场竞争中获取的企业提供重要参考，主要包括客户满意度、新客户获得及市场占有率三个指标，因为客户满意度的提高决定了新客户的获得及老客户的保持，新老客户共同决定了市场份额，成为企业财务目标实现的关键。鉴于此，在设计企业碳绩效评价指标时，应考虑客户维度 S_2 的 KPIs，并主要选取客户低碳满意度 S_{21}、低碳新客户开发率 S_{22} 和低碳市场占有率 S_{23}。

（1）客户低碳满意度 S_{21}。该指标属于非定量指标，是指客户对企业低碳产品或服务的消费所带来的效应与自己预期感受的对比，具体比较内容包括低碳产品或服务的质量、价格、售后服务等，例如，通过设计客户反馈卡、问卷或利用产品及时发送率、订货周期等替代指标来反映，按照好、较好、中、较差、差五个等级进行打分赋值。

（2）低碳新客户开发率 S_{22}。它是本期新增低碳客户数量与上期低碳客户数量的比值。该指标的高低反映了企业挖掘潜在碳市场、开拓低碳市场的能力，同时也间接反映了企业在公众心目中的声誉。当然，如果公司通过促销行为来吸引新客户，并检测市场反映，则可通过计算实际新增客户数量与预计新增客户数量的比值来衡量。

（3）低碳市场占有率 S_{23}。这一指标可通过企业低碳产品销售额与同行业销售额的比率来衡量，表明了低碳产品或服务的市场竞争能力和地位。低碳市场占有率高低反映了企业低碳产品或服务的市场认可度的好坏，在同行业市场中所处主导地位的强弱。

3. 内部运营维度的 KPIs。

为了最终实现企业碳绩效评价目标，企业必须设计 KPIs 来跟踪和评价支持企业客户价值低碳定位的关键内部运营业务与活动，基本流程主要从低碳技术的研发和低碳资产采购、生产环节的低碳排放及损失成本、所有流程环节的低碳排放治理成本等三个方面进行考虑，选取低碳研发投入比率 S_{31}、低碳排放损失成本率 S_{32} 和低碳排放治理成本率 S_{33} 三个指标进行衡量，综合反映企业的内部运营维度。

（1）低碳研发投入比率 S_{31}。它是低碳研发成本与销售收入的比值，用以反映低碳研发设计及低碳资产投入对产品销售收入的影响，该比率能很好地反映出低碳研发投入所占的比重，该比重越高，说明企业更注重低碳技术的研发与投入，符合企业低碳战略规划和绩效目标的要求。当然，也要考虑其投入产出比，实施科学合理的低碳战略和规划。

（2）低碳排放损失成本率 S_{32}。它是企业低碳排放损失成本与总碳排放成本的比值，这一指标反映了企业碳排放中承担损失部分的成本比率。一般情况下，该数值越高，企业的碳成本控制效率越低，碳管理决策有待于加强和完善。

（3）低碳排放治理成本比率 S_{33}。该指标是指用于节能减排中超标排放而造成的需要实施低碳治理措施所发生的成本与销售收入的比值。该比值反映企业了低碳排放事后补偿机制的效率高低。一般来说，这一比率越高，说明能源使用效率越低，而且这一指标受到因违反碳排放法规而被处以罚款的影响最为突出，需要提高能源节约效率，改变能源结构，提高减少碳排放的效率或效果，从而达到企业碳绩效目标。

4. 学习与成长维度的KPIs。

卡普兰和诺顿曾把员工的学习与成长维度称作是"所有战略的基础"。此言不假，新经济下企业的竞争实质就是人才的竞争。员工的学习与成长是企业长期成长与改善的推动力。因此，设置学习与成长维度的KPIs旨在衡量企业对员工学习的能力、评价企业低碳管理信息系统的运行效率、激发员工的积极性等。本研究选取了低碳培训费率 S_{41}、低碳员工保留率 S_{42} 和低碳信息系统成本比率 S_{43} 三个指标作为学习与成长维度的KPIs。

（1）低碳培训费率 S_{41}。它是低碳培训成本与销售收入的比值。这一指标用以评估员工低碳培训情况对销售收入的影响。该指标表明，企业在发展自身经济效率的同时，是否也注重员工的低碳创新发展能力。通过增加员工有关低碳知识培训和掌握低碳技术操作等方面的投入，提高员工的低碳技能水平，使员工和企业都具备适应可持续发展的核心竞争力。

（2）低碳员工保留率 S_{42}。它是本期内保留低碳员工人数与上期末员工总数的比值。该指标反映了员工对于低碳企业的认同度，若企业让员工有成就感，不仅会获得超越于经济利益的所得，还会拥有员工的尊重，也会帮助企业获得更大的发展。

（3）低碳信息系统成本比率 S_{43}。它是建立低碳信息系统成本与销售收入的比值。这一指标用以评估低碳信息系统对销售收入的影响。信息系统的建立，有利于碳排放成本的信息化管理，是企业的长期决策单元。

6.4.5 企业碳绩效评价标准的设计

企业碳绩效评价标准反映碳绩效评价目标的具体水平，是评判企业碳绩效优劣的基准，如何选择评价标准在整个碳绩效评价系统设计中也同等关键和重要。因此，在碳绩效评价标准设计实践中，需要注意两个方面的问题：一是评价标准选择应遵循的指导性原则；二是评价标准类型及选择问题。只有上述两问题予以解决后，方可进行碳绩效评价方法的具体选择和设计。

6.4.5.1　应遵循的指导性原则

一套良好的评价标准需要具备以下特征：衡量可靠、内容有效、定义具体而全面、通俗易懂等。那么，具体如何设计出符合上述特征的评价标准呢？首先需明确碳绩效评价标准设置的指导性原则有哪些。综述相关绩效评价标准的文献，本研究认为，企业碳绩效评价标准的指导性原则包括一致性、客观性、明晰性、可行有效性及灵活性等。具体而言，企业碳绩效评价标准不仅应有挑战性，并能通过努力实现，应与前面章节所述及的企业目标、低碳战略目标和规划相一致；同时，评价标准是可度量并且尽量做到客观，如果不能量化也须具体、明确和透明，并有较强的可理解性；另外，碳绩效评价标准应灵活有效，一方面既有刚性又有弹性，具有阶段性，随企业组织情境的改变而改变，另一方面既有效引导正确的行动，又能促进碳绩效改善。

6.4.5.2　企业碳绩效评价标准类型及选择

在传统绩效评价系统中，常用的四种评价标准分别是经验标准、历史标准、行业标准和预测标准。这四种类型的评价标准同样适用于企业碳绩效评价系统。其中，经验标准是由过去实践经验所形成的，具有普遍性和一般性，并未区分公司、行业及企业特定背景，但是这种标准有一定的公允性和权威性，对于一些定性指标的评价标准设置有一定的适用性，如客户低碳满意度、低碳新客户开发率及低碳员工保留率等指标。然而，历史标准则是以企业某一时间的实际绩效为标准来衡量，其优点是可靠性较高，可比性较强，但一般只适用于纵向比较，缺乏灵活的适用性。相比历史标准而言，行业标准属于一种动态标准，有利于企业进行同行业的横向绩效比较，在绩效评价时应用行业标准过滤一些不可控因素的影响，增强绩效评价的水平。当然，运用行业标准也有一定的局限性，即获取信息的难度较大，尤其是获取竞争对手的绩效评价标准更不易。对比前面的三种标准类型，预测标准作为企业碳绩效评价标准的选择有明显的优势。因为预测标准结合了行业标准和历史标准，具有一定合理性，能较全面反映企业的状况。例如，在企业碳绩效评价中，以碳预算为基础，将实际绩效与预算绩效进行比较可更好地反映企业碳减排效益及内部管理者决策绩效。

综上所述，企业碳绩效评价标准的基本选择应以预测标准为主，同时需结合经验标准、历史标准和行业标准进行综合考虑。这种选择理由基于以下两方面的原因：第一，基于理论上的诠释，预测标准在本质上实属一种为实施低碳战略规划和目标的保障机制。通过制定预测标准，可将低碳战略规划和目标进行层层分解，并通过碳预算计划编制自下而上提供战略目标实施的具体运作方案，将碳成本核算和控制措施落实在自上而下的各个层级上，这样自上而下和自下而上的相互结合使得企业低碳战略目标和低碳减排过程紧密结合起来，大大提高了碳管理效率和低碳决策效益。第二，基于实践上的理解，预测标准应用于我国企业绩效评价系统最为常见。我国企业管理实践中较早推行预算管理，以企业的战略目标和规划为起点，扩展企业边界，延至市场和客户，形成全面预算管理系统，使战略计划既全面又具有综合性。鉴于此，企业碳绩效评价标准的设计思路如下：需结合我国低碳战略规划和组织背景，以企业所在行业的特定指标作为绩效评价标准设定基础，采用科学合理的方法制定预测标准，以反映企业的低碳外部环境以及碳解锁和碳脱钩技术特征，在利用企业历史数据建立历史标准的过程中，充分考虑企业自身实际情况，明确关键成功因素的影响及与低碳战略目标之间的逻辑关系，并区分可控因素和不可控因素，设计碳绩效指标，选择科学的碳绩效评价方法，实现企业碳绩效评价的目的。

6.4.6　企业碳绩效评价方法的选择

诸多文献表明，目前企业开展绩效评价的方法不少，但如何进行企业碳绩效评价，选用科学的评价方法是本研究值得探讨的问题。从已有绩效评价实践来看，应用较广泛的评价方法主要有单一评价法和综合评价法。单一评价法相对较为简单，但并不适应于复杂和多元的现代经营活动，也难以全面反映经营管理绩效的整体特征。因此，在绩效评价实践中更多地采用了综合评价法。就目前来看，适用于低碳减排活动的绩效评价方法主要有数据包络分析法、资源价值流转分析法、层次分析法、模糊综合评价法等。每种方法各有利弊，定性定量程度各有不同，专家学者围绕企业碳绩效评价的相关问题，也是"仁者见仁，智者见智"。本节以第6.3.3节中的××公司为例，结合该企业的碳排放特征，采用层次分析法确定评价指标权重的分配，进而运用模糊综合评价方法予以碳绩效评价方法的选择和设计。

6.4.6.1　运用层次分析确定碳绩效评价指标权重

层次分析法是一种以定性与定量相结合、系统化、层次化分析问题的方法，将一个复杂的决策相关元素分解成目标、准则、方案等层次，在此基础之上采用专家判断法和线性代数分析以实现决策最优。其主要步骤如下：

1. 设计层级结构图。

以实际问题为设计对象，将其分解为决策目标 Z、决策准则 A 和决策方案 B，并按其相互关系分为最高层、中间层和最低层，绘出层次结构图，如图 6 - 6 所示。

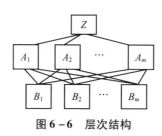

图 6 - 6　层次结构

2. 判断矩阵的构造。

在层次分析法中，采用一致矩阵法，形成两两相互比较的判断矩阵。具体构造方法如下：从层级结构图的第二层开始，关联到上一层级的每一个因素的同层要素，用"1 ~ 9"的成对比较尺度构成对比较矩阵（见表 6 - 10）。

表 6 - 10　　　　　　　　　判断矩阵元素 a_{ij} 的标度方法

标度	含义
1	a_i 与 a_j 同等重要
3	a_i 比 a_j 稍微重要
5	a_i 比 a_j 明显重要
7	a_i 比 a_j 强烈重要
9	a_i 比 a_j 极端重要
2、4、6、8	介于上述两相邻标度的中间判断状态
倒数	设 a_{ij} 为因素 i 与 j 成对比较的判断值，则 a_{ji} 为因素 j 与 i 比较的判断值

3. 归一化处理。

归一化处理的具体步骤如下:

(1) 将判断矩阵 A 的每列归一化。

$$\overline{a_{ij}} = \frac{a_{ij}}{\sum\limits_{k=1}^{n} a_{kj}} \qquad i,\ j = 1,\ 2,\ \cdots,\ n \qquad (1)$$

(2) 将归一化的矩阵 A 按行相加 [规范列平均法 (求和法)]。

$$M_i = \sum\limits_{j=1}^{n} \overline{a_{ij}} \qquad i = 1,\ 2,\ \cdots,\ n \qquad (2)$$

(3) 将向量 $M = (M_1,\ M_2,\ \cdots,\ M_n)^T$ 归一化,所得 $W = (W_1,\ W_2,\ \cdots,\ W_n)^T$,即为所求特征向量。

$$W_i = \frac{M_i}{\sum\limits_{j=1}^{n} M_j} \qquad i = 1,\ 2,\ \cdots,\ n \qquad (3)$$

(4) 计算判断矩阵最大的特征值,$\lambda_{\max} = \max\left\{\dfrac{(AW)_i}{W_i}\right\}$,其中 $(AW)_i$ 表示向量 AW 的第 i 个元素。计算步骤如下:

第一步,设定 CI 为一致性指标,其计量模型为:$CI = \dfrac{\lambda_{\max} - n}{n - 1}\ (n \geqslant 2)$

当 $CI = 0$ 时,矩阵 A 有完全一致性;CI 越接近于 0,则矩阵 A 的一致性越好;相反,CI 偏离 0 越远,则一致性越差。

第二步,为了进一步判断矩阵 A 的一致性程度,在此引入随机一致性指标 RI (如表 6-11 所示)。

表 6-11　　　　　　　　　　随机一致性指标

n	1	2	3	4	5	6	7	8	9	10	11
RI	0	0	0.58	0.90	1.12	1.24	1.32	1.41	1.45	1.49	1.51

具体方法是:随机构造 500 个成对比较矩阵 A_1,A_2,$A_3 \cdots A_{500}$,则可获取相应的一致性指标 CI_1,CI_2,CI_3,$\cdots$,CI_{500}。

$$RI = \frac{CI_1 + CI_2 + \cdots + CI_{500}}{500} = \frac{\dfrac{\lambda_1 + \lambda_2 + \cdots + \lambda_{500}}{500} - n}{n - 1}$$

最后,得到一致性比率 CR 的值:$CR = \dfrac{CI}{RI}$。

一般而言，当 $CR < 0.1$ 时，可认定矩阵 A 通过一致性检验，可用其归一化特征向量作为权向量；当 $CR \geq 0.1$ 时，则可判断矩阵 A 的不一致程度属于允许范围之外，需要调整 a_{ij} 并重新构造矩阵。

4. 层次总排序及其一致性比率。

如图 6-6 所示，假设准则层 A 有 A_1，A_2，A_3，$\cdots$，A_m，等 m 个因素，对决策目标 Z 的排序依次为 a_1，a_2，a_3，$\cdots$，a_m，B 层有 B_1，B_2，B_3，$\cdots$，B_m，等 n 个因素对 A 层中因素的层次单排序为 b_{1j}，b_{2j}，$\cdots$，b_{nj}（$j = 1$，2，$\cdots$，m），那么方案层 B 的总排序为：

$$B_1: a_1 b_{11} + a_2 b_{12} + \cdots + a_m b_{1m}$$
$$B_2: a_1 b_{21} + a_2 b_{22} + \cdots + a_m b_{2m}$$
$$\cdots$$
$$B_n: a_1 b_{n1} + a_2 b_{n2} + \cdots + a_m b_{nm}$$

因此，B 层第 i 个因素对总目标 Z 的权值为：$\sum_{j-1}^{m} a_j b_{ij}$。

设 $B_i (i = 1$，2，$\cdots$，$n)$ 对 A_j（$j = 1$，2，$\cdots$，m）的层次单排序一致性指标为 CI_j，随机一致性指标为 RI_j，总排序的指标一致性比率 CR 的值为：

$$CR = \frac{a_1 CI_1 + a_2 CI_2 + \cdots + a_m CI_m}{a_1 RI_1 + a_2 RI_2 + \cdots + a_m RI_m}$$

最后，根据层次总排序做出最终决策，当 $CR < 0.1$ 时，认为层次总排序通过一致性检验。否则，需要重新调整矩阵的元素取值。

6.4.6.2　模糊综合评价法的运用

模糊综合法的基本步骤是：首先，设计模糊综合评价指标体系。评价指标的选取是关键，直接影响到综合评价结果的准确性。其次，运用层次分析法、情景分析法或头脑风暴法等构建权重向量，使得各评价因素的权重之和为 1。再其次，构建评判矩阵。需要综合评判上述指标对被评价对象的隶属等级状况，这一过程既考虑了对象的层次性，体现了评价标准和影响因素的模糊性；同时也充分发挥了专家们的主观经验，使评价结果更符合实际情况。最后，则是对模糊评判矩阵与各因素的权重集进行模糊运算并归一化，得到模糊综合评价结果。

6.4.7　企业碳绩效评价的初步应用

根据上述有关企业碳绩效评价内涵阐释、评价目标、指标、标准的设计以及评价方法的选择等内容的较为翔实的探索，现以前述××公司为例进行企业碳绩效评价的初步应用。具体按以下三个步骤进行：

第一步，构建判断矩阵。具体采用德尔菲法确定权数的各个指标得出判断矩阵，并对矩阵进行赋值。由该企业财务部门负责人、负责低碳减排的技术员工及环保局专家，通过填表的方式将评价指标进行两两比较，得出该企业的判断矩阵。

第二步，计算一致性指标，检验一致性。根据前述所列计算公式，计算判断矩阵的最大特征值 λ_{max} 和一致性指标 CI；根据矩阵阶数（n 的大小），查判断矩阵的平均随机一致性指标表得到 RI 的值；然后计算一致性比率 CR，当 $CR < 0.1$ 时，认为判断矩阵是符合一致性检验，当 $CR \geqslant 0.1$ 时，认为所给出的判断矩阵是不符合满意的一致性，需要进行修正。

$$S_1 = \begin{pmatrix} 1 & 1/5 & 4 & 3 \\ 5 & 1 & 3 & 1/4 \\ 1/4 & 1/3 & 1 & 1/2 \\ 1/3 & 1/4 & 2 & 1 \end{pmatrix}$$

采用 Matlab 软件求值，根据 S_1 求得：特征向量 $W_1 = (0.2268, 0.5133, 0.0938, 0.1261)T$，最大特征根 $\lambda_{max} = 4.2088$，一致性指标 $CI_1 = (4.2088 - 4)/3 = 0.0696$，$RI_1 = 0.9$，$CR_1 = CI_1/RI_1 = 0.0773 < 0.1$。

$$S_2 = \begin{bmatrix} 1 & 1/4 & 1/3 \\ 4 & 1 & 1/2 \\ 3 & 2 & 1 \end{bmatrix}$$

根据 S_2 求得：特征向量 $W_2 = (0.1243, 0.3586, 0.5171)T$，最大特征根 $\lambda_{max} = 3.1078$，一致性指标 $CI_1 = (3.1078 - 3)/2 = 0.0539$，$RI_1 = 0.58$，$CR_2 = CI_2/RI_2 = 0.092 < 0.1$。

$$S_3 = \begin{bmatrix} 1 & 1/3 & 1/5 \\ 3 & 1 & 1/4 \\ 5 & 4 & 1 \end{bmatrix}$$

根据 S_3 求得：特征向量 $W_3 = (0.1007, 0.2255, 0.6738)T$，最大特征根 $\lambda_{max} = 3.0858$，一致性指标 $CI_1 = (3.0858 - 3)/2 = 0.0429$，$RI_1 = 0.58$，$CR_2 = CI_2/RI_2 = 0.074 < 0.1$。

$$S_4 = \begin{bmatrix} 1 & 1/3 & 1/2 \\ 3 & 1 & 1 \\ 2 & 1 & 1 \end{bmatrix}$$

根据 S_4 求得：特征向量 $W_4 = (0.1692, 0.4434, 0.3874)T$，最大特征根

$\lambda_{max} = 3.0183$，一致性指标 $CI_1 = (3.0183 - 3)/2 = 0.00915$，$RI_1 = 0.58$，$CR_2 = CI_2/RI_2 = 0.016 < 0.1$。

$$S = \begin{pmatrix} 1 & 2 & 2 & 1/2 \\ 1/2 & 1 & 1 & 1/4 \\ 1/2 & 1 & 1 & 1/4 \\ 2 & 4 & 4 & 1 \end{pmatrix}$$

根据 S 求得：特征向量 $W = (0.25, 0.125, 0.125, 0.5)^T$，最大特征根 $\lambda_{max} = 4$，一致性指标 $CI = (4.2088 - 4)/3 = 0.0696$，$RI = 0.9$，$CR = CI/RI = 0.0773 < 0.1$。

第三步，层次总排序及整体一致性检验。从上而下，把各层次的权重相乘，计算最下层对最上层总排序的权向量，采用了德尔菲法确定作为基础层的子因素层的绩效水平，在本次评价工作中，专家组人员各自独立评判，分别确定各层判断矩阵的参数，最后将专家评价结果进行算术平均并取整，得到指标权重，最后计算结果如表 6-12 所示。需要说明的是，低碳企业最应该关注的便是的学习与持续成长，而且低碳管理是个朝阳事物，未来的发展空间巨大，所以专家们多数认为应该赋予 S_4 最高的权重 0.3，而作为企业生存的基础财务因素则排在第二重要的位置，赋值比重 0.28，客户维度和内部流程维度紧随其后，分别为 0.22 和 0.2。

表 6-12 　　　　　　　　　××公司碳绩效评价结果

子因素	S_1 0.28	S_2 0.22	S_3 0.2	S_4 0.3	总排序	评分值	加权值
S_{11}	0.2268				0.0635	69	4.382
S_{12}	0.5133				0.144	75	10.779
S_{13}	0.0938				0.026	82	2.154
S_{14}	0.1261				0.035	73	2.577
S_{21}		0.1243			0.027	84	2.297
S_{22}		0.3586			0.079	91	7.179
S_{23}		0.5171			0.114	67	7.622
S_{31}			0.1007		0.020	73	1.470
S_{32}			0.2255		0.045	81	3.653
S_{33}			0.6738		0.135	57	7.681

子因素	S_1	S_2	S_3	S_4	总排序	评分值	加权值
	0.28	0.22	0.2	0.3			
S_{41}				0.1692	0.051	68	3.452
S_{42}				0.4434	0.133	90	11.972
S_{43}				0.3874	0.116	79	9.181
综合评分值						75.173	

评价小组采用 100 分制评分标准，将评分结果分为五级：非常差（0~25分）；比较差（25~50分）；一般（51~75分）；比较好（75~90分）；非常好（90~100分）。由此可得，该企业实施碳绩效综合评价的综合评价值为75.173分，处于比较好的水平，按照最大隶属度原则，该企业的碳绩效综合评价等级隶属于得分区间（75~90分），属于"比较好"等级。××公司的综合评分刚刚达到比较好的等级，说明我国实施低碳管理的企业碳成本控制和管理还有较大的空间。在保持现有成绩的前提下，有必要对评价结果的薄弱环节进行改进。

6.5 本章小结

企业碳排放与交易事项除了需要进行碳财务核算框架内的确认、计量、记录和披露外，还有必要向企业内部利益相关者提供有关企业财务业绩、股东价值及经营战略有重要影响的内部碳会计信息，以发挥会计在国家生态文明建设及企业低碳经营和绿色发展进程中的积极作用。在上一章考察企业碳会计制度中有关碳财务会计内容设计的基础上，本章进一步探讨了碳会计制度中的碳管理会计系统的设计。

（1）首先通过对管理会计发展进行历史回顾，提出碳管理会计概念，然后提炼出基本的碳管理会计框架，包括碳预算、碳成本核算与控制、碳绩效评价等内容的设计。后面内容主要围绕着碳预算、碳成本与控制、碳绩效评价这三部分进行设计和构建。

（2）碳预算的制定与优化。这一部分将碳活动划分为碳排放活动、碳减排及碳固活动、碳排放权交易活动，并以此为设计基础，构建了碳预算方案，确立企业碳预算的总体目标和思路，设计其关键步骤，编制子预算，形成企业碳预算体系，与经营预算、资本预算、现金预算构成了全面预算管理体系的主要内容。

（3）基于碳预算，低战略目标导向下，需要有完善的碳成本管理系统，有利于企业低碳核心竞争力的提高。这一部分主要就碳成本核算和控制两方面的内容进行了具体设计。思路如下：在界定"碳成本"定义的基础上划分了碳成本种类，对构成碳成本的内容进行了确认和计量，并设计了碳成本核算流程，旨在实施碳成本控制。根据碳成本动因的分析，设计出碳成本控制的基本步骤，并通过案例对其进行了具体应用。

（4）碳绩效评价设计是基于碳预算、碳成本核算与控制基础上的进一步深入。即对碳预算的制定与优化、碳成本的分析与控制等碳管理会计活动的有效性进行评价，发现问题，肯定成绩，以利于企业管理者制定新一轮碳战略目标，修正碳预算计划，有效控制碳成本，提升企业碳绩效水平，旨在引导和激励企业的低碳发展。整个章节就这条思路贯彻始终：梳理历史发展脉络，解读碳绩效评价内涵，在设定碳绩效评价的目标上，设计评价指标和标准，就对评价方法进行了具体选择，然后实施了初步应用。

第7章

企业碳审计基本框架设计

如前所述，碳信息披露必须遵守国际会计准则和相关法律法规，强制规范报告形式和内容，并详细解释碳核算、碳管理和碳审计的具体方法和技术，提高碳信息的披露质量。因此，当企业将碳排放事项或业务纳入企业经济管理活动中，一个不可或缺的关键环节就是碳审计。因此，碳审计既是企业管理者和会计实务人员需要理解的一个重要机制，更是企业碳会计制度设计中的重要内容。时下，碳会计制度设计和碳审计等词眼随着全球对气候治理问题的回应而成为当下研究热词，同时衍生了许多复杂和重要的相关问题，如前面章节已论及的碳成本核算与管理，以及本章节将要论证的碳风险识别、防范和鉴证等碳审计行为，甚至还包括一些国际化组织如英国标准学会、欧盟和全球性的国际标准化组织等都为碳审计基本框架的设计制定了详细的标准和操作指南。

据已有研究成果，我们认为，碳审计具备多学科交叉的属性，融合了会计学、生态学、环境管理学及其他化工学科的特征。因此，碳审计的发展势必会带动会计学等其他相关学科的发展，例如，企业碳审计的兴起将有助于碳会计制度研究的进一步深入，并推动碳会计制度的设计和建立。鉴于此，本书将探索企业碳审计的产生动因和发展，并界定碳审计的含义，梳理碳审计与环境审计两者间的区别与联系，为企业碳审计基本框架的设计奠定了坚实的基础。

7.1 我国企业碳审计的产生动因及实践现状

研究任何一项新生事物，首先得弄明白为何要研究它、研究动因何在、实践如何，这都是首先得明确的一些基本问题。因此，碳审计研究的第一道程序当然就是探究碳审计产生动因及实践。同时，这也是设计整个碳会计制度必不可少的关键模块。

7.1.1　我国企业碳审计产生的动因

据前面章节中有关碳会计研究的理论基础论述可知，低碳经济理论的提出和应用，为解决全球气候问题提出了科学的发展道路。当代人尤其是社会管理机构有责任按这一理论的要求，规范和协调各方利益关系，做好各种利益关系的协调与监督。尤其在解决碳排放问题引发的利益冲突中，恰当而合理的审计监督显得尤为重要，例如，通过制定有关低碳环保的法律、法规、政策和相关原则，设立相应的管理机构，并制定和实施具体的低碳政策，加强对各利益关系方的监督检查，这就是碳审计产生的动因之一。

碳审计产生的动因之二在于碳交易市场启动的需求。2017 年我国已启动了统一的碳排放权交易市场，并建立了全国碳排放权交易制度。在这样一个重要背景和环境下，能清晰准确反映企业碳排放水平的碳审计成为重要需求。因为碳交易和核算制度的设计和实施必须建立在碳交易市场基础之上。例如，在碳会计核算中，需要利用有关低碳减排的相关国际标准《温室气体核算体系（GHG Protocol）》《商品和服务在生命周期内的温室气体排放评价规范（PAS2050）》《产品碳足迹国际标准（ISO14067）》《碳中和承诺新标准（PAS2060）》等进行碳足迹评价，实施企业碳审计。只有实施碳审计后的碳信息才具有公信力，才能对企业的各方利益关系的判断决策产生影响，进而影响企业碳绩效。只有借助碳审计手段和机制对企业的 CDM 机制项目、碳排放量、碳足迹评价和碳会计信息等内容进行鉴证，才能实现人类社会的低碳生态文明转变。

同时，随着碳交易市场的日益繁荣，产品市场对碳审计需求也将逐渐增加，这是碳审计产生的动因之三。据调查①，六成以上消费者倾向于选择购买低碳足迹产品。因此，产品要赢得消费者的青睐，必须经过碳审计，贴上碳标签。此外，一系列国家政策方针的倾向也表明碳审计的重要性在日趋增长。如环境保护成为我国基本国策，中共十八大提出了将环境效益纳入现行经济社会发展评价体系，十八届三中全会提出了对领导干部实施自然资源资产离任审计，政府环境审计制度有望在 5 年内完成试点应用，"十三五"后在全国推行等，这无不显示着政府对环境审计重视的倾向。从碳审计的渊源

---

① 黄进. 碳标识和环境标识［J］. 标准科学，2010（7）：4 – 8.

来看，碳审计源于环境审计的一部分。因此，碳审计产生的必然性也就显而易见了。

7.1.2　我国企业碳审计的实践现状

我国专家学者研究碳审计的时间很短，更多是停留在碳审计的某一环节，较少有对碳审计相对完整的框架进行研究和设计。因此，为了丰富碳会计制度研究模块，本研究将对碳审计进行框架设计。第 2.4.3 节已对我国企业碳审计实践动态以时间顺序进行了较为清晰的梳理。

但对于碳审计评价及应用方面仍存在一些缺陷：第一，碳审计评价方法的有效性实证研究不足；尽管在全球范围内碳审计已经得到了广泛应用，但碳审计评价还需要更多的实证研究来证明其有效性，因为支持碳审计有效性的证据数据来源更多是碳排量较高的区域或企业。第二，当前对碳审计评价指标的设定都缺乏行业针对性，尤其对于高能耗的化工行业缺乏相关的碳审计评价指标，并没有体现可持续发展委员会的相关低碳条例以及 ISO14064，GHG 等国际标准的要求，不利于对化工企业碳审计进行有效客观的评价。第三，碳审计评价的方法单一。数学建模、指标影响因子综合评价、物质流核算等方法都未能在当前碳审计研究当中予以有效应用。未来碳审计的发展方向应该在结合环境学、数学等学科领域采用建模的方式进行碳审计评价，并遵循定性定量等原则设置评价指标。

7.2　企业碳审计的界定

梳理已有碳审计文献，学者们对碳审计的定义大致以下几种：一是从碳审计的本质看，碳审计是一种有关碳排放和碳交易活动的鉴证和评价行为；二是从碳审计的对象和内容看，认为碳审计是评价碳减排责任和鉴证碳信息披露；三是从碳审计客体看，碳审计是针对个人、企业、政府或具体供应链上 GHGs 排放的审计；四是综合上述有碳审计的本质、主体及客体所给出的定义。碳审计是指审计主体根据国家法律、法规和政策对审计客体的碳排放行为进行公正、公开审验、鉴证或第三方评论的一种经济监督和控制行为。

从上述各种定义界定来看，界定"碳审计"的选择标准不一样，则其定义的内容也有分歧。本书认为，有必要从碳审计的内涵和外延两方面予以合理界定，从理论上把握碳审计的性质、内涵，从实践上科学确定碳审计的外延，才能很好地解决这一问题。本书比较认同应借鉴我国审计学主流学派对环境审计定义的界定范式，先弄清楚碳审计的主体和客体，辨析碳审计与环境审计的关系，最后由此得出"什么叫碳审计"。

7.2.1 碳审计的主体、客体及与环境审计的关系

从审计工作出发，我国审计主体可分为三类：国家审计机构、民间审计机构和内部审计机构。鉴于低碳经济背景下更多利益相关者关注企业的低碳责任履行情况，需要审计机构进行审计鉴证和评价。因此，碳审计主体应定义为具有审计资格和技能的审计机构。具体来说，碳审计主体应具备以下特点：第一，具备独立承担民事责任的能力。只有碳审计主体的审计行为受法律责任约束，才能保证碳审计质量，保护碳审计委托人的利益。第二，具有从事碳审计业务所必需的专业知识和技能。碳审计主体根据碳审计项目内容的需要，恰当选择和组织碳审计人员，这类碳审计人员不仅要精通会计审计领域的专业知识，还要了解环境保护、经济、供应链等领域的知识，甚至熟悉企业所做的特定行业的相关知识等等。只有这样，才能实现碳审计的目标。第三，必须保证碳审计工作的独立性。独立性是审计的生命。实施碳审计业务只有独立于市场与被审企业，碳审计意见才相对客观和公正，碳审计质量才有保证，碳审计意见才具有碳鉴证和评价的真正价值。

在碳审计环节中，碳审计客体是除主体之外的另一个重要内容。碳审计客体亦可理解为碳审计的审计对象或内容，具体包括应承担低碳减排责任的组织或个人在碳业务活动中履行低碳责任、或对低碳活动产生影响的事项等，再具体一点则是指对因碳核算、成本控制及决策和绩效评价等一系列经济活动而产生的影响进行确认、计量和报告则构成了碳审计客体内容。

当然，从碳审计客体内容来看，碳审计属于环境审计中的一部分，碳审计与环境审计有着千丝万缕的联系。两者都源于传统审计，都旨在解决环境问题、关注气候治理及推动生态文明等而有了生存和发展的土壤，可以说两者是传统审计内涵和外延的共同发展，例如，在内涵方面，传统审计仅囿于关注经济领域问题，而环境审计和碳审计突破了这一限制，并将审计内容扩展到技术性更高、专业性更强的方向；在外延方面，传统审计的观念、方法、目标和范围都有了实质性的拓展和提高，例如，环境审计和碳审计的审计范畴扩展到了环境经济影响与碳绩效评价及一些纯技术内容。以上是碳审计与环境审计的共同之处，但两者也有各自的侧重点和主要审计的内容，后面章节将详细阐述。

7.2.2 什么是"碳审计"

根据以上有关碳审计性质、主体、客体及相关内涵和外延的阐述，本书可以对"碳审计"进行如此明确的界定：碳审计是环境审计理论和实践提升到一定程度的产物，是传统审计内涵和外延的进一步扩展。概而言之，碳审计是指碳审计主体接受企业利益相关者的委托，对被审计单位的低碳活动和环境行为进行独立监督、鉴证和碳风险评估。具体是指根据一系列低碳政策法律法规及碳会计制度、标准和准则，采用科学合理的碳审计方法，对审计客体所从事的低碳项目、能源使用、节能减排履行情况等活动的合法性、效益性和公允性进行审计。

在此需要说明的是，由于我国碳交易市场发展程度不同，相应地，需选择合适的碳审计主体。例如，在我国碳交易试点期间，市场机制尚未健全，对企业的诚信与社会责任的约束力较为薄弱，则需构建以国家审计为主、民间审计和内部审计为辅的碳审计系统。然后，随碳交易市场的不断完善，政府的主导角色应逐步退出，转变为以民间审计和内部为主，国家审计仅起管理和监督即可。具体到企业碳审计而言，通过独立审计机构对企业这一被审计单位实施有偿碳审计服务，政府负责监督企业与审计机构的行为，并不断完善企业碳审计制度和评价机制，使碳审计过程独立、客观和公正，为企业碳会计制度的构建和发展提供重要保障。

7.2.3 基于广义和狭义的碳审计解读

综上所述，碳审计是传统审计内涵和外延的进一步扩展，无论从审计观念、目标、范围、方法及内容等都有了实质性的发展和提高。因此，总体来讲，碳审计可以按审计客体和内容的不同分广义和狭义两个层面。广义上讲，碳审计概念催生于低碳经济发展理论，以生态经济学为理论研究起点，对与利用无污染、可持续利用的洁净能源及现代科学技术减少二氧化碳等温室气体排放的活动、管理行为、建设项目进行审计。也就是说，广义碳审计不仅要关注其财务合规性、管理的经济性、效率性、效果性、适当性及环保性[①]等，还包括独立的低碳技术经济评价业务以及对碳活动的生产性、技术性状

---

① 其中，经济性（economy）、效率性（efficiency）、效果性（effectiveness）、适当性（equity）及环保性（environment），简称"5E审计"。

况进行监督、评价和鉴证工作等。简而言之,广义碳审计由几部分内容组成,包括专业碳审计、环境认证、低碳减排技术监督与评价、低碳报告鉴证等。狭义而言,碳审计即指广义碳审计中的专业碳审计,即审计人员对碳会计核算主体(包括国家或企业)的会计报表或其他资料所反映的低碳价值变动情况等进行审查并发表意见,也就是本书要着重论证的碳会计制度设计中的企业碳审计内容。

综合前面章节的相关理论和观念,企业碳审计重在关注企业碳足迹,并为解决温室效应的形成问题予以监督和审核,以保证投入资金使用的合法性、有效性和碳信息披露的可信性,有助于社会相关利益主体进行相关的低碳经济决策和做出环境反应。当然,碳足迹理论的应用量化了企业碳排放情况,碳审计的监督和评价职能将社会损失过渡到企业从研发到处置回收这样一个闭循环的系统中,实现外部经济效应内在化,也就把企业碳排放问题对应的社会责任具体化,在某种程度上既实现了经济与环境的协调发展,又促进了企业碳审计目标的实现,形成了企业碳审计框架设计的逻辑起点。

7.3　企业碳审计的目标

根据"目标"的一般含义理解,目标是主体在对某一客体的内在功能和外在环境进行分析和把握的基础上,实施客体所要达到的状态和结果。审计目标则是基于对审计内在功能的科学理解和把握,结合社会经济和技术及文化理念发展等的要求,以期通过审计业务实现或达到的状态与结果。碳审计目标即指碳审计行为或活动意欲达到的理想境地或状态。据此可以推之,从系统论看,按一定碳审计目标运行是碳会计制度设计所具备的基本特征,也是碳审计行为的出发点和碳审计工作的行动指南。然而,碳审计目标并非一成不变,随着碳审计的发展及碳审计环境中其他要素的完善,将不断得到修正和丰富,因此,碳审计目标的确定有阶段性效应。碳审计目标的设计时需注意以下几个问题:首先,必须考虑特定的社会、政治和经济环境。例如,在碳绩效审计中,低碳经济背景下的审计目标得以丰富和补充,在以前的"经济性、效率性和效果性"("3E 审计")基础上补充了"适当性和环保性",即现在"5E 审计"。其次,要充分考虑碳审计本质的制约。前面已论及,碳审计行为是对碳排放和碳交易活动的一种鉴证和评价,并实现节能减排目标的有效决策和控制,这是碳审计的本质所在。因此,在制定碳审计目标时,要充分考虑碳审计本质的制约。再其次,应具有前瞻性和普适性。设计碳审计目标时，既要适应当前的各种审计类型，如过去的"3E审计"，又要考虑目标能否适用可预见的未来社会、政治和经济环境变化对该审计目标变化的要求，如现在提出的"5E审计"。因此，碳审计目标设计时既要超前不过时，又需具有普遍适用性，既适用于节能减排政策和资金审计，也适用于低碳绩效审计。最后，应是由多层次目标构成的有机系统。整个碳审计目标应是一个由多层目标构成的有机系统，既有基本目标，又有具体目标。既有最高目标，又有最低目标。既有主要目标，也有次要目标。结合我国目前碳审计所面临的内外部环境，本书把碳审计目标系统分为一个最高目标和三个具体目标。下面对此进行详细阐述之。

7.3.1 高度概括碳审计本质，确保节能减排责任的有效履行

碳审计的最高目标即指确保企业的节能减排和低碳管理责任全面有效履行。这一目标稳定而适应面广，适用于所有类型（碳财务审计、碳绩效审计和低碳政策审计）的碳审计。它既反映了碳审计的本质——对碳排放和碳交易活动进行鉴证和评价，实现节能减排的有效决策和控制；还能克服社会政治经济环境的变化对碳审计目标的影响。

7.3.2 检验和审计碳会计报告，提高碳信息的决策经济性

提供充分、可靠的碳信息无疑是做出正确决策和实现低碳资源优化配置的基础。只是因受到诸如利益冲突、信息不对称、复杂性等因素的影响，碳信息使用者往往会有可能获取不真实、不正确和不完整等问题的信息而导致决策的不经济性。因此，碳审计目标应该在对碳会计报告的编制和披露进行审查的基础上，就其真实性、合法性和公允性等发表审计意见，提高碳会计信息的可信度，降低碳信息所带来的决策风险，有利于低碳资源的优化配置。

7.3.3 评价碳会计制度体系，监督节能减排资金的有效性

碳会计制度体系的存在性、充分性和有效性是被审计企业全面履行节能减排和低碳管理责任的基础和保障，其关键部分是内部控制制度。对碳会计制度体系中的内部控制制度进行评价，是碳审计具体目标中综合性最强的一项工作。为了加强节能减排资金的管理和监督，国家相继出台一系列资金管理规定和会计核算办法。这些管理规定和办法的制定和实施，对于合理、合

规和合法核算、管理和使用资金，确保碳会计制度的顺利实施及低碳管理政策的效率性，提供了制度保证。从这一角度出发，碳审计的目标就是以规范的碳会计核算为基础，对节能减排专项资金的核算、管理和使用进行有效的监督，从而规范专项资金核算，遏制违纪违法行为的发生，确保低碳资源的保值增值。

7.3.4　审计低碳管理活动，评价低碳管理活动的效益性

评价低碳管理活动的绩效，促进被审计单位提高低碳管理效益，是碳审计目标中对低碳管理工作的效果性提高的重要内容。为了使低碳管理活动与企业碳会计制度体系相协调，需要讲求低碳管理的"5E"特征，通过定期评价被审计单位的管理绩效，有利于提高其管理活动的效益性。

7.3.5　审查相关法律、法规和标准的实施，确保碳会计制度的运行保障

要遵循国家温室气体排放法律、法规和碳排放标准等，具体关注节能减排工程项目建设情况，企业碳足迹和产品碳足迹的评估情况等。同时，还要关注节能减排相关政策法规执行情况，关注新能源和碳交易市场等新措施实施和制度建设情况，并通过揭示和反映国家节能减排相关政策落实环节存在的问题，查找问题并分析原因，提出完善节能减排的政策意见及建议，提高节能减排相关经济活动的实施效果。这些法律、法规和标准的贯彻实施，把碳审计最高目标和具体目标统一起来，正是碳会计制度顺利运行的有力保障。

7.4　碳审计依据与标准体系构建

据审计理论与实务相关阐述，审计依据是指审计行为或活动存在与发生的法律、法规和制度等，也是审计主体实施一切审计行为的根本法律规范，没有审计依据，审计行为就失去了合法性基础。审计标准则是构成审计人员衡量经济活动的准绳，亦是接受审计客体在经济活动中应当遵循的规则。审计依据是审计标准的重要内容。可以如此理解，审计依据是一种狭义的审计标准。我国已有审计依据的典型范例大致有以下这些：《宪法》关于审计事项的规定和《审计法》《公司法》《注册会计师法》《内部审计工作

条例》等。

从检索已有文献来看，西方学者很少提及"审计依据"这一说法，但常用"审计标准"或"审计准则"，且这两者常常在文献中通用。而在我国诸多审计文献中，"审计依据""审计标准""审计准则"的概念普遍出现，而且有学者对此进行了详细的辨析。严格来说，这三个概念在本质、内涵和外延上都有各自不同的侧重点。但考虑到本研究的需要与目的，我们并不详细区分"碳审计依据"和"碳审计标准"，而是统一使用"碳审计标准"这一概念。

碳审计的实施需要有法可依，有标准可以遵循。具体而言，碳审计活动的开展、碳审计对象的确定以及具体碳审计业务的执行等都需要有一系列碳审计依据和标准来规范与约束，为碳审计框架设计创造良好的环境基础。综观国内外碳审计理论与实践的相关研究，有关碳审计依据与标准的专门性研究成果并不多见。鉴于此，本书将通过梳理我国现有碳审计相关标准的基础上，与国外情况进行比较分析，从而构建我国企业碳审计经济与技术标准体系的基本框架。

7.4.1　我国已有碳审计依据和标准的系统梳理

综观我国现有的法律、法规、制度及相关技术经济标准，在我国《宪法》《审计法》等法律法规中都有关于环境保护方面的政策、法规和制度，这些都应成为审计机构执行碳审计业务的合理依据和标准。大致可列举如下：

7.4.1.1　与环境保护相关的国家方针、政策和管理制度

自我国重视环境保护、提倡环境与发展同等重要等社会发展观念以来，我国国务院于 1983 年提出了《环境保护是我国的一项基本国策》的重要战略任务，这是我国首次将环境保护以环境立法的形式出现并得到了快速发展。随后相继提出了实施可持续发展战略的发展方针，执行经济发展与环境保护双赢的策略方针，落实科学发展观念，加强环境保护。例如，1992 年我国出台了《中国 21 世纪议程》的文件，其中包括了一系列环境政策内容。并将"可持续发展战略"作为环境保护的战略方针，并于 1997 年将其纳入我国中长期发展计划，在 2001 年的"十五计划"中专门指出："要加强生态建设，遏制生态恶化，加大环境保护和治理力度，提高城乡环境质量"。2005 年出台了《国务院关于落实科学发展观加强环境保护的决定》，提出用科学发展

观的思想指导环境保护工作。

依据上述基本方针和政策的指导，我国环境保护已形成了"预防为主，污染者付费，必须遵循一系列环境管理制度"的格局，从而达到保护环境目标的制度设计。其中，预防为主的政策主要包括"三同时制度"（同时设计、同时施工和同时投产使用）和"环境影响评价"制度，此两项制度成为企业碳审计实施的审计标准。作为目前国内外运用的一种主要环境保护经济手段，污染者付费政策的实质就是遵守"谁污染，谁治理"的原则。1982 年发布的《征收排污费暂行办法》对所需环境技术标准和对应的排污费征收标准都做了具体规定，这些也成为审计机构进行碳审计实施的技术和经济标准。关于环境管理系列制度主要包括产品标签和与企业环境管理体系认证（ISO14000）、清洁生产、排污许可证、污染集中控制、污染物排放总量控制、目标责任、经营许可证等方面的内容。

总而言之，上述方针、政策和管理制度的制定和实施为我国碳审计提供了强有力的政策保障，因此有必要将它们纳入碳审计监督而成为碳审计的重要标准。

7. 4. 1. 2　相关的法律法规基础

开展碳审计工作的重要前提是必须具有健全有效的相关法律法规基础，并以此作为碳审计依据和标准。为了更有效进行节能减排，科学发展低碳经济，大力推进可持续发展战略，到 2012 年为止，我国先后颁布了 7 部环保法律和 20 多部相关法规（见表 7 - 1），签署和加入了 320 多项国际环境条约，地方性环境法规达 900 余件，并出台了更多切实具体的低碳管理政策法规（见表 7 - 2）。这些法律法规的制定与实施，不仅有效地防范和遏制了环境污染，改善了我国生态环境状况，恢复和提高了生态环境质量；而且对政府及其他相关利益集团的碳排放行为提出了要求，并将其相关经济活动与影响纳入碳审计内容当中。由此看来，上述有关环境和低碳方面的法律法规、方针政策与管理政策等都为碳会计管理及监督提供了法律依据和标准，同时也构成了我国碳审计依据和标准的重要组成部分。

表 7 - 1　　　　　　　　我国现有的一些主要环境法律、法规

名称	时间	主要内容
《宪法》的有关规定	1999 年	国家保障自然资源的合理利用，保护珍稀动植物，国家保护和改善生活环境和生态环境，防治污染和其他公害

名称	时间	主要内容
《刑法》的有关规定	1997 年（修订）	在走私罪、破坏环境资源保护罪、渎职罪中，对私运、走私固体废弃物、违反规定排放污染物造成污染事故等行为进行了量刑与罚款规范
《环境保护法》	1989 年	对环境监督管理、保护和改善环境、防治环境污染和其他公害、法律责任等进行了规范
《放射性污染法》	2003 年	对防治放射性污染，保护环境，保障人体健康，促进核能、核技术的开发与和平利用等方面进行了规范
《防沙治沙法》	2003 年	对预防土地沙化，治理沙化土地，维护生态安全等方面进行了规范
《水法》	2002 年	合理开发、利用、节约和保护水资源，防治水害，实现水资源的可持续利用
《安全生产法》	2002 年	对安全生产监督管理，防止和减少生产安全事故，保障人民群众生命和财产安全等方面进行了规范，同时对涉及环境安全事项也做出了规定
《草原法》	2002 年	对保护、建设和合理利用草原，改善生态环境，维护生物多样性，发展现代畜牧业，促进经济和社会的可持续发展等方面进行了规范
《清洁生产促进法》	2002 年	对清洁生产的含义、类型、清洁生产的措施、清洁生产的推行、限期淘汰落后技术、设备和产品，鼓励措施与法律责任，进行了规范
《排污费征收使用管理条例》	2002 年	对排污费征收、使用的管理及其法律责任进行了规范
《环境影响评价法》的有关规定	2002 年	规定对规划和建设项目实施后可能造成的环境影响进行分析、预测和评估，提出预防或者减轻不良环境影响的对策和措施，进行跟踪监督
《污染源治理专项基金有偿使用暂行办法》	1988 年	对污染源治理专项基金形成、使用、管理等事项进行了规范
《水污染防治法》	1996 年	规定了水环境质量标准和监督管理的程序及有关法律责任
《大气污染防治法》	1995 年（2000 年修订）	对防治大气污染进行了规定

续表

名称	时间	主要内容
《固体废物污染环境防治法》	1995 年 （2004 年修订）	对固体废物的防治进行了规定
《环境噪声污染防治法》	1996 年	对工业、生活噪声的防治做出规定
《矿产资源法》	1996 年修订	对防治污染环境、节约用电、破坏自然资源的恢复、损失赔偿等进行了规定
《乡镇企业法》	1996 年	对兴办乡镇企业必须遵守有关环境保护的法律法规，实施环保措施，提高治污能力，对建设项目实施环境影响评价"三同时"制度，同时对限制技术与强制淘汰、污染物排放、污染治理等进行了规范

资料来源：殷仲义.2020 年的中国走向公平可持续发展 ［M］. 北京：中国经济出版社，2013.5：145－153，在此基础上有加工和整理。

表 7－2　　　　　　　　　　我国主要的能源政策法规

时间	具体内容
2006 年 1 月	《可再生能源法》实施，可再生能源的地位确认、价格保障、税收优惠等都写进了法律。与之配套的几部规定，更是把保护绿色能源细化到发电管理、价格分摊、技术规范等。可再生能源发电价格高于常规能源电价的差额部分，由电力用户统一分摊，每千瓦时电终端用户分摊还不到 0.1 分，却使可再生能源企业在竞争中站稳脚跟；可再生能源并网发电的接入也由电网企业负责建设
2006 年 12 月	《气候变化国家评估报告》《企业能源审计报告审核指南》《企业节能规划审核指南》
2007 年 4 月	《能源发展"十一五"规划》：到 2010 年，中国煤炭、石油、天然气、核电、水电、其他可再生能源分别占一次能源消费总量的 66.1%、20.5%、5.3%、0.9%、6.8% 和 0.4%。与 2005 年比，煤炭、石油比重有所下降，天然气、核电、水电和其他可再生能源比重略升。该规划提出，2010 年中国一次能源生产目标为 24.46 亿吨标准煤，5 年年均增长 3.5%
2007 年 8 月	《可再生能源中长期发展规划》发布，该规划指出，要逐步提高优质清洁可再生能源在能源结构中的比例，力争到 2010 年使可再生能源消费量达到能源消费总量的 10% 左右；到 2020 年达到 15% 左右
2007 年 10 月	《核电中长期发展规划（2005～2020 年）》，这标志着中国核电发展进入了新的阶段。规划的发展目标是：到 2020 年，核电运行装机容量争取达到 4 000 万千瓦，并有 1 800 万千瓦在建项目结转到 2020 年以后续建
2007 年 11 月	《单位 GDP 能耗统计指标体系实施方案》《单位 GDP 能耗监测体系实施方案》《单位 GDP 能耗考核体系实施方案》

时间	具体内容
2008 年 3 月	《可再生能源发展"十一五"规划》，该规划认为，我国的水能、生物质能、风能和太阳能资源丰富，已具备大规模开发利用的条件。因此，加快发展水电、生物质能、风电和太阳能，提高可再生能源在能源结构中的比重，是"十一五"时期我国可再生能源发展的首要任务；到 2010 年，我国可再生能源在能源消费中的比重将达到 10%；全国可再生能源年利用量达到 3 亿吨标准煤，比 2005 年增长近 1 倍
2008 年 4 月	《节约能源法》修订后正式施行；与 1998 年 1 月 1 日开始施行的节能法相比，新的节能法进一步明确了节能执法主体，强化了节能法律责任；在新法中，政府机构也被列入节能法监管重点
2011 年 11 月	国家密集出台低碳减排交易市场建设的相关规定和文件。例如，《"十二五"控制温室气体排放工作方案》，明确提出到 2015 年单位 GDP 二氧化碳排放比 2010 年下降 17% 的目标；《中国应对气候变化的政策与行动》白皮书，提出完善碳交易价格形成机制，建立跨省碳交易体系；《关于开展碳交易试点工作的通知》，批准北京、天津、上海、重庆四个直辖市以及武汉、广州、深圳市开展碳排放权交易的试点工作。以上述法规或政府规章的形式制定相应的碳交易管理规定，启动全国碳排放权交易试点工作
2012 年 6 月和 12 月	国家发改委先后制定了《温室气体自愿减排交易管理暂行办法》（简称《自愿减排交易办法》）和《碳排放权交易管理暂行办法》（简称《碳排放权交易办法》）。这是我国目前法律效力等级最高的有关碳交易的两部全国性法规

资料来源：宗计川. 低碳战略：世界与中国［M］. 北京：科学出版社，2013：116 - 121，在其基础上有整理和加工。

7.4.2 我国有关碳审计依据和标准与国外情况的比较及启示

世界主要国家较早意识到推行低碳战略的重要性，很早制定了一系列低碳战略计划，并相应从企业、公众和财税等方面制定了较为全面系统的低碳政策法规。与此同时，有关碳审计依据和标准也得到迅速发展，为各国碳审计的健康发展创造了良好的空间。目前，国际组织相继提出了最有公认力的碳审计依据和标准有：第一，2004 年，《温室气体（GHG）协定书——企业核算与报告准则》由世界资源研究所（WRI）及世界可持续发展工商理事会（WBCSD）共同制定，并对 GHG 排放量的确认和计量、排放量估算方法的合理选择及披露内容等提供了具体指导标准，也为目前碳审计工作开展提供了重要参考。第二，为了规范其排放清单及项目的核审要求、过程、评估程序和内容等，国际标准化组织（ISO）于 2006 年制定了《GHG 认证标准》（ISO14064），从而进一步提供 GHG 排放的量化标准。第三，2011 年，国际审计与鉴证准则理事会（IAASB）颁布了国际业务鉴证准则（IASE）第 3410

号——《GHG 排放申明鉴证业务》征求意见稿，对碳审计依据及具体审计工作中的遵循标准予以了明确规定。第四，2011 年，国际标准化组织（ISO）颁布了《GHG 认证标准》（ISO14067 DIS），在其中明确了 GHG 排放清单的核查，GHG 项目核查的原则、要求、计划、核查及评价程序等内容，这标志着碳审计依据和标准体系的基本完成。

除此之外，还有一些发达国家也制定了相对完善的碳审计依据和标准体系。例如，以英国为例，19 世纪末的英国迎来了历史上最严重的大气污染时期，20 世纪 90 年代是英国有史以来气温最高的 10 年。但如今的英国积极倡导低碳经济发展，首个提出"低碳经济"概念，率先为节能减排立法，俨然成为世界低碳经济的领跑者，并用十年的实践证明了经济增长和污染物排放间的矛盾是可以调和的，即在低碳排放的同时亦能促进经济增长，并且也使该国碳审计工作的开展得到较快推进，以碳审计依据和标准为主体搭建的清晰低碳战略路线也逐步形成。例如，英国在 2000 年颁布了《气候变化战略计划》，属于全球颁布气候变化战略的国家之一，2002 年最早启动了碳排放交易体系，并先后发表了《能源白皮书》《能源回顾：能源挑战》《气候变化的经济学：斯图恩报告》《气候变化法案草案》《能源白皮书：迎接能源挑战》《气候变化法》《英国低碳转型计划》《能源法案》等，提出成立碳基金，参与英国与欧盟排放贸易计划，制定了英国中长期减排目标，制定了五年和十五年的碳收支计划，成立了具有法律地位的气候变化委员会，并引入了具有法律约束力的碳预算框架，建立低碳技术研发投入制度，确定到 2020 年英国二氧化碳排放量在 1990 年基础上减少 26%～32%，到 2050 年削减 80%。另外，也同时公布了《英国低碳工业战略》《可再生能源战略》《低碳交通计划》等三个配套计划，并相应制定了具体的碳审计依据和标准体系，如英国标准协会（BSI，2008）在《评估规范（PAS2050）》中提出了基于生命周期的产品或服务的碳排放情况的评估标准，英国环境审计委员会（EAC）以《2008～2009 年度工作情况报告》作为全面审计报告的典范，对碳审计动因、目标及内容等相关问题予以明确，构建了较完整的碳审计理论框架。

7.4.3　健全与完善我国碳审计依据与标准的建立

从前人对碳审计依据和标准的相关评述来看，碳审计依据是审计人员判断和衡量碳排放业务真实性、合法性和效益性的依据和标准，也是判断上述内容是非优劣并作出结论的法律证据。综观我国传统审计标准体系，包括了《审计法》《独立审计准则》《内部审计准则》等，层次分明，结构完整，内容相对完善。但我国碳审计依据和标准的发展尚不健全，需要合理定位碳审计依据和标准，明确碳审计依据的性质、内涵及外延，完善碳审计标准体系，有助于推动碳审计的制度化和规范化。鉴于此，我们应积极借鉴英国经验，做到宏观部署，确立整体目标；微观落实，建立实施机制。既有低碳政策激励，又有低碳法规约束，以体现碳审计依据和标准的前瞻性、系统性、稳定性、可操作性和实效性。具体而言，如何合理制定碳审计依据与标准，可归纳为以下几方面的启示：

（1）战略、政策和制度要体系化。低碳经济发展不仅是关系到气候变化的长久之计，也是经济发展的新的增长点。从国家层面来看，既要构建低碳经济发展的国家战略、法律框架、政策措施和实施机制等框架体系，使宏观政策与法律、措施相配套，充分发挥政策和法律的协同效应；还要形成稳健的低碳发展机制，宏观机制要脉络清晰，微观机制需错落有致。

（2）目标和措施要有可操作性。例如，每个经济发展阶段，关于碳减排目标要切实可行，并分解到各个部门或组织，同时以法令形式出台配套的低碳经济政策措施，增强其执行力。虽然我国排污交易权制度尚处于探索阶段，亦可尝试将低碳技术研发纳入国家科技规划中，重视发展实务低碳技术标准的实施。例如，以对节能减排、提高资源能源利用效率、大力发展新能源和再生能源等方面有突出作用的政策法规作为碳审计依据和标准，细化其标准内容，增加其实用性。

（3）健全并完善碳审计依据和标准体系。健全、有效的碳审计依据和标准可以提高审计的权威性和审计业务的标准化程度，是指导审计人员正确分析、判断和评价碳审计业务的重要前提。将为碳减排目标而设计的技术经济标准纳入碳审计依据和标准体系中，使更多的环境保护、低碳技术研发方面的专家参与碳交易市场和审计业务，推进能源体制改革，实现能源结构调整，建立有利于可持续发展的价格体系，从而促进碳交易机制和碳会计制度在中国的发展。

7.5　企业碳审计的分类及主要内容

碳审计分类是对其内容进行具体分析的基础工作。考察角度不同，碳审计的分类也就不同。下面将首先阐述以碳审计目标和主体的不同而进行的两种主要分类形式，然后在此基础上进行碳审计内容的具体分析。

从不同角度考察碳审计，可以进行不同的分类。国际审计组织第十五届开罗会议中曾提出环境审计应覆盖各种审计类型，碳审计也不例外。可从碳审计的具体目标及碳审计主体两个主要角度进行具体分类。

7.5.1　基于碳审计的具体目标角度

从碳审计目标角度出发，碳审计应具备监督减排责任、评价减排活动和鉴证减排行为的职能。相应地我们可将碳审计分为碳财务审计、碳效益审计和碳合规性审计三种类型。结合此种分类，碳审计内容主要包括碳活动的会计核算审计、节能减排资金分配和使用审计、产品碳标签的盘查审计、节能减排社会责任审计和碳绩效审计，重在对被审计企业的生产经营、财务信息、资源利用、职责履行等的公允性、合法性和效益性进行低碳鉴证，并评估其低碳风险等。下面将详细阐述之。

7.5.1.1　碳财务审计及对应内容

碳财务审计是指对各层次的碳会计主体（包括国家、区域、企业等）有关碳资产、碳负债等碳会计核算情况进行审计。针对上述有关碳审计具体目标，碳财务审计内容无疑是围绕着第一项具体目标而展开审计工作的。具体内容主要包括：第一，碳会计核算主体是否遵守了相关性、公允性和一贯性等会计原则，是否存在虚列碳收益、虚增碳资本等情况，或有收益的确认是否符合谨慎性原则，对碳资产、碳负债、碳成本及碳收益的会计处理是否符合碳会计制度中的相关原则和规范。第二，碳会计报告或披露程序是否遵守会计准则和制度规范，是否合理运用了会计政策，报表中有关碳资产、碳成本及碳负债的金额是否真实、准确和完整，碳排放核算方面的损失是否充分反映，判断是否在所有重大方面公允反映了被审计单位的碳排放情况、节能减排后的实际成效，以及对碳资产等要素的影响是否得到了恰当披露等等。

7.5.1.2　碳效益审计及对应内容

与上述第二和第三项碳审计具体目标相对应，碳效益审计旨在分别审计被审计单位各项措施、行为及各类资源利用与活动的经济性、效率性和效果性。具体而言，就是评价碳会计制度体系的有效性和充分性，以及各项低碳管理政策与措施的合理性；实施碳管理会计行为的经济性和效率性；各类低碳资源使用的有效性及节能减排项目的效果等。碳效益审计的内容可具体分析如下：首先，经济性方面。审计被审计单位履行节能减排等低碳排放职责，并据有关低碳管理的法律、法规及碳管理会计规范及实施细则，对被审计单位是否严格按上述要求行使职权实施审计；同时对碳管理活动与低碳资源使用是否保持在较低成本水平等方面的经济性进行审计。其次，效率性方面。碳效益审计的效率性主要体现在碳管理系统的运行效率，通过碳预算、碳核算、碳成本控制等各项环节，落实有关节能减排政策、碳排放控制及低碳管理目标，从而建立各项低碳管理制度，合理配置低碳资源。因此，需要审计碳管理系统是否健全并有效履行了节能减排的低碳责任，检查、分析碳管理系统的各个环节，确定并分析显示节能减排项目和活动在效率性方面所存在的问题，并帮助改善低碳管理机构的运作效率。最后，效果性方面。这一内容重在考察节能减排项目与低碳建设活动对被审计单位的环境影响效果。可从项目或活动的碳足迹评估入手，检查项目或活动所处低碳环境和最基本的碳排放规定，分析掌握上述项目或活动对碳收益的实际影响，判断碳足迹评估所认定的碳排放量的完整性，确定上述项目和活动在实现碳审计目标和预定影响方面的有效性，再进一步评价项目或活动预期碳排放量的真实性以及减少碳排放量的措施的适当性和效果性。

7.5.1.3　碳合规性审计及对应内容

与上述最后一项碳审计目标相呼应，碳合规性审计即审查被审计单位遵守国际公约、国内法律法规和相关政策情况，其目的在于确保国际性、全国性和区域性的政治活动、企业行为能够遵守与低碳价值有关的法律法规及政策，包括碳投融资活动及资金管理、使用新规的出台与实施。具体说来，碳合规性审计内容包括：第一，审计节能减排资金的筹集、管理和使用情况。这类资金主要来自国家或地方各级政府投入的或向相关部门征收的，要审查资金的筹集、管理和使用是否符合有关资金管理的规定。第二，审查相关低碳管理政策法规的遵守情况，例如，被审计单位的碳排放业务是否符合我国有关碳排放量管理及节能减排的规定，是否获得碳排放许可证书，是否在免费碳排放额度内排放，是否购买了碳排放额度；低碳脱钩技术是否符合国家标准和技术规程，是否按规定实施了碳足迹评估，是否按照碳足迹评估结果实施了低碳管理和控制行为等。

7.5.2　基于碳审计主体角度

按上述逻辑，碳审计作为环境审计的一个重要分支，碳审计内容宽泛，不仅包括低碳经济事项的审计业务，还包括独立的低碳技术经济评价业务，更包括那些对生产性、技术性碳排放状况的监督、评价和鉴证工作。具体包括碳审计、低碳论证、碳排放与碳固状况、低碳技术监督与评价、低碳报告鉴证等。依据前面有关碳审计主客体论述可知，碳审计可划分为国家审计、民间审计和内部审计三类，具体阐述如下：

（1）国家审计的实施主体是指负有环境监督、评价责任的经济监督机构、国务院审计署及派出机构和地方各级人民政府的审计厅（局）等，这些审计主体代表国家实施碳审计（包括碳审核）行为，所以碳审计自然而然应成为国家审计的内容。审计内容主要包括上述的节能减排社会责任审计、碳合规性审计和碳绩效审计。具体负责低碳财税资金的审计监督、低碳经济行为和产品的审计认证、低碳政策和法规的制定和执行审计等。

（2）民间审计则主要是指由注册会计师事务所所进行的一种第三方审计。从注册会计师业务内容来看，它承办各类企事业单位有关财务审计和管理咨询，国家审计机关及政府其他部门、企业主管部门等的委托，办理各种经济案例鉴定及资本验证，审计各种财务收支、经济效益和经济责任等。当然，民间审计也要对下列内容进行监督、评价，例如，碳会计核算所得到的碳会计报告的编制是否符合国家规定的碳会计准则及碳会计制度的规定，是否公允反映了所有重大方面的碳财务状况和碳经营业绩等。当然，在目前碳审计理论与实务尚未能满足当前实际需求的现状下，一般由一些专业的认证和评级机构代替来行使此项职能，例如，挪威船级社就是一个经过批准和授权的、独立的专业风险管理服务的民间组织，它也负责一些碳鉴证业务。但这样一种认证行为不属于碳审计的领域和内容，只是目前环境下的一种兼管业务。

（3）内部审计属于被审计单位的审计形式，受本单位或本部门管理层授权和领导，对系统内和单位内所实施的审计行为。企业的内部审计范畴已经扩展到企业管理的各个方面，企业环境管理体系建设也是内部审计的内容。内部审计机构对企业环境管理体系建设过程的经济事项的合理性和有效性进行审查和评价，目的在于查错防弊，实施内部控制评价，以提高管理和工作效率及经营业绩。就碳会计而言，应建立内部碳审计机构，积极开展碳会计核算及制度等方面的内部监督、评价和改善。

7.6　基于绿色供应链管理的碳审计流程

如前所述，本书已对我国碳审计的产生动因、历史演进、定义界定、主体及客体分析、目标、依据和标准体系、分类和主要审计内容等进行了较系统深入的探讨。但上述内容都还只是停留在碎片式的研究，我国碳审计基本框架的完善还需对碳审计流程进行系统规范。同传统审计一样，碳审计流程包括了准备阶段、执行阶段、报告及后续工作阶段。但由于碳审计自身的特殊性，碳审计过程中又有其鲜明的特点。本书认为，需从绿色供应链管理的高度来设计企业碳审计的流程，具体体现在碳审计业务分析、计划制定、认定及现场审计与报告出具等主要环节上。

7.6.1 绿色供应链管理

通过文献检索得知，供应链概念的前身来自现代管理学之父彼得·德鲁克所提出的"经济链"，随后由迈克尔·波特发展为"价值链"，再演变为今天的"供应链"。随着经济全球化和信息化的发展，企业间的竞争在很大程度上转变为供应链间的竞争。与此同时，世界范围内的低碳发展模式需要有生态亲和性理论的不断渗透，绿色供应链概念也就应运而生。绿色供应链管理（green supply chain management，GSCM）则是指通过与上下游企业的合作及企业内部间的沟通，从产品的研发设计、供应商的选择、产品生产、产品销售、使用及回收利用的整个生命周期过程中考虑环境影响，即在时间、质量、成本和服务等四维集成的供应链管理中增加自然资源和生态环境两个维度，向六维集成扩展，将低碳环保意识融入整个供应链中，使资源效率尽可能高、环境影响尽可能小，实现企业经济效益、社会效益和生态效益的可持续发展。因此，基于绿色供应链管理的碳审计，需要将供应链上的碳排放纳入碳审计范围，如图7-1所示，即在产品供应链层面上进行碳审计，真正实现供应链上的碳减排工作。

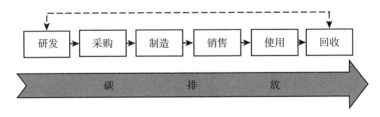

图7-1 碳排放供应链

7.6.2 企业碳审计流程概述：基于绿色供应链管理视角

根据《温室气体核算体系》，碳排放源范围可分直接碳排放、间接碳排放和其他间接温室气体排放三种类型。被审计的目标企业供应链上的碳排放也存在这三种类型。基于绿色供应链管理视角，以社会（民间）审计为碳审计主体，应根据职业判断选择合适的审计流程对供应链上的碳排放进行审计。由前述碳审计定义可知，碳审计流程的通用程序为接受碳审计项目委托，评估碳审计风险，确定碳审计计划，遵循碳审计依据和标准，运用碳审计方法，收集和分析碳排放信息完成审计，出具适当的碳审计报告等。本研究将供应链上的碳审计纳入审计范围，实施难度虽大，但通过量化供应链上产品的碳排放，即碳足迹，能主动地针对供应链的碳排放进行管理，有助于绿色供应链管理的推进和实施。基于绿色供应链管理理论，可从微观及宏观两个层面来实施碳审计。具体来说，宏观层面上的供应链碳审计则为国家或区域提供了推进节能减排的新途径。但从微观层面来看，理解目标企业供应链上的碳要素流动及变动信息，旨在更好地进行绿色供应链构建和管理，实施碳标签认证，计算产品或服务的全生命周期碳足迹，向消费者传递 GHGs 减排信息，提升企业的社会形象。

碳标签认证实质上是一项碳足迹核证标准，是碳审计依据和标准中的重要内容，具体应用在产品供应链的消费环节上。2007 年英国首推全球第一批碳标签产品，随后有日本、美国和德国也相继推出各自的碳足迹核证与碳标签认证体系。国际上影响较突出的是碳足迹核查标准要数以下三个国家所推出的标准或规范：第一，英国标准协会 2008 年公布的《产品与服务生命周期温室气体排放评估规范》（PAS2050 标准）；第二，德国的碳足迹测量以 ISO14040/44 为基础并参考了 PAS2050；第三，美国则推出了三类碳标签制度，分别适用于食品、碳中和产品和产品或服务的宣传三个领域。在食品认证时的计算准则主要为环境输入—产出的生命周期评价模式；在碳中和（注：碳中和是指通过购买碳汇①来抵消企业的碳排放量）产品的碳足迹计算时则以全生命周期（LCA）测量法为基础，委托第三方机构进行评价并需每年复审；第三类碳标签设计的目的在于为产品或服务计算碳足迹并宣传其低碳形象，旨在帮助消费者选择购买碳足迹低的产品或服务，形成环境友好的市场机制，以减少碳排放。总的说来，此三类碳标签制度都是考虑企业、产品或服务的供应链碳排放，以全生命周期测量为主导方法。

基于上述分析，考虑绿色供应链管理视角，结合传统审计中的准备、执行、报告等三个主要阶段，本研究认为，碳审计流程大致可从以下几个方面来展开。

---

① 吸收二氧化碳的库叫汇，释放二氧化碳的库叫源。

7.6.3　碳审计业务分析及计划制定

古人言，凡事预则立，不预则废，意即没有事先计划和准备的事物就不能获得成功。所以，在碳审计流程中，碳审计业务分析和计划制定应是最关键的一道流程，具体内容包括碳审计业务承接和计划制定。

7.6.3.1　碳审计业务承接

基于绿色供应链管理理念，碳审计流程的第一步就是接受碳审计项目委托，承接碳审计业务。在这一流程中的具体环节要涉及以下内容：第一，对委托碳审计项目内容进行分析，了解项目所涉及公司的基本情况，比方公司简要概况，股权变动情况，碳排放方针政策，碳排放报告及质量管理体系等。第二，了解供应链上的碳排放信息，包括企业供应链类型及供应链碳排放源类型，明确碳审计主体、客体及报告使用者这三方关系、碳审计范围的选择、碳审计目的和目标以及碳审计报告可信度需要保证的等级等。在了解和分析这些具体业务的基础上，下一步就是对碳审计项目进行风险识别、风险评估和风险应对。如评估事务所自身胜任能力、剔除不能承接业务的情形及被审计单位诚信度的评估等。第三，对供应链上碳排放信息进行初步评估。这是业务分析中最重要的一个环节，通过评估目标企业供应链上碳排放信息的重要影响程度及取得信息的难易程度，评估节点企业配合碳审计的程度及风险性，设想可能遇到的困难，以明确审计业务的难易程度，确定审计资源和审计费用，以此作为签订碳审计报告的重要依据，并考虑是否承接该碳审计项目。最后，审计项目组就审计保证等级、审计目的、适用准则和标准、主客体责任和义务、审计范围、报告时间、实质性等诸多事项与审计单位或委托方进行业务商定，签订碳审计业务合同，达成保密协议，表明正式接受或承接该碳审计项目。

7.6.3.2　碳审计计划制定

碳审计项目合同一旦签订，就得着手制定碳审计策略和具体计划。具体实施步骤是：第一，根据项目成员的专业胜任能力，分析是否适合参与，确定项目成员。项目成员不仅要具备一般审计人员所拥有的专业知识、技能、职业素养、职业道德及独立性等，还要了解和掌握特定行业或领域的生产工艺或流程，识别与选择碳排放边界和碳排放源，通晓供应链上碳足迹核算方法和标准，掌握具体的数据分析和评价方法等。第二，进一步详细了解被审计单位自身及供应链上的碳排放情况。首先，检查被审计单位所提供的基准年碳排放报告、生产工艺流程、能源消耗平衡表等，判断其完整性、真实性及合理性是否符合。然后，结合前已述及的碳审计依据和标准，对被审计单位的所有重要碳排放源，碳排放核算的依据和方法，碳排放报告的质量控制体系，碳排放信息的披露情况，核心产品生命周期的碳足迹，供应链碳排放情况等情况进行了解，然后确定碳审计项目和基准年，选择好碳审计范围，拟定碳审计计划并予以沟通，以便下一流程的碳审计认定和执行。

7.6.4　碳审计认定及现场审计

前面流程制定的碳审计计划贯穿于整个碳审计执行这一流程。碳审计认定及现场审计属于审计人员取得审计证据的执行阶段，即进行审计证据收集、鉴定和分析三阶段的取证行为。具体内容包括：第一，切实做好审计证据的收集。在审计工作开始初期，审计人员按审计目标的要求详细规划审计收集工作，确实收集的范围、种类和步骤，便于审计人员检查、监盘、观察、查询、函证、计算等有序地开展取证和分析性复核工作。第二，对上述收集的碳审计证据进行适当性和充分性鉴定。具体而言，碳审计认定就是指被审计单位应遵循客观性、可靠性、相关性、合法性、时效性、重要性和代表性等原则编制碳排放报告，通过碳排放源的审计抽样，评估供应链碳足迹，鉴定审计证据的适当性和充分性，以实现碳审计目标。第三，碳审计证据的分析评价。碳审计证据经过鉴定后的下一步即分析评价。实施碳审计证据的分析评价既要分析评价个别审计证据，也要对多个审计证据进行归类、分析和评估，以实现综合评价，从而使碳审计证据具有充分证明力。例如，将揭示碳会计报告公允性、反映碳排放活动绩效和碳管理会计系统有效性，或者反映碳审计依据和标准执行的合法性方面的证据进行归类整理，评价该类证据的整体证明力来考察它们支持碳审计意见的充分性。

综上所述，碳审计证据的收集、鉴定和分析是实施现场审计的具体内容，但由于实施碳审计的单位如果规模庞大，取证现场较多，因此可能无法实现每处的详细审计，这时往往要求遵循重要性和风险导向的原则，将审计资源投放到容易发生问题的环节上去，采取抽样审计的方法，运用前面章节已论及的产品生命周期碳足迹测算法，进行碳排放计算，与供应链的碳排放情况相比较，以发现问题，并与被审计单位相关人员就问题的整改和改进进行审计沟通，拟定审计意见，并撰写碳审计报告。

7.6.5 碳审计完成与碳审计报告

碳审计流程的最后一个阶段就是碳审计完成与审计报告阶段。此流程是对前面流程的总结，撰写碳审计报告，并向委托人提交报告的过程。基本工作路径如下：

（1）提出节能减排的相关建议，出具初步碳审计报告。在现场审计过程中，审计人员发现问题的同时，也能及时发现被审计单位节能减排的机会与风险。比如，供应链路径的合理选择、使用低碳技术的环节、提高节能减排的方式、链上上下游企业碳信息共享的途径、确认节能减排效应较高的具体措施等；当然，在机会面前也面临着风险，例如，是否遵守有关法规政策、碳排放是否得到有效控制、是否恰当使用了节能减排资金等。在提出上述相关建议的基础上，审计人员再根据碳审计证据的适当性和充分性进行合理推论，撰写初步审计报告，报告内容大致包括：碳审计项目的基本概况；碳审计目标和范围；碳审计依据和标准；碳审计方法；碳审计结论；发现的问题及整改措施；有关节能减排的相关建议；碳审计意见及其他等。

（2）进一步的审计沟通。在出具正式碳审计报告前，审计人员还需要与被审计单位的相关机构或部门就所存在的问题进行进一步沟通。例如，在前述碳审计认定的现场鉴定中发现有与碳排放量估算相关的重大瞒报或错报信息，就需要就被审计单位的内部控制缺陷与相关人员进行详细沟通并提出整改意见；另外，还包括相关审计意见类型及是否考虑后续审计等问题进行深度沟通和意见交换。当然，上述所有沟通都必须建立在不违背社会审计职业道德操守和独立性则的前提下。

（3）提交正式报告并归档，并提供碳审计意见。正式碳审计报告是指审计人员在审计过程中，按照碳审计要求，对被审计单位的碳会计报告的公允性、碳排放管理活动的效益性、碳会计系统的充分性和有效性以及低碳管理政策执行的合法性所发表的审计意见的报告。碳审计报告作为碳审计流程的总括性文件，是审计档案的重要内容，不仅具有碳鉴证的作用，还有合理保护碳信息使用者的作用，因此需出具碳审计报告后应及时将碳审计工作底稿进行整理归档。

一个完整的碳审计报告包括以下内容：标题、收件人、引言段、碳审计范围、碳审计意见等。其中，引言段包含了已审计碳排放信息内容的名称、日期或涵盖的期间、管理层的碳会计责任与碳审计人员的审计责任等内容。在范围段应说明这三方面内容：其一，为了合理确定碳信息是否存在重大错报，碳审计人员按照碳审计依据和标准计划并实施碳审计工作；其二，审计工作包括碳排放源抽样、检查碳审计证据等有关碳审计证据的归集、鉴定及评价；其三，碳审计工作为碳审计人员发表审计意见提供了合理的依据。有关碳审计意见段，应说明碳信息披露是否符合中国颁布的有关碳审计依据和标准，在所有重大方面是否公允反映了被审单位碳排放活动或事项方面的财务状况、经营成果和现金流量，还需具备碳审计人员的签名及盖章；实施碳审计机构的名称、地址和盖章；碳审计报告日期等要素。碳审计类型有无保留意见、保留意见、否定意见及无法表示意见四种。

综上所述，基于绿色供应链的碳审计流程是影响碳审计效果和效率的重要因素，恰当、有效的碳审计流程可使审计活动的每一个环节都按照一定的程序和原则行事，达到碳审计标准，使审计工作得以规范化、全面化和完善化，并有条不紊地开展，从而保证碳审计工作的高质量。

7.7　企业碳审计评价

我国是高碳排放量的国家，作为碳排放量主要责任方的企业，有必要推行低碳审计评价，并真正执行或落实到实务上来，促使企业重视节能减排工作及其效果。例如，2009 年我国提出，到 2020 年我国单位国内生产总值二氧化碳排放比 2005 年下降 40%～50%，这是我国首次以约束性指标的方式来加强节能减排力度、大力发展低碳经济、寻求可持续的低碳发展道路，同时也是开启我国企业进行碳审计评价的重要转折点。

近年来，国外已开始了重点关注环境、生态和社会福祉的碳审计评价，并已形成了较成熟的碳审计指标体系。例如，英国环境审计委员会在 2009 年率先提出了可持续发展指标体系。加拿大经济学家雷斯（Rees）等设计了"生态足迹模型"的指标体系。康斯坦西奥·萨莫拉·拉米雷斯（Constancio Zamora Ramírez）等通过分析企业碳资产的基本结构，明确审计评价在碳排放交易过程中的重要作用。奥尔森和埃里克（Olson & Eric）详细描述了碳审计与传统审计的区别，揭示了编制 GHGs 报告所面临的挑战，并阐述了将有关碳排放报告予以透明化的必要性。另外，美国审计署的相关公告表明，降低 GHGs 排放的关键在于生成和提供高质量的 GHGs 排放数据。安农·利维（Amnon Levy）通过分析碳税对不同国家和地区碳排放控制的影响，验证了碳税是实现碳排放控制的有效方法之一。由此可见，上述国外相关成果都可供我国碳审计评价所借鉴和参考。

目前，国内学者更多着重在碳绩效评价的指标体系构建上有了初步成果，同时对碳审计评价也给出了一些研究思路，但都尚未得到政府相关部门和学界的一致认可和规范。例如，有关企业碳绩效评价的指标体系构建就有杨博、宋艋、张彩平、王群伟等都通过不同的研究方法提出了相应的指标体系并进行了具体应用。王爱国在梳理国外碳审计研究结果的基础上，规范了碳审计内涵、特点及属性，并对推动我国企业碳审计评价提供了新思路。刘惠萍提出应构建以意识培养、法律完善、人才培养、绿色 GDP 考核为基础的碳审计评价的指标支撑体系。陈洋洋等尝试采用 AHP 法构建以经济效益、低碳消费、低碳技术、环境资源、低碳政策等五维度的低碳审计评价的指标体系。王爱华等则以驱动力（drive）、响应（response）和状态（state）等三维度为碳审计目标导向，设计了一套相对成熟的碳审计评价指标体系。不难看出，国内尚未有统一的碳审计评价和指标体系，需要从以下方面去探索和完善：第一，借鉴国际标准和经验，推动适合我国国情的企业碳审计评价标准的出台，并设计出一套统一的碳审计评价指标体系；第二，要充分考虑碳审计评价指标体系的包容性，设计出既包含低碳经济指标又包括与低碳相关的环境指标的指标体系；第三，碳审计指标的设计要与前述的碳审计依据和标准实现无缝对接，使之科学合理，有据可依；第四，碳审计指标的设置要动静结合，既有静态指标，又不乏动态指标的分析。基于此，本书拟借鉴 D－S－R（驱动力—状态—响应）模型，参照我国碳审计依据和标准，构建一套全面、科学、可行的碳审计综合评价指标体系，并通过定性定量相结合的方法在我国钢铁企业予以实施和应用，以实现我国企业碳审计检查和鉴证，并为我国企业碳会计制度的设计提供监督保障。

7.7.1　企业碳审计评价基础：D－S－R 模型

从上述有关碳审计的产生动因、定义、目标及流程等概念框架来看，我们不难理解，企业碳审计评价的根本落脚点就在于实现经济、社会与环境三者间的协调，通过分析碳审计评价理论模型的具体应用和实施，以构建碳审计评价的指标体系，寻求企业碳会计制度的设计路径。

据相关文献记载，联合国可持续发展委员会（UNCSD）提出了最著名的 D－S－R 三维度模型，其中，D 指的是环境或经济活动的驱动力维度；S 则指导致资源与环境呈现不良状态的维度；R 维度反映的是人类为了实现经济、社会、环境三者协调发展而必须采取的积极响应。结合前面章节中所述及的碳会计相关理论基础，本书认为，可持续发展理论是构建碳审计评价模型和评价指标体系的重要理论基础，D－S－R 三维度模型是企业实施碳审计评价的基础。因此，本书很有必要对 D－S－R 模型予以详细阐述。

D－S－R 模型是基于 PSR（pressure-state-response）模型发展起来，由于 PSR 模型描述的只是一个静态环境问题的约束，因此，在此模型的后续应用中，考虑碳排放动态因素的影响，将 P（压力）替换成 D（驱动力），形成了 D－S－R 三维模型。该模型运用于碳审计评价的基本思路是：人类、社会及经济活动产生了"驱动力—D"，改变了环境或资源所处的"不良状态—S"，而导致采取的一系列措施来"响应—R"。具体的响应模式如图 7－2 所示。

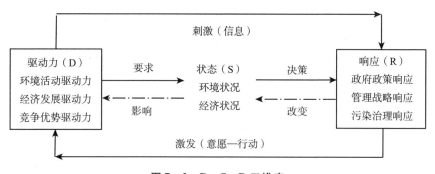

图 7－2　D－S－R 三维度

从图 7－2 可以看出，借鉴 PSR 模型，构建适用于碳审计评价的 D－S－R 模型，具体到企业碳审计评价环节，D 代表来自企业低碳发展的三种主要驱动力：环境活动驱动力、经济发展驱动力和竞争优势驱动力；S 表示资源耗竭、环境污染及超额碳排放等已有的不良状态；R 则反映在上述低碳驱动力的作用下，企业在贯彻政府政策、实施低碳管理战略及强化污染治理等方面应采取的积极响应对策。由此看来，基于碳审计评价的理论模型，设置科学合理的碳审计评价指标需要遵循合理的构建原则，选取静态与动态相结合的指标体系，既有低碳经济类指标，也有低碳环保类指标，才能较全面而科学地权衡碳审计评价结果。

7.7.2　碳审计评价指标的设置原则及指标选取

从上述分析不难理解，实施企业碳审计评价的重要前提和基础是构建科学合理的碳审计评价指标体系。本书认为，企业碳审计评价指标的设计通常应该遵循充分性、科学性、可比性、整体性等基本原则外，还应重点强调重要性原则、动态与静态及激励与约束相结合的原则。

7.7.2.1 重要性原则

在现阶段，有关碳审计评价的相关研究仍处于初步探讨阶段，导致此类研究的相关指标的获取和计量困难。因此，在设置相关指标时，需遵循重要性原则，对其基础指标予以筛选或剔除，如一些计量困难且相对不重要的指标可予以剔除掉，而对一些计量困难但对非常重的指标应保留，并通过调查、函证及专家打分法等方式确定此类指标值。具体到本书中的碳审计评价指标设置而言，因为有关驱动力、状态和响应三维度的数据还不够完善，使得一些指标设置困难。如基于绿色供应链的审计流程中，需要设置企业上下游碳排放标准的约束指标，但计量非常困难，只能予以剔除；但对于类似于碳足迹核算的指标必须应该保留，因为此类指标对于整个碳会计核算和碳审计评价等环节都是非常重要的。总之，在碳审计评价指标体系构建中，重要指标一定不可遗漏。

7.7.2.2 动态指标与静态指标相结合的原则

动态指标是在动态的时间序列中进行评价的过程指标，反映的是碳审计评价目标实现的驱动因素。静态指标反映的是企业低碳目标实现的当前状态，属"后置指标"，例如，企业能耗总量状况，告诉管理者仅是已消耗的能量结果，因此管理者无法对此类静态指标进行管理，只可对形成静态指标的动因施加影响，所以这类动因指标可归属为动态指标一类，它是静态指标的"前置指标"，反映其变动趋势。因此，碳审计评价指标设置时，通过从上述的 D－S－R 三个维度设置动态指标，如可在 S 维度设置万元产值综合能耗削减率、清洁能源采购增加比率指标，在 R 维度设置低碳治理技术投资增长率指标、低碳宣传投入比指标，通过这些动态指标与静态指标的比较评价，来发现其变动趋势，使管理者集中关注碳审计评价目标的内涵和关键影响因素，了解并促进碳审计评价目标的实现路径。

7.7.2.3 激励性指标和约束性指标相结合的原则

基于企业的趋利特征，构建企业碳审计评价的指标体系，必须从激励和约束两方面来设置相关指标，引导企业实现低碳发展新模式。例如，在促进企业经济发展的驱动力指标中可设置低碳政策扶持作为激励指标；同时又可设置来自低碳政策、法规和技术标准方面的约束指标，如环境驱动力中的是否符合碳排放政策和标准等的指标。

7.7.3 碳审计评价的指标选取

依据上述的指标设置原则，从构建可量化指标的角度来看，构成 D - S - R 模型的因素包含：第一，驱动力因素（D）。碳审计主要受到来自社会、经济及环境三方面的驱动力，由于驱动力因素与碳社会责任相关联，对应的驱动力指标可以通过激励机制以及约束机制来控制，具体指标有营业收入总额、资产总额、企业能耗总量状况、企业产品产量。第二，状态因素（S）。即低碳经济状况、战略实施状况及能源消耗状况等，具体指标有主要温室气体排放量、主要固体污染物排放量、万元产值综合能耗、清洁能源采购比例、低碳相关项目收益、企业低碳发展规划的完善度、法律法例的符合性。第三，响应（R）因素。针对碳审计实施而出台的相关政策及改进战略措施，即在高污染高损耗的形势下的治理响应政策，具体指标有节约使用燃料量、主要温室气体减排量、主要固体污染物减排量、低碳项目收益、低碳审计宣传投入、碳审计的教育投入等。上述指标可以分为定性和定量两大类，如表 7 - 3 和表 7 - 4 所示。

表 7 - 3　　　　　　　　　　定量和定性指标的分类情况

定量指标	定性指标
营业收入总额、资产总额、企业能耗总量、主要温室气体减排量、主要固体污染物减排量、万元产值综合能耗、清洁能源采购比例、节约使用燃料量、主要温室气体排放量、主要固体污染物排放量、低碳项目收益	企业低碳发展规划的完善度、碳审计法律法例的符合性、低碳审计宣传投入，碳审计的教育投入

表 7 - 4　　　　　　　　　　指标体系的分层情况

目标层	因素层	指标层
企业碳审计综合评价指标	驱动力指标	营业收入总额（激励机制）、资产总额（激励机制）、企业能耗总量（约束机制）、企业产品产量（激励机制）
	状态指标	主要温室气体排放量、主要固体污染物排放量、低碳相关项目收益、企业低碳发展规划的完善度、万元产值综合能耗①、碳审计法例的符合性、清洁能源采购比例②

目标层	因素层	指标层
企业碳审计综合评价指标	响应指标	节约使用燃料量③、主要温室气体减排量④、主要固体污染物减排量⑤、低碳项目收益、低碳审计宣传投入、碳审计的教育投入

注：①万元产值综合能耗＝企业年综合能耗量/企业年万元产值（％）；
②清洁能源采购比例＝清洁能源年采购总额/企业能源年采购总额（％）；
③节约使用燃料量＝上年使用燃料总量－本年使用燃料总量；
④主要温室气体减排量＝上年主要温室气体排放总量－本年主要温室气体排放总量；
⑤主要固体污染物减排量＝上年主要固体污染物排放总量－本年主要固体污染物排放总量。

为弥补现有研究的不足，以我国低碳发展相关法律法规、政策及温室气体排放的有关规定为审计依据，借鉴国际通用的低碳发展相关标准，综合低碳经济与低碳环保相关指标，本书尝试构建了企业碳审计评价的 D－S－R 模型评价指标体系。该套评价指标体系实现了追根溯源，围绕低碳发展的驱动力、不良状态及响应的形成对企业低碳发展进行审计评价，做到了动态指标与静态指标、激励性指标与约束性指标的相互结合；既包括了低碳经济指标，还有对应的环境保护相关的指标；还突出了重要性原则。以上各类指标的设置及选取都为充分而科学合理地进行企业碳审计 D－S－R 模型评价奠定了坚实的基础。下面将上述指标运用在我国钢铁企业进行具体应用和评价。

7.7.4　案例分析：以我国×××钢铁企业为例

7.7.4.1　我国×××钢铁企业的特点分析

我国×××钢铁企业不仅需要负责原材料的生产，而且需要兼顾其加工过程，在整个产业链中，钢铁产业处于中心位置，和各产业之间有极强的联系。据有关统计数据显示，在钢铁企业供应链上联系最为密切的主要有原燃料业、能源产业、交通运输业、机械工业、汽车制造业、建筑业、家电业等。

×××钢铁企业的能源损耗以煤炭为主，作为碳排放量的核心来源之一，碳审计自然成为衡量该钢铁企业核心竞争力的重要手段。据有关部门统计，我国钢铁企业每生产 1 吨钢铁将会排放 2.5 吨 CO_2、2.85 千克 SO_2、110 千克转炉渣、15～50 千克粉尘以及其他，大气中 80% 的 CO_2 和 SO_2 是由燃煤产生的。由此可见，该钢铁企业所产生的废弃资源不但种类多样，而且所排放的二氧化碳量对气候的影响极大。因此将低碳经济理念渗入钢铁行业，发挥碳审计的监督作用显得尤为重要。

当前该钢铁企业总产量高，但存在废钢资源短缺、产能过剩、资源能源结构不合理等问题，这使得该企业所产生的各类废气量迅速上升。为了最大限度综合利用资源能源，该钢铁企业设计了节能降耗技术系统，具体包括矿山系统、焦化系统、推广蓄热式燃烧技术、炼铁系统、炼钢、连铸及轧钢系统等。此外，还引进系列钢铁企业所需的先进技术，如环保技术、节能技术、先进产品制造技术、资源回收综合利用技术等。由此看来，上述低碳先进技术系统的使用决定了×××钢铁企业碳审计工作过程的系统性和长期性。

7.7.4.2　×××钢铁企业的碳足迹分析

从原材料到工序产物的生产过程，是将原材料、燃料（煤、油、电）、动力、辅助原材料投入到生产工序的过程。经过各工序投入产出之后，这些原材料部分转换成某工序产物和副产物，其他的则一部分变成可回收的燃料动力循环使用，余下部分作为废弃物排放到自然环境中，其中温室气体就是一种主要废弃物。图7-3则显示了×××钢铁企业各工序的物质投入产出分析流程。

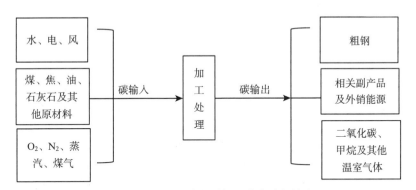

图7-3　各工序的物质投入产出分析流程

由于钢铁产品的多样性和能源排放碳的高比例，为了更细致、深入地分析问题的关键，本书根据图7-3的具体流程，选取直接能源消耗的碳足迹（直接能源消耗的碳足迹在整个钢铁生产过程中所占比例最大，属于碳足迹的主要贡献者），部分辅助原材料的碳足迹作为碳足迹分析的主要内容，对该企业碳足迹系统边界作如图7-4所示的详细界定。

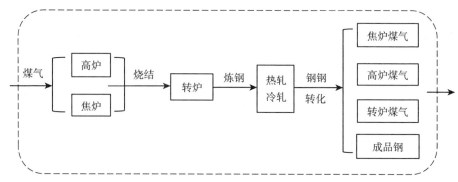

图7-4 碳足迹分析的系统边界示意

7.7.4.3 ×××钢铁企业碳审计流程分析

根据前述有关碳审计流程和钢铁企业的具体特征，本书将该企业碳审计流程大致划分为三个阶段：收集企业碳审计证据、编制工作底稿、编制碳审计报告。同时，碳审计人员团队除了需要审计专业人才外，还应聘请环境保护、清洁生产、低碳经济等方面的专家共同参与碳审计的全过程。在碳审计流程中关键步骤就是实施实质性分析程序，具体包括对钢铁企业碳减排记录的审阅、碳收支的真实性分析、各类低碳项目资金投入的合理性分析以及财务数据所反映低碳经济的合法性分析等。碳审计工作底稿是钢铁企业碳审计证据的直接书面记录，应当记录该钢铁企业碳审计采用的方法、搜集的证据、对企业内部审计成果的借鉴以及最终审计结论等内容，但与一般的财务审计底稿相比，应更侧重于温室气体排放的统计数据、碳燃料的使用范围及消耗量、企业碳减排项目中存在的问题等。为了满足政府机构、社会公众等多方利益相关者的需要，最终所收集的证据资料均要以碳审计报告的形式对外报出，编制碳审计报告，主要环节有：起草该企业碳审计报告、征求碳审计意见、修改并提交碳审计报告、复核碳审计报告、做出碳审计结论等。

7.7.4.4 ×××钢铁企业碳审计评价指标体系构建

1. 建立层次结构模型。

依照前文中碳审计评价的相关指标并结合该企业现状及碳足迹特征，可以设计出该企业碳审计评价的指标体系，运用AHP法绘出层次模型图，具体如图7-5所示。

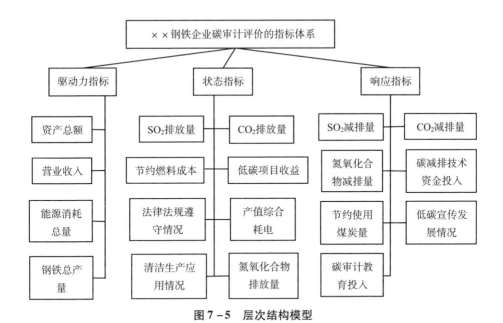

图 7 - 5　层次结构模型

2. 判断矩阵构建及权重赋值。

根据上述有关该企业的现状以及能源消耗利用的特征分析结果可以发现，是否采用清洁生产是××钢铁企业碳审计评价的重要指标。因此，在对该企业进行碳审计的过程中，应高度关注其 CO_2 和 SO_2 等温室气体排放量的管理与监测。同时，由于其企业的能源消耗依然集中于传统的煤炭、石油、天然气等能源的消耗，这使得该企业为实现节能减排目标的压力巨大。所以，培养低碳技术专业人才，倡导低碳技术的研发利用将成为该钢铁企业今后发展的重中之重。鉴于此，本书将对××钢铁企业碳审计评价指标体系中相关指标按其重要性进行排序并予以赋值相应权重，其基本步骤如下：

（1）指标重要性排序。根据目前该企业的已有自身条件，企业高度重视低碳技术改造以及清洁生产应用，因此在响应指标层中，有关低碳指标如低碳知识宣传、低碳技术人员培养的重要性排序较为靠前。另外，该企业中综合能耗大多来自供电、供热企业的生产，而电力、热力的生产能耗主要来自煤炭等能源在生产领域中的直接燃烧，因此，CO_2、SO_2 和氮氧化物排放量，以及产值综合能耗等指标的重要性排序也应位于重要之列。

（2）权重赋值修正。首先，根据上述指标的重要性排序，依次修正权重的赋值，例如，将重要性排序较前的指标上调其权重，对于一些影响不大的指标，予以适当下调其权重，构建出××钢铁企业碳审计评价对应的判断矩阵，然后按照公式 $CI = \dfrac{\lambda_{max} - n}{n - 1}$、$CR = \dfrac{CI}{RI}$ 计算判断矩阵的一致性指标，最终求解出各指标的一致性比例，具体情况如表 7-5、表 7-6、表 7-7、表 7-8 和表 7-9 所示。

表 7-5　　　　　　　　碳审计综合评价指标判断矩阵 1

钢铁行业碳审计指标	判断矩阵一致性比例	是否满足一致性要求
综合评价指标	0.0516	满足
驱动力指标	0.0000	满足
状态指标	0.0327	满足
响应指标	0.0414	满足

表 7-6　　　　　　　　碳审计综合评价指标判断矩阵 2

钢铁行业碳审计综合评价指标	驱动力指标	状态指标	响应指标	W_i 权重
驱动力指标	1.0000	0.5000	0.5000	0.1958
状态指标	2.0000	1.0000	2.0000	0.4934
响应指标	2.0000	0.5000	1.0000	0.3108

表 7-7　　　　　　　　　　驱动力指标

驱动力指标	资产总额	企业煤炭产量	企业能耗总量	营业收入	W_i 权重
资产总额	1.0000	0.2000	0.2000	1.0000	0.0833
钢铁总产值	5.0000	1.0000	1.0000	5.0000	0.4167
能源消耗总量	5.0000	1.0000	1.0000	5.0000	0.4167
主营业务收入	1.0000	0.2000	0.2000	1.0000	0.0833

表 7-8　　　　　　　　　　状态指标

状态指标	SO_2 排放量	低碳项目收益	节约燃料成本	氮氧化物排放量	法律法规遵守情况	产值综合电耗	清洁生产应用情况	CO_2 排放量	W_i 权重
SO_2 排放量	1.0000	5.0000	5.0000	1.0000	1.0000	1.0000	0.5000	1.0000	0.1403
低碳项目收益	0.2000	1.0000	1.0000	0.1667	0.1667	0.1667	0.2000	0.2000	0.0286
节约燃料成本	0.2000	1.0000	1.0000	0.2000	0.2000	0.2500	0.1667	0.2500	0.0316

续表

状态指标	SO_2排放量	低碳项目收益	节约燃料成本	氮氧化物排放量	法律法规遵守情况	产值综合电耗	清洁生产应用情况	CO_2排放量	W_i权重
氮氧化物排放量	1.0000	6.0000	5.0000	1.0000	4.0000	1.0000	0.5000	1.0000	0.1707
法律法规遵守情况	1.0000	6.0000	5.0000	0.2500	1.0000	1.0000	1.0000	1.0000	0.1316
产值综合电耗	1.0000	6.0000	4.0000	1.0000	1.0000	1.0000	0.5000	1.0000	0.1396
清洁生产应用情况	2.0000	5.0000	6.0000	2.0000	1.0000	2.0000	1.0000	2.0000	0.2213
CO_2排放量	1.0000	5.0000	4.0000	1.0000	1.0000	1.0000	0.5000	1.0000	0.1364

表7-9 响应指标

响应指标	节约使用煤炭量	CO_2减排量	SO_2减排量	氮氧化物减排量	低碳宣传开展情况	碳审计教育投入	碳减排技术资金投入	W_i权重
节约使用煤炭量	1.0000	1.0000	2.0000	2.0000	2.0000	3.0000	5.0000	0.2350
CO_2减排量	1.0000	1.0000	1.0000	1.0000	5.0000	5.0000	5.0000	0.2364
SO_2减排量	0.5000	1.0000	1.0000	3.0000	3.0000	6.0000	5.0000	0.2043
氮氧化物减排量	0.5000	1.0000	1.0000	1.0000	2.0000	2.0000	2.0000	0.1446
低碳宣传开展情况	0.5000	0.2000	0.3333	0.5000	1.0000	1.0000	3.0000	0.0773
碳审计教育投入	0.3333	0.2000	0.1667	0.5000	1.0000	1.0000	1.0000	0.0565
碳减排技术资金投入	0.2000	0.2000	0.2000	0.5000	0.3333	1.0000	1.0000	0.0461

表7-5和表7-6为××钢铁企业碳审计综合评价指标判断矩阵，其判断矩阵一致性比例为0.0516，满足一致性要求。表7-7为驱动力指标判断矩阵，驱动力指标对总目标的权重为0.1958，同时其判断矩阵一致性比例等于0.0000，满足一致性要求。表7-8为状态指标判断矩阵，状态指标对总目标的权重赋值为0.4934，同时其判断矩阵一致性比例为0.0327，满足一致性要求。表7-9为响应指标判断矩阵，响应指标对总目标的权重值为0.3108，同时其判断矩阵一致性比例是0.0414，满足一致性要求。

3. 层次排序。

表7-7、表7-8和表7-9分别表示驱动力层、状态层和响应层的指标权重。这三个权重既是综合权重的计算基础，同时在分析各个指标对于该企

业总目标的影响也是至关重要的。驱动力因素对于碳审计评价的影响程度有
助于了解该钢铁企业在碳审计方面存在的不足；而状态指标对应的准则层的
权重则可以评价该企业对碳审计发展的重视程度，同时也反映出该企业在发
展碳审计以及其他低碳经济活动时需重点解决的问题；响应指标层对整体目
标的权重能够更好地促进该钢铁企业碳审计工作的实施，帮助企业进行低碳
决策。于是，把这三个因素层的权重结合起来分析，就能全面了解××钢铁
企业碳审计评价的情况，其综合指标最终权重如表 7 – 10 所示，表项按权重
依次递减的顺序排列。由表 7 – 10 可见，清洁生产应用情况所赋的权重最高，
而低碳项目收益所赋权重则最低。

表 7 – 10 碳审计指标最终权重表

备选方案	权重
低碳项目收益	0.0141
碳减排技术资金投入	0.0143
节约燃料成本	0.0156
资产总额	0.0163
营业收入	0.0163
低碳技术人员培养	0.0176
碳审计教育投入	0.0240
氮氧化物减排量	0.0449
SO_2 减排量	0.0635
法律法规遵守情况	0.0649
CO_2 排放量	0.0673
产值综合电耗	0.0689
SO_2 排放量	0.0692
节约使用煤炭量	0.0730
CO_2 减排量	0.0735
企业能耗总量	0.0816
钢铁总产值	0.0816
氮氧化物排放量	0.0842
清洁生产应用情况	0.1092

7.7.4.5　××钢铁企业碳审计评价分析

为了实现该企业减排目标，根据碳审计评价指标中驱动力指标和响应指标对状态指标的影响和作用原理，本书特选择该钢铁企业在 2010~2014 年的相关数据，对导致该企业碳排放量增加和减少的影响因素进行分析，从而得出该企业在 2010~2014 年的碳审计结论。三类因素层指标对总体评价的影响，依照指标权重先后排序如下：状态指标、响应指标和驱动力指标。状态指标排在第一位，是贡献率最大的指标因素，但该指标的改善是和另外两个指标是密不可分的。状态指标主要有"气体及固体污染物排放类"指标、"低碳项目资金收益类"指标和一些政策相关指标，其中"气体及固体污染物排放类"指标对企业碳审计发展具有重要的评价作用。当然，"低碳项目成本收益类"指标的功能也显而易见，使该企业能科学投入低碳技术，实现资源的有效配置和可持续发展。响应指标反映企业在目前碳审计工作实践中所采取的措施，排在第二位，其中"是否实施碳减排""是否进行低碳宣传""低碳项目资金投入"等指标是评价企业是否重视低碳经济发展、是否进行低碳管理并制定低碳决策的直观依据。在驱动力指标中，"企业资产总额"指标的增加能够促进企业的低碳发展，推动碳审计工作进程，但如果化石能源消耗也不断增多，这表明能源消费需求没能得到很好的控制，反而会阻碍碳审计工作的开展。下面将具体分析该企业碳排放及碳减排的影响因素，并予以综合评价。

1. 碳排放因素分析。

在驱动力指标中，子指标"企业煤炭产量和能源总量"的权重影响突出，可见 ×× 钢铁企业煤炭产量和能源总量直接影响企业的碳排放量，因此碳审计的作用显得尤为重要。图 7-6 和图 7-7 分别反映了该企业在 2010~2014 年能源消耗总量和煤炭消耗总量变动情况。由图可见，2010~2014 年该钢铁企业能源消费总量和煤炭消费总量一直都处于上升趋势，在 2012~2013 年间的增长尤为明显。例如，在 2012~2013 年能源消耗总量增长量达到 9 170.79 万吨标准煤，能源消耗增长率为 13.32%。能源消耗的持续增加是导致碳排放增加的主要原因之一，也直接影响碳减排相关政策的制定。因此，在碳审计的监督下，该钢铁企业应当结合自身现状提高燃料的使用效率，降低煤炭的消耗总量，尝试在生产过程中使用用煤的替代品，从而实现企业和自然环境之间的碳平衡，促使钢铁企业尽快实现低碳发展。

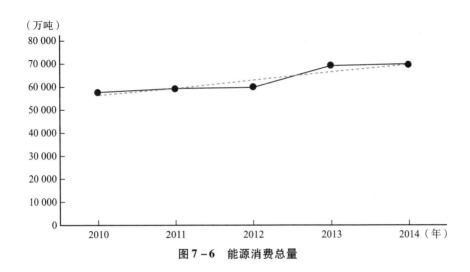

图7-6 能源消费总量

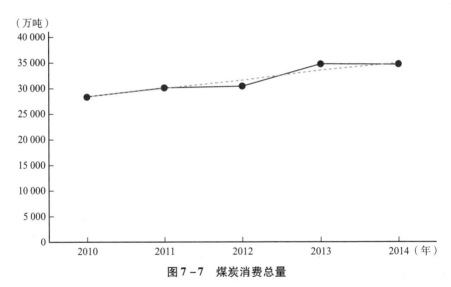

图7-7 煤炭消费总量

2. 碳减排因素分析。

在状态指标中，有关 CO_2、SO_2 和氮氧化物等温室气体排放量、产值综合能耗以及清洁生产应用情况的权重突出，同时在响应指标中，子指标"企业节约使用煤炭量""CO_2、SO_2 和氮氧化物等温室气体的减排量"的权重影响突出，这表明，××钢铁企业在开展碳审计中应重视检测该企业 CO_2、SO_2 和氮氧化物等温室气体排放量，加强企业清洁生产力度，节约使用煤炭。从表7-11、表7-12、表7-13 中可以看出，从 2011 ~ 2013 年该钢铁企业的"煤气回收利用率"指标呈现不断上升趋势，吨钢烟粉尘、SO_2和 NO_x 排放量逐年下降，同时水资源利用与减排情况以及大气污染排放情况呈现明显改善状况。由此可见，企业降低煤炭使用量后的碳减排效果明显。同时，"低碳项目资金投入"和"培养低碳技术人才"指标的增加对节能减排的发展发挥关键作用，能有效促进该企业自身产业结构的优化及转型。

表 7 – 11　　　　　　　　　水资源利用与减排情况

年份	吨钢耗新水（立方米/吨）	水重复利用率（%）	吨钢外排废水量（立方米/吨）	吨钢 COD 外排（千克/吨）
2013	3.67	97.58	0.96	0.04
2012	3.75	97.52	1.21	0.05
2011	3.88	97.39	1.35	0.06

资料来源：《国家统计年鉴（2013）》。

表 7 – 12　　　　　　　　　大气污染排放情况　　　　　　　单位：千克/吨

年份	吨钢烟粉尘排放	吨钢 SO_2 排放	吨钢 NO_x 排放
2013	0.86	1.36	1.02
2012	0.99	1.54	
2011	1.08	1.66	

资料来源：《国家统计年鉴（2013）》。

表 7 – 13　　　　　　　　　煤气回收利用率　　　　　　　单位：%

年度	高炉煤气	转炉煤气	焦炉煤气
2013	96.67	97.51	98.57
2012	96.26	92.42	97.7
2011	96.05	92.99	97.49

资料来源：《国家统计年鉴（2013）》。

3. 综合评价。

　　××钢铁企业的碳审计评价是一个由多种经济活动构成的复杂系统，主要有碳计量、能源利用、财务分析、环境治理、低碳生产等，具有动态性和专业性等特征，其碳审计评价结果不仅受企业内部审计质量及其整合程度的影响，外部审计的影响也不可小觑。为了更全面地反映该钢铁企业碳审计的关键影响因素，结合前文中的权重分析以及该企业的碳排放情况，将上述指标按不同维度进行分类，由此可以整体评价该企业碳审计在技术与财务层面、内部与外部层面的效益。表7-14对碳审计评价维度进行了分类和权重赋值，具体有企业碳减排资金投入能力、企业碳减排技术效益、企业内部管理能力、企业碳审计员工能力、企业学习成长能力、企业减排的社会效益和企业减排的经济效益七个维度。同时将其绘制成更为直观的柱形图，见图7-8。显然，××钢铁企业在碳审计评价中，对企业碳减排的社会效益及技术效益的重视程度远大于其他。

表7-14 碳审计评价维度

碳审计评价维度	指标	权重
企业碳减排资金投入能力	低碳项目收益	0.0284
	低碳项目资金投入	
企业碳减排技术效益	节约燃料成本	0.2705
	氮氧化物减排量	
	SO_2 减排量	
	节约使用煤炭量	
	CO_2 减排量	
企业内部管理能力	资产总额	0.1178
	营业收入	
	企业煤炭产量	
企业碳审计员工能力	低碳技术人员培养	0.0176
企业学习成长能力	法律法规遵守情况	0.0889
	低碳宣传开展情况	
企业减排的社会效益	CO_2 排放量	0.3662
	产值综合能耗	
	SO_2 排放量	
	企业能耗总量	
企业减排的经济效益	清洁生产应用情况	0.1092

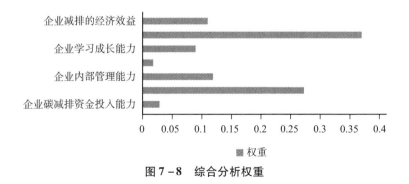

图 7 - 8 综合分析权重

7.7.4.6 案例小结

当前企业碳审计虽然已受到众多重污染企业的关注和重视。但是，碳减排的外部效益尚未得到较好体现，构建企业内部碳审计和鉴证制度仍有较长的路要走。本研究以 D – S – R 模型为基础设计了碳审计评价指标体系，并以××钢铁企业为例对指标的代表性和合理性进行案例应用，结合"目标层—准则层—指标层"的原则分别从驱动力、状态和响应三个维度来设置该钢铁企业碳审计评价指标，运用 AHP 法对所设置指标的重要性水平进行权重赋值，通过一致性检验得到最终的权重综合排序。案例分析结果表明，××钢铁企业碳排放现状与预期目标的差距以及企业响应行为方面存在的问题，为企业能源结构的不断改善提供了依据，也为碳审计评价指标的修正和完善提供了实践指导。

7.8 本 章 小 结

自然资源环境审计是近年来极为关注的领域。碳审计是自然资源环境审计中的一部分。在 2016 年我国政府工作报告中提出要加大环境治理力度，其中气候治理为其中重要的内容。本章以碳审计研究为重要关注点，借鉴审计的基本理论，对企业碳审计基本框架予以设计，贯穿相对成熟的碳审计理念和工作思路，在审计评价和实践中尽量做到可量化、较全面和可比较，发挥碳审计对生态文明建设的积极作用。根据上述研究思路和内容，大致可以得出以下几个结论：

第一，以利益相关者需求和全球气候治理的迫切性为基础和前提，剖析我国企业碳审计产生的三大动因和发展：一是低碳经济理论的提出和全球气候问题的凸显；二是我国碳交易市场启动的需求；三是产品市场对碳审计需求的逐渐增加。碳审计发展时间并不长，但近年来对碳审计研究的不断深入让这一领域在碳会计制度研究中占有重要的地位，这也为碳会计制度研究提供了动力和需求。

第二，在界定碳审计概念的基础上，提出企业碳审计目标设计时的几个注意事项，并具体阐述了碳审计的一个最高目标、三个具体目标。对碳审计依据的完善要做到以下三点：战略、政策和制度要体系化；目标和措施要有可操作性；健全并完善碳审计依据。而后再对我国企业碳审计经济与技术标准体系的基本框架予以了构建。

第三，企业碳审计的分类及主要内容。从碳审计具体目标角度可将碳审计分为碳财务审计、碳效益审计和碳合规性审计三种类型。结合此种分类，碳审计类型所对应内容主要包括碳活动的会计核算审计、节能减排资金分配和使用审计、产品碳标签的盘查审计、节能减排社会责任审计和碳绩效审计。从碳审计主体角度碳审计的类型有国家审计、民间审计和内部审计三类。民间审计内容包括：承办各类企事业单位有关财务审计和管理咨询；国家审计机关及政府其他部门、企业主管部门等的委托；办理各种经济案例鉴定及资本验证；审计各种财务收支、经济效益和经济责任等。内部审计的内容指受本单位或本部门最高管理当局授权和领导，对系统内和单位内所实施的审计行为。

第四，从绿色供应链管理视角来设计企业碳审计的流程，具体体现在碳审计业务分析、计划制定、认定及现场审计与报告出具等主要环节上。其中，碳审计业务分析和计划制定应是最关键的一道流程，具体指对委托碳审计项目内容进行分析，了解项目所涉及公司的基本情况；了解供应链上的碳排放信息；对供应链上碳排放信息进行初步评估。碳审计认定及现场审计属于审计人员取得审计证据的执行阶段，即进行审计证据收集、鉴定和分析三阶段的取证行为。碳审计完成与审计报告阶段是对前面流程的总结，撰写碳审计报告，并向委托人提交报告的过程，包括：首先，提出节能减排的相关建议，出具初步碳审计报告。其次，进一步的审计沟通。最后，提交正式报告并归档，并提供碳审计意见。

第五，企业碳审计评价。在碳审计概念框架的基础上，企业碳审计评价的根本落脚点就在于实现经济、社会与环境三者间的协调。借鉴 D－S－R（驱动力—状态—响应）模型，并分析了该评价模型的具体应用和实施，构建了碳审计评价的指标体系，通过定性定量相结合的方法在我国钢铁企业予以实施和应用，真正实施了企业碳审计检查和鉴证，为我国企业碳会计制度的设计提供了监督保障。

第8章

我国碳会计制度运行机制的构建研究

碳会计制度的运行不是个别要素的单独活动就能承担的，而需要多个要素的共同参与，并发挥各自功能，才能顺利实施碳会计制度。而这些不同要素的参与并非简单的罗列，需要相互支持和制约。因此，要保障我国碳会计制度的顺利运行，必须将这些散乱的要素有机结合，并实现要素与功能之间的匹配和协调，构建完善的碳会计制度运行机制就成了必然。

我国碳会计制度的顺利实施离不开良好的制度环境和运行机制。本章将对我国碳会计制度的运行机理进行分析，具体内容包括：研究我国碳会计制度实施过程中主要利益相关者的利益诉求，分析主客体（政府、企业和居民）的博弈行为，探寻我国碳会计制度运行过程中主要利益相关者行为动机、行为模式等方面，为构建碳会计制度运行机制提供理论依据。与此同时，在分析我国碳会计制度实施现状的基础上，构建碳会计制度运行机制的框架，阐述运行流程和机制中各影响因素的内涵，为政府、市场和企业进行政策制定提供理论和实践参考。

8.1 我国碳会计制度运行的环境分析

前已述及，碳会计制度的运行不仅是一个会计问题，同样是一个复杂的环境问题和社会问题，对社会可持续发展具有重要意义。碳会计制度的成功实践离不开良好的制度环境和运行机制。本章将从政府、企业和社会公众三大利益相关者主体出发，对我国碳会计制度运行和实践的全面深化进行以下三方面的环境分析：

8.1.1　加强环境资源相关立法和宣传教育

我国碳会计制度的顺利运行需要有完善的法规制度和公民良好的环保意识作为重要保障。通过建立法规制度，提高全社会的环保意识，尤其是企业的低碳意识，为逐步推行碳会计制度创造条件。作为企业碳会计推行的先导，低碳管理法制化也必然促使企业建立碳会计。所以，首先，要加强低碳减排立法，加强执法力度，充分发挥低碳相关法规的效力，增强碳会计信息披露的强制性。其次，加强环境保护和低碳管理的教育和宣传。我国碳会计制度运行是一个跨世纪的系统工程，涉及面广，内容复杂，政府还应调动社会各界做好环保和低碳节能等的宣传与教育，提高全民的环境危机感，利用舆论力量推动和促进企业在生产经营活动中注重低碳减排和环境保护。再次，需要协调碳会计与生态环境部、自然资源部的关系。碳会计制度运行是企业管理系统的重要组成部分，它与生态环境部和自然资源部所发挥的职能不一样，在实际运行中处理好部门间的关系充分发挥碳会计制度运行的作用是非常重要的。最后，实行碳会计制度运行的奖惩制度。从长期效应来分析，经济发展与环境保护二者之间是相辅相成的。政府可以通过一些具体措施来奖惩相关企业的环境保护行为。例如，政府财税部门有必要订制相应的业务规则，修正税收法案，利用"绿色税收"、财政的补贴、减税和免税等经济制度来鼓励和支持低碳管理业绩做得好的企业，引导资源向无污染或少污染项目转移，优化资源配置。奖惩制度的实施有利于企业的自觉性执行和政府的强制性相结合，推动我国碳会计制度的有效实施。

8.1.2　加强碳会计实用性理论的研究

目前，虽然我国碳会计基础理论已有了一些进展，但与世界一些国家相比，我国仍未将碳会计等相关准则和指南的制定纳入工作范围，成熟的碳会计理论体系仍需相当长的一个时期才能形成，因此需要大力强化碳会计实务性理论的研究，建设碳会计制度相关准则，强化碳审计评价功能与实践的研究。尤其在计量环节上需要实现突破性进展，对碳会计信息披露的合法性、真实性和全面性进行审查与评价，尽快开展碳会计实践。面对全球气候变化问题，我们不能等碳会计理论完全成熟了再来实施碳会计制度，而应当一边探索，一边实践和总结。只有将碳会计制度的理论研究与实践开展同步进行，碳会计理论才能得到不断完善与发展，并将碳会计核算与监督列入《会计法》，以法律形式确定碳会计的地位和作用，制定相应的碳会计准则，使各企业的报告标准、程度相同，增强碳会计实践操作性与统一性，最终促进我国碳会计理论与实践不断完善，使我国经济发展逐步纳入低碳经济发展的轨道。

8.1.3　大力培养碳会计人才

企业界拥有足够的低碳知识基础是对碳会计制度运行作出及时和快速反应的前提条件。因为有效使用低碳经济技术和手段必须拥有相关的信息，例如，对各种碳费用和碳收益的理解及对实施低碳手段后的经济后果；有关生态环境资源的数量和质量的数据；对现行低碳管理制度和低碳技术的评估及在物品或服务的生产和污染削减中的局限性；等等。这些信息必须被采集、储存和传播，以提供实碳会计制度运行所需的知识基础。这些知识基础的掌握需要有专业人才来掌握和使用，因此，需要大力培养碳会计制度运行所需的专业人才，使政策制定者和有关经济主体等在内的公众能够获得足够的知识基础、技术能力和技巧，从而增强碳会计研究与实践的力量。碳会计是一个不同学科交叉渗透而形成的应用性研究领域。从短期看，我国需要成立集经济、会计管理、生态环境、资源、法律等多方面专家组成的机构，来研究探讨系列有关碳会计问题。但从长远观点看，我国应着力培养碳会计专业人才，加强学校环保基础知识教育，在高等教育课程体系中增设有关碳会计的课程，例如，在本科学习中可设置环境会计、环境审计专业课程，同时也要加强在职会计人员的碳会计培训工作，提高会计人员综合素质，有利于碳会计制度运行的顺利开展。

8.2　我国碳会计制度运行的机理分析

剖析我国碳会计制度的运行机理，不仅需要分析如上所述的实施环境，还需对碳会计制度的运行机制框架进行构建，具体包括碳会计制度运行机制的内涵、理论和实践意义、理论基础、框架、特征及原则等方面，具体阐释如下：

8.2.1　碳会计制度运行机制的内涵、理论和实践意义

改革开放以下，中国取得了举世瞩目的成就，已进入了大国责任时代，

在国际国内事务处理中，秉承共同受益、发展为先的原则，在工业化和现代化加快进程与低碳经济发展之间找到有机结合点。信守承诺，将应对气候变化纳入经济社会发展规划，加强节能、提高能效工作，争取 2020 年单位国内生产总值二氧化碳排放比 2005 年有显著下降；并大力发展可再生能源和核能，争取到 2020 年非化石能源占一次能源消费比重达 15% 左右；大力增加森林碳汇，大力发展绿色经济，积极发展循环经济和低碳经济，研发和推广气候友好技术，实现低碳化崛起。

碳会计制度运行机制是指在碳会计制度实施过程中，一系列与碳会计制度相关的经济关系的总和。碳会计制度运行机制的建立，有赖于以政府、企业和民众等为主体的相互作用、密切配合和协调发展。例如，要求我们准确定位政府、市场和民众的职能，坚持政府和市场的调节作用，即要求政府活动范围定位在"市场失灵"领域，通过政策、战略措施等引领碳会计制度的制定，而民众则既是实现碳会计制度的后果承担者，又是碳会计制度运行状况的监督和反馈者。碳会计制度运行机制是实现低碳经济的一套绿色发展体系，需要从运行动力、运行手段及绩效考核等方面来进行制度创新、科技创新、市场创新和管理创新等。总而言之，从利益相关视角考量我国碳会计制度运行机制的框架构建，具有重要的理论和实践意义。

一方面，从理论意义看，深入诠释了环境产权理论，清晰界定了"什么是环境产权"；深化了循环经济理论，完善了碳会计制度设计；继承了生态经济理论，生态经济强调的是生态资源的相对稀缺性，倡导保护生态环境、合理利用资源、保障经济发展的新型发展模式。碳会计制度运行机制则是强调能源资源的节约使用，能源资源使用率的提高，二氧化碳气体排放的降低，认证和积极应对生态资源的稀缺性，建立清晰明确的环境资源产权制度，将生态环境资源纳入市场经济轨道，实现能源消费结构的优化、技术创新能力的提升、可再生资源的开发利用，构建生态文明社会，实现我国社会经济的可持续发展。

另一方面，构建我国碳会计制度运行机制的实践意义有以下三点：其一，有利于我国经济增长方式的转变，推动低碳产业的发展。中国经济结构失衡，以资源密集型产业为主，重化工业占主要地位，长期处于粗放型经济增长阶段，消耗资源量大，严重污染了生态环境，耗费了自然资源，严重制约、阻碍和影响了中国经济增长方式的转变。而碳会计制度运行机制的构建有利于转变中国经济增长方式，推动低碳经济的发展，致力于研发利用可再生能源，开采新能源，引进先进低碳技术，通过政府的政策制定扶持中国低碳产业的发展，冲抵因国外引进技术或资金所带来的不利影响。其二，在碳会计制度运行中，通过媒体宣传，不同形式的培训和教育等手段使唤低碳经济理念深入人心，使社会公众更多地加入环境保护队伍中来，通过群众的监督反馈机制，提升公众的环保意识，这将对中国低碳经济增长方式的转变提供了坚实的群众基础。其三，有利于科学发展观的践行。众所周知，片面强调经济发展的传统发展观存在诸多弊端，需要扩充和完善，不纯粹是一个经济现象。发展既要包括人们收入和国民经济的增长，还要包括社会制度、管理结构和生态环境等多重因素①。坚持以人为本，实现社会全面、协调和可持续的发展，是科学发展观的核心。② 并需要统筹各种关系，尤其是人与自然的关系。通过完善碳会计制度运行机制，能对我国科学发展观的渗入和践行有重要的推动作用。在运行过程中，要求人们节约资源消耗，提高资源利用效率，旨在减少环境污染，保护环境，以促进资源节约型和环境友好型的和谐社会建设。在上述实践目标实现过程中，需要政府转变职能，引入市场机制，创新政府管理手段，运用低碳经济的协同发展模式来推动政府管理体制的优化和完善。同时，需要实施碳绩效评估，旨在强化政府的监管职能，并增加就业机会，实现与国际接轨，改善国际环境，构建有利于碳会计制度运行机制实践的重要举措，也是我国应对气候变化的重要举措。总而言之，在碳会计制度运行机制的构建中，政府、企业、民众等利益关系者作为主要经济主体，必须深入贯彻落实"美丽中国"和绿色发展的总体要求，承担社会责任，以寻求低能耗、低排放和低污染的发展目标，进而减缓气候变化，从根源上保护环境，达到人类可持续发展的长远目标。

8.2.2　两个相关理论基础

从利益相关和博弈视角考量碳会计制度运行机制的构建，通过适当的激励措施和利益约束机制来实现利益相关者之间的博弈、合作和相互监督等，以实现碳会计制度决策与实施的科学、效率与公平，最终实现各利益关系人共同利益最大化。

（1）利益相关者理论。这一理论最早由弗里曼在《战略管理：一种利益相关者的方法》一书中所提出③。我国学者研究利益相关者理论始于 20 世纪

---

① 托达罗. 经济发展与第三世界 [M]. 北京：中国经济出版社，1992：239.

② 《中共中央关于完善社会主义市场经济体制若干问题的决定》，2003 年 10 月 14 日中国共产党第十六届中央委员会第三次全体会议通过。

③ Freeman. Strategic management：A Stakeholder Approach [M]. Boston：MAPitman，1984：22.

90 年代，该理论形成于企业管理领域，研究成果侧重于公司治理。由于研究视角和背景的不同，对利益相关者理论的理解也不一样。通过梳理和概括，有以下三种主要观点：一是"企业依存"观，即利益相关者之间相互依存来维持各自的生存和发展。侧重研究谁是企业的利益相关者，利益相关者内涵及其参与治理等内容，这种观点在该理论的研究初期具有代表性，对应用于公司治理的基础研究具有重要意义。二是"战略管理"观。这是由弗里曼为代表所提出的代表性观点，将利益相关者观点融入了企业经营管理的战略层面，强调利益相关者在企业战略制定和实施中的作用及参与企业战略管理的重要性。三是"参与所有权分配"观。基于公司治理和组织理论角度，此观点认为利益相关者参与公司治理的基础是因为其对公司专用性资产的投入并承担了公司的剩余风险，因此可以分享企业的所有权（包括剩余控制权和剩余索取权）①。这是近年来有关利益相关者理论研究的集中领域。从上述三种观点来看，利益相关者理论的核心思想是企业行为应该综合考虑社会其他各个方面的利益和关系，以保证和促进包括企业自身在内的整个社会的良性发展。把该理论引申到碳会计制度运行机制中，可以理解为碳会计制度的实施应重视各方利益相关者的存在，认清他们各自的责任及利益诉求，是制定和实施我国碳会计制度的重要前提。利益相关者理论较大拓展了我国碳会计制度运行的研究视野，为本书碳会计制度运行的机理分析提供了研究视角。

（2）博弈理论。所谓博弈是指组织在一定环境和约束条件下同时或先后一次或多次从各自可能的行为或策略集合中进行选择并决策获得相应结果或收益的过程。博弈论即指研究决策主体的行为发生直接相互作用时的决策以及这种决策的均衡问题②。发展至今，博弈论有两大理论流派，合作博弈和非合作博弈。前者也叫正和博弈，是指双方利益都有所增加，或者一方利益不受影响前提下另一方利益增加，从而增加总体利益，这种合作博弈追求的目标是"共赢"，属于合作状态，常应用于收益分配环节。后者则称为零和博弈，是指一方利益增加的同时，另一方利益必会减少，双方处于不合作状态。这种非合作博弈研究的主要内容是博弈者的占优决策，即博弈双方如何做选择，使在利益相互影响的局势中获得自身收益最大化。目前，非合作博弈理论成为主流经济学的一部分，被广泛应用于经济管理研究领域。学者们所提出的"纳什均衡"和"囚徒困境"的动态概念奠定了现代非合作博弈论

---

① 杨瑞龙，周业安. 企业的利益相关者理论及其应用［M］. 北京：经济科学出版社，2000：116-123.

② 如国，韩民春. 博弈论［M］. 武汉：武汉大学出版社，2006：56-58，126，135.

的基础，丰富和发展了博弈理论的内容。如果将博弈论应用到碳会计制度运行的机理分析中来，我们可以获得以下两方面的启示：其一，政府、企业、公众作为独立的利益集团，他们是与碳会计制度运行相关的利益集团，在该制度运行中都在强调争取各自的利益最大化，以自身利益最大化为目标选择自己的行动。碳会计制度的运行目标是实现环境效益与经济效益最大化。其二，利益相关者违规甚至违法行为可能也是他们的一种"理性选择"，他们可能会忽略碳会计制度运行的目标，在运行过程中选择各种有利于自身利益的策略。目前，我国碳会计制度运行机制不成熟和完善，因此有必要将利益相关者可能的选择纳入碳会计制度运行过程中的博弈分析内容，尽可能科学地预测利益相关者的博弈行为更多是追求利益最大化的策略选择行为，不合作博弈的相关理论为这一研究思路提供了有力的分析工具。

8.2.3　运行机制的框架设计

我国碳会计制度运行机制是一个统筹协调的概念，整体框架内容应包括运行主体、运行目标、运行动力及手段等方面，正是在这些不同角色的相互作用下，才能保证碳会计制度运行机制的完整性、协调性。

8.2.3.1　运行主体

（1）政府。中央政府和地方政府作为碳排放交易市场的管理者，它是一个宏观主体，是碳会计制度的积极倡导者和推动力量，同时也是碳市场交易活动的监督者。作为关键的运行主体，政府代表社会利益，从可持续发展目标出发提出战略性决策，拥有最强大的团队力量、号召力和较高的智慧，通过有效政策等的实施，推动碳会计理论与实践向前发展。例如，政府以政策驱动为主，辅以市场驱动，构建相应的政策体系，激励低碳技术的推广应用，创造条件促进市场机制发挥作用，同时弥补市场失灵。而且，企业是节能减排与发展碳会计制度的重要主体，政府作为宏观主体，通过采用一系列政策手段包括必要的行政手段对企业施以引导和限制。总之，上述举措的运行都应该建立在政府所构建的稳定的政策体系和长效的节能减排机制的基础上。

（2）企业。作为利益相关集团中的一分子，企业是市场主体，它既要追求和获得自身的高利润，不断创造国民财富，又有兼顾生态效益和社会效益的义务，做到经济发展与生态环境的和谐发展，追求社会福祉的最大化。企业碳活动主要包括温室气体排放以及能源资源消费，由此可见，企业也是减少温室气体排放、提高能源利用效率的主要践行者，它直接产生碳排放并追求利益最大化。因此，企业在碳会计制度运行过程中占据了核心地位，是碳会计制度运行的微观主体。

（3）社会公众。作为碳会计制度运行的第三大主体，社会公众不仅是碳会计制度和相关政策的真实评判者，还是碳会计制度运行中所生产的产品的消费者，是环境污染的承受者，更是社会福利的享受者，因此，无论碳会计制度运行方式如何，最终影响的广大社会公众。社会公众积极监督碳会计制度运行及效率，并将在实际运行中及时向宏观主体政府进行反馈。同时，社会公众作为消费者，低碳消费理念和良好的消费行为也会对碳会计制度是否良性运行发挥重要作用。

8.2.3.2 运行目标

碳会计制度运行旨在实现全面和谐发展，不同于传统会计所追求的企业追求利润最大化、个人追求效用最大化的单一目标，需建立以政府为主导的引导机制、以企业为核心的践行机制、以社会公众为主体的动员机制。碳会计实施的目的是追求经济效益、环境效益和社会效益协调统一的多重目标。基于上述三大运行主体，我国碳会计制度的运行目标可以阐述如下：

首先，政府作为碳会计制度运行的重要推动者，此层面上的碳会计制度运行目标应与社会总福利及生态环境利益具有很大程度的一致性和同步性。理由在于碳排放活动所产生的环境影响有明显的外部性特征。因此，必须将低碳经济纳入战略轨道，通过政策给予引导，全面建立适应低碳经济发展的一系列政府措施、法律法规和管理制度体系；基本建立在低碳领域在国际或地区间的交流合作平台、不断推广低碳产品，制定低碳产品认证制度，提高低碳技术；通过制定碳会计制度运行的相关标准、政策、法规及监督制度等，来维护碳交易市场的公平和效率，实现社会、环境利益最大化。而且，各级地方政府利益与我国中央政府利益也应具有一致性，且受中央政府的监督和管制，执行中央政府所出台的相关低碳政策，通过比较各级地方政府与中央政府在环境利益上的区别，地方政府层面上的运行目标又具有明显的独立性，比较关注本区域的经济利益，希望实现经济效益最大化和区域的经济、环境发展最优化。

其次，就企业层面而言，通过构建利益诱导机制，提高企业发展低碳经济的自觉性，运行我国碳会计制度旨在减少企业碳活动中的二氧化碳排放，提高低碳技术的研发能力，采取先进的低碳管理技术，提高碳汇能力，增加碳资产管理价值，追求更多的经济效益，获得更多的环境绩效，改善生态环境、与自然、人类及社会和谐相处，促进经济可持续发展目标。企业低碳管理和运行旨在将低碳因素纳入现代企业管理系统当中来，实现低碳管理与绿色发展的高效融合。

最后，从社会公众利益着眼，有效推进和运行我国碳会计制度，旨在提高公众的低碳和环境意识，提升公众的低碳和环境的公众参与力，还能帮助他们有效判别各种低碳活动是否对周围环境产生的各种影响，并向公众所在社区和各级政府提供有效的防范和低碳管理措施。当然公众参与的重要前提是信息公开和透明。

总而言之，我国碳会计制度运行的最直接目标是控制温室气体排放，提高碳固能力。这不仅是二氧化碳排放的降低，也不仅是追求更多的 GDP，而是获取更多的环境与经济双赢的综合效益。从更深层次看，我国碳会计制度运行目标需要调整低碳经济产业结构、优化低碳能耗结构，生产方式的低碳化转变得到逐步实施；低碳技术的研发能力得到全面提高；适应碳会计发展的一系列政策措施、法律法规和管理制度体系得到全面建立；不断推广低碳产品，提高低碳技术，使碳会计制度在国家或区域间的交流合作和实施平台得到基本建立。

8.2.3.3　运行动力

完善的碳会计制度运行机制需要强大的动力支撑。它不同于传统会计制度运行机制，打破了利润最大化的传统会计运行模式，运行动力从经济效益驱动过渡到经济效益与生态效益并重的驱动，自觉调整企业内部管理结构，在研发、采购、生产、销售、运输等各个环节注重低碳式发展，不断创新低碳技术，保护生态环境。具体分析来看，主要包括两方面的运行动力支持，阐述如下：

1. 外部性问题导致能源资源和碳排放权的稀缺性。

较早时期，经济学家仅把劳动、资本看作是经济增长的源泉，自然资源和生态环境要素（包括能源资源和碳排放权）是经济增长模型中的外生变量。1910 年，英国剑桥大学马歇尔提出"外部性[①]"理论，并将这一理论用于环境问题分析。而事实上，在低碳经济发展实践中，上述外生变量发挥着重要作用，并影响着经济增长，成为内生变量，既推动了资源要素的推动，又对二氧化碳排放产生约束作用。因此，提出了环境外部成本内部化的理论，将稀缺的能源资源和碳排放权界定产权，合理确定资源价格，真实地反映市

---

① 外部性是指在经济活动中产生了超越于进行这些经济活动的主体以外的外部影响，即不通过价格机制反映的影响，进而会产生不能全部反映到私人成本中的社会成本。

场供求关系和资源稀缺程度，将资源性产品生产过程中的外部成本内部化，反映经济增长中的物质消耗、社会成本、资源和环境代价，实施碳会计的外部性核算和管理。从某种意义上而言，碳会计的外部性核算和管理是碳会计制度运行的进一步深入，只有引进碳会计的外部性核算和管理，我国碳会计制度运行才有动力支持。碳会计的外部性核算和管理可从三个方面来提供动力支持：

其一，基本假设。在继承传统会计假设基础上，对碳会计外部性核算的基本假设赋予了新的内涵，具体内容如 4.3 节所述。例如，会计主体假设是指记录、报告独立核算的企业或法人对其他利益主体所产生的外部性影响。此假设应注重会计主体的行为特性，当企业主体的生产排放的二氧化碳或消耗的能源影响了其他利益主体的正常经营，或影响到社会公众的健康状况时，应将这种由此会计主体产生的外部不经济性包含在碳会计的核算对象之内，即将外部不经济的影响内部化，如此才不会导致碳会计制度运行的基本目标的实现。

其二，核算原则。碳会计制度运行动力离不开碳会计外部性核算原则的支持，除了前述第 4.2.4 节和第 4.4 节中所阐述的相关内容之外，主要还有外部性内在化原则、充分披露原则、权责发生制原则和可比性原则四方面。在传统会计制度中，碳排放和能源消耗所产生的外部性是不予核算并不计入企业业绩的影响因素，而此处的外部性内在化原则要求将外部经济转化为企业碳效益，外部不经济转化为企业碳损失，从而真实评价企业综合业绩。充分披露原则即指遵照公正性和充分性原则，政府运行主体必须对企业对碳排放及能源消耗等信息的披露进行明确和强制的规定，以使相关利益主体能有清晰详细的碳会计信息获取，有助于相关利益主体正确决策的作出。权责发生制原则是指在碳会计外部性核算和管理中编制碳会计业务时所遵守的确认和计量原则，要求在碳会计事项发生时确认其影响，并将其记入与其相匹配期间的会计记录并以会计报告的形式予以报告。根据此确认和计量原则，碳会计制度不仅要核算过去的碳会计事项，还要核算未来应承担的碳排放义务和未来应得到的碳收益。最后，可比性原则成为碳会计制度运行的动力支持是指碳会计外部性核算的指标应尽可能与联合国设计的碳会计核算框架相一致，以利于今后与各国碳会计指标做比较，例如，联合国制定了一套环境与经济综合核算体系（SEEA），作为国民核算账户（SNA）的一个附属卫星账户，旨在将自然资源因素与经济活动联系起来进行匹配和比较。

其三，会计要素。如 4.5 节所述，完整的碳会计要素应包含六个方面，但此处要强调外部性核算是指企业在核算期内，碳活动引致的未予以偿还的那部分价值，或向其他利益主体提供服务而未得到相应补偿的那部分价值。碳核算的外部性科目属碳损益的范畴，可为正值也可为负值，对应前述的碳收入、碳成本和碳利润等会计要素。从理论上来理解，可持续发展的碳会计制度运行目标要求碳外部性应为零，对于碳活动所引起的正外部性，即碳固或碳汇活动，应启动生态补偿，以减少这种正外部性；对于碳排放而产生的负外部性，应通过政府宏观调控手段，如征收碳税，以减少其负外部性。可持续发展的碳会计制度运行的最终目标不仅要追求代际公正（即当代人的发展不损害下代人的利益），而且还要追求代内公正（即代内一部分人的发展不应损害代内另一部分人的利益）。虽然，在碳会计制度运行中，希望更多的外部性得到合理的修正和补偿，但在现实中此外部性却只是一个或多或少的常态而已。

2. 双重理性选择。

我国碳会计制度的顺利运营离不开各利益主体的内生动力支持，其运行动力首先来自上述的三大运营主体（政府、企业和社会公众）的理性选择。碳会计制度是不是运行主体的正确选择，首先取决于与传统会计制度相比较，哪种会计管理方式能够给企业带来更大利润，给整个人类社会带来更多福祉，实现可持续发展的运行目标。同时也取决于运行主体对碳会计制度能否有正确理性的认识、认识的程度及采取的相应策略等。因此，碳会计制度运行的另一重要的动力源泉应是人类社会的双重理性选择，即"经济人理性"和"生态经济人理性"。

从企业层面看，作为碳会计制度运行的主要动力源，企业是二氧化碳的主要排放源。以资本和资源驱动的企业是二氧化碳排放增加的主要责任者（也是粗放式增长的主要执行者）。因此，企业是我国高碳排放的主要问题的载体，也是我国碳会计制度运行的主要承担者。在市场经济中，企业的经济人理性占据主导地位，企业能否自觉遵循碳会计制度，是否愿意承担碳会计制度实施所带来的成本和风险，则是碳会计制度运行机制建立过程中需要解决的重要问题。如何合理利用企业首先是理性经济人这一特性，激发起其生态经济人理性的一面，扩展企业的受托责任，做到多元化和社会化，其中的自觉节能减排责任则是企业所承担的社会责任中的一个重要方面。美国著名经济伦理学家乔治·恩德勒曾提出企业社会责任包含三个方面：即经济责任、政治和文化责任以及生态环境责任。[①]

对于政府来说，有些人往往认为，因为低碳经济发展的领域往往存在市

---

① 　A. C. 利特尔顿. 会计理论结构［M］. 林志军，黄世忠，译. 北京：中国商业出版社，1991.

场失灵，光有市场机制的改革是不够，需要政府的主导作用。这种观点需要理论依据，但不能笼统而言。过分强调政府的主导作用，会使其负面影响可能超过正面的作用。总体而言，碳会计制度的运行机制构建应该加强政府主体的引导作用，而不是政府的主导作用①。政府应培育好碳会计制度的运行环境，为发挥碳交易市场机制的基础性作用创造良好的制度条件和公平的竞争环境，尽可能让碳市场机制发挥更大的作用，同时也要通过货币政策、财政政策、产业政策等手段峄宏观经济进行调控，做好低碳减排活动的服务，加强市场的监管，弥补市场机制的缺陷和不足。政府在碳会计制度运行中需要起重要的引导和指导作用，政府的价值取向决定了一个国家的经济运行方向。基于此，政府是以单纯发展经济为主，还是注重生态环境效益的获得，将会对碳会计制度的运行产生不同的影响。

基于社会公众视角，公众的低碳消费行为和低碳生活方式是碳会计制度运行机制构建的重要环节，也是推动低碳社会的强大动力。在初始阶段，低碳产品的成本会增加，相应地公众的消费成本也会增加，此时公众对产品的选择，公众的消费方式是否转变都会在碳会计制度运行机制构建中产生重大影响。低碳社会是通过消费理念和生活方式的转变，在保证公众生活品质不断提高和社会发展不断完善的前提下，致力于在生产、社会发展和公众生活领域控制和减少碳排放。但有人简单地将"低碳"与"限制发展和消费""增加成本"等同起来，未把它看作是未来低碳社会发展的促进因素和新的发展机遇。即使人们普通接受和赞同科学发展观和绿色发展的新观念，也深深感受到了环境问题给公众所带来的巨大压力，并积极主张低碳环保政策的实施，碳会计制度的有效运行，但在涉及具体问题，尤其是涉及局部和个人利益与公共利益相冲突时，低碳环保理念往往就会让位于其他因素的考虑。

此外，目前一些城市在垃圾分类问题上存在着市民认同度高但行动力差的问题，这在一定程度上说明低碳环保理念在我们公众的思想意识仍未扎根，一旦碰到与利益和习惯冲突，人们的行为就会出现偏差。要想解决这些问题，必须要有舆论宣传、法律规范、政策引导、利益机制等方面的紧密配合，通过一个长期的宣传、倡导、示范和激励，以及互动沟通和深化认识的过程，使社会公众的理念和习惯在潜移默化中得到改造，促使低碳环保行为成为人们的自觉行为，成为社会公众生活方式的一个组成部分。由此看来，只有通

---

① 政府主导有两个重要含义：一方面是政府掌握了太大的资源配置的权力，另一方面是发展服务于各级政府的政绩目标。转引自：吴敬琏. 我国市场化改革仍处于"进行时"阶段［N］. 北京日报，2011－12－05（17）。

过建立资源节约型和环境友好型社会，建立人与自然和谐发展的低碳社会，才能实现强国富民的长远目标。作为一个低碳发展的践行者，社会公众是推动我国碳会计制度运行的动力源泉之一。

8.2.3.4　运行手段

在相对完整的碳会计制度运行机制的框架中，除了运行主体、运行目标及运行动力等内容之外，还需要有包括法律、市场和技术在内的运行手段的依托。

1. 法律手段的保证和规范。

碳会计制度运行机制在我国会计发展史上是一个全新的概念，没有现成的路子可循，在运行过程中，特别在起步阶段所遇到的一些困难和阻碍需要借助法律手段给予强制性保证。另外，碳会计制度运行机制包含政策、企业和公众三大主体，不管是政府机构的领导，还是企业的低碳运营，或者是社会公众的监督反馈作用，都需要法律法规的规范和指导，法律手段贯穿于碳会计制度运行的每一部分，将起到极大的作用。

由于我国碳会计管理基础较为薄弱，可借鉴英、美、德、日等发达国家近几年在有关低碳管理方面所出台的法规条文等方面的经验，建立一套积极应对气候变化的法律法规体系来提供约束和保护。例如，为了促进节能减排提供必要保证，我国颁布实施了《环境保护法》，并相继出台了《清洁生产促进法》《节约能源法》《循环经济促进法》《可再生能源法》等，同时还需尽快制定有关低碳管理的法律行文，以保障我国碳会计制度的顺利运行。具体规范措施阐述如下：

第一，制定《低碳产品法》，以建立一套完善的企业低碳产品认证体系。低碳产品作为低碳管理中的重要角色，它的开发和认证是一大难题，需要较高的技术和严格的测算标准。我国在这方面的规范管理还较薄弱，需要有相关政策的促进，通过法律法规对低碳产品的生产、流通和消费的全过程进行约束和指导。因此，制定专门针对低碳产品的认证体系也势在必行。

第二，颁布《低碳能源法》，以规范低碳能源利用。至少从两个方面对低碳能源的利用情况进行规范：一是通过制定法律约束和规定我国某些地区或企业必须使用低碳能源，例如，全国各大城市出台关于大气污染整治和处罚方案，严禁城区餐饮企业使用煤炭、蜂窝煤等高污染燃料，确保在某个时间范围内实现城区清洁能源使用的基本覆盖。二是在低碳能源的开发利用、低碳项目的运营、能源利用程度等方面都有法律法规的制约和明文规定。

第三，立法共同责任，具体规定职责。在碳会计管理制度实施过程中，界定各部门的低碳排放和减排责任是碳会计制度运行的一个较大障碍。例如，在界定责任时，各级责任部门间的工作职责不明确，部门间出现脱节现象，导致相互推诿责任。因此，要加强各部门之间的共同责任立法，明确规定碳减排活动中的管理职责，并制定相应的奖惩措施，以此促进碳会计制度的顺利运行和优化。

2. 节能减排技术的研发、使用及管理方面的创新。

在我国碳会计制度运行手段中，碳排放和碳固技术的研发、使用和管理更是起着举足轻重的作用，是构建碳会计制度运行机制必不可少的手段。因为在当前环境下，低碳技术才是获取企业价值最大化的重要推动力。世界各国尤其是发达国家纷纷利用自身的技术优势，企图获得低碳经济和管理的战略制高点，以此来牵制发展中国家。因此，我国应着力在企业节能减排及碳固、新能源开发利用等方面进行技术创新，并同时提高有关碳活动的核算技术和管理。具体可按以下两条思路进行创新和管理：

思路一：创新企业的节能减排及碳固技术。企业是能源的主要消费者和温室气体的主要排放者。一方面，政府应引导和激励企业积极与科研院所合作，设立专门的新能源研发部门，建立产学研体系，加强新能源的研发和利用，例如，利用风能、核能和太阳能等新能源，实现新能源研发利用的技术创新。同时，需要企业从源头上去减少温室气体的排放，尤其在生产环节，通过使用新的低碳生产技术，提高能源利用效率，配备清洁生产装置，实现低碳减排的技术创新。另一方面，降低二氧化碳排放的另一个有效处理方法就是实施碳捕集和碳封存即碳固技术。近年来，这一技术研究在欧美发达国家得到了较快发展。在我国碳会计制度运行机制中，加大碳固技术的创新研究是碳会计制度顺利运行的重要手段。例如，在研究初期，我国可与发达国家积极合作，借鉴先进经验，实现资源化创新技术的循环优化利用，使二氧化碳捕集和封存成本大幅降低，从而达到捕集技术提高和单位碳排放降低的双赢。

思路二：创新二氧化碳的核算技术和管理。在碳会计制度运行中，碳会计指标要得以具体落实，需要量化企业生产环节中的二氧化碳排放量，依据严格规定的核算标准与计算公式，对资源或能源利用对环境所造成的影响进行核算和管理。同时，还需要有专门的第三方独立审验机构，对上述核算及管理活动进行监督和鉴证，以保障碳会计制度运行手段的有效运用。

3. 碳交易市场的创新。

制度经济学认为，交易先于制度。意即先有交易，再有制度的完善。碳会计制度运行也如此，先发展碳交易，在交易中积累经验，然后再逐步探索、完善和规范碳交易市场。如前所述，在我国低碳经济发展日新月异的背景下，碳交易市场的调节作用愈发凸显，碳会计制度运行机制也离不开碳交易市场的作用。碳交易市场能促进资源的优化配置，能更好地指导我国自然资源的高效低碳利用、核算和管理。因此，碳交易市场是碳会计制度机制运行的不可或缺的手段。此研究中所指的碳交易市场主要是指碳排放权交易市场。企业是碳排放权交易的重要参与主体。根据《京都议定书》，各国可以进行具体的碳市场设计。

我国统一的碳交易市场已于 2017 年全面启动。碳排放交易制度规定，完善的碳排放交易体系，需要有公开、公平、公正的碳排放市场，需要合理分配碳减排指标、成本核算与定价、制定碳减排考核标准、建立认证制度、建立碳排放交易管理制度、建立碳交易账户管理制度和碳排放试点和全面推广实施。碳排放权交易市场运行的基本步骤可归纳为 12 步骤，简称"清洁 12 步"[1]：①定义碳减排量；②碳交易市场监管制度；③碳排放基准线；④碳排放目标，分配碳排放指标和检测碳浓度；⑤统一的配额指标，定义碳信用额度；⑥碳配额结算体系；⑦现有的碳交易所和交易系统；⑧拍卖；⑨完善碳交易记录实践；⑩研究机构与碳交易市场的联系；⑪进行相关的碳会计与税务处理；⑫建立国际与国内碳交易市场的互动。其中，建立碳市场监管制度、确定碳排放基准、分配碳排放指标、建立碳配额结算体系等是碳交易市场设计的重要环节。在上述环节和步骤中，国家首先确定好碳排放的总量控制，然后根据总量对各个企业、各个地方分配减排量。有了总量控制才能确定成本和价格，通过最低的成本减少二氧化碳的排放，进行市场交易。其中，完善碳排放交易制度的基础是实施碳排放量的检测、报告与鉴定；实施碳排放交易制度的出发点和归宿则是实施总量控制，获取详细的碳排放量资料，便于政府允许碳排放总量的计算，旨在完善碳排放交易市场。

我国是全球最大的碳减排市场提供者，企业是碳交易市场的重要运行主体。但包括中国在内的发展中国家未能掌握碳排放定价和交易的主动权，只能充当"卖碳翁"的角色，在全球碳市场及碳价值链中处于低端，存着市场不集中、信息不透明、企业碳交易意识淡薄等诸多问题。这对我国资源造成严重浪费、生态环境受到污染。因此，完善我国碳交易市场是必然之路，尤其需要强化企业参与碳交易市场的环境责任，提升碳产品及其衍生产品的内在价值和竞争优势。例如，企业在碳会计制度运行机制中，将碳作为一种新的生产要素和运行手段，在节能减排、新能源或再生能源以及碳排放权购买

---

① 邢秀凤. 社会责任视域下的企业环境责任研究 [M]. 济南：山东人民出版社，2012：133 – 134.

之间作出选择，并实施碳足迹标签等碳交易制度创新，以获取在碳排放权市场的先驱优势和领先位置。

综上，碳交易市场的创新无疑给我国碳会计制度运行机制的构建提供了一种全新的运行方式与手段，我国应该深入研究这种方式的可行性，探索一项适合中国国情的"排放权交易"推广计划，从而高效快捷地解决我国温室气体排放问题。

8.2.4　运行机制的特征及原则

碳会计制度运行机制是一个复杂的系统工程，无论从上文已阐述的运行主体、目标、动力等方面都有自身的特征，而且必须遵循一些基本原则，处理好方方面面的关系。

具体而言，运行机制的基本特征有以下三个方面：其一，完善的碳会计制度运行机制以政府、企业和社会公众为三大运行主体，三者相互作用，相互制约，在经济效益和低碳效益的运行目标推动下，共同发挥作用，保证我国碳会计制度的顺利运行。其二，碳会计制度运行的目标就是为了追求经济效益、生态效益和社会效益的协调统一，实现以往的企业追求利润最大化、个人追求效用最大化的单一目标向多重目标的转变，达到全面和谐的可持续发展。其三，与传统会计制度运行机制不一样，碳会计制度运行机制打破了利润最大化的传统目标，运行动力从经济效益驱动转变到生态效益与经济效益并重考虑，在研发、采购、生产、销售、运输等生命周期各环节上注重低碳发展因素，不断创新低碳技术，在经济人理性的基础上，更多地发挥生态经济人理性的作用。

在碳会计制度运行机制中，需要坚持的基本原则如下：

（1）碳会计制度创新与低碳技术创新相结合的原则。一方面，科技进步与经济发展的关系愈发紧密，低碳经济也不例外。作为低碳经济发展的一种制度，碳会计制度运行只有在低碳技术不断进步的引领下，才能得到长足的发展。追求低碳技术[①]创新的根源在于落后的科技本身、滥用科技、运行主体对科技的行为、科技的全面效果等这些不确定性因素。这些因素导致低碳经济发展受到影响和制约，资源利用效率不高，生态平衡受到干扰，污染治理成本太高，导致碳会计制度难以推行实施。因此，要解决碳会计制度的运行与实施，必须依靠低碳技术进步和创新来完善和优化碳会计制度运行机制。

---

①　低碳技术是指提高能源效率，减少温室气体排放的一类先进技术。包括作为源头控制的清洁能源技术、作为过程控制的节能减排技术以及作为末端控制的去碳技术。

另一方面，在低碳技术水平既定的条件下，碳会计制度的运行机制会影响碳会计实施的效率。因为制度的本质在于界定责、权、利，以促进效率与公平，解决激励和约束的问题，即碳会计制度要解决的就是在碳会计实施中鼓励什么、管制什么、如何鼓励、如何管制等问题，不仅要向碳会计制度创新要经济效益，还要生态效益和社会效益。当然，碳会计制度的选择、设计和创新只能与现时的技术水平相适应，而不是孤立地就制度论制度，应以碳会计制度创新直接促进低碳技术创新和碳会计实践，通过低碳技术创新促进碳会计实践，实现碳会计制度创新与低碳技术创新的相互结合。

（2）经济效率与生态效率兼顾的原则。在低碳减排过程中，环境污染是一种典型的负外部性行为，存在外部成本，资源配置达不到帕累托最优，造成生态效率损失。因此，在整个碳会计制度运行机制中，我们需要科学处理生态环境问题上的不公平，即生态环境资源的分配不公、环境污染权的分配不公和生态环境服务的分配不公。针对现有的经济效率与生态效率两者不能兼顾、导致综合效率低下的情形，就需要某种环境制度譬如碳会计制度来约束人们的低碳减排行为。在碳会计制度设计与选择时，需要坚持效率优先、两者兼顾的原则，实现经济效率与社会公平两个目标的和谐发展。例如，在"欧洲2020战略"下，提出了三大核心目标、五大量化指标和七大创议[①]，这些目标和战略体现了创新、绿色能效、可持续性增长等低碳经济发展理念，即把经济的可持续性增长建立在提高资源利用效率和低碳技术优势发展的基础上，依靠创新和加大研发投入，保障低碳技术市场的领先优势。

（3）考虑代际的效率与公平，充分体现可持续发展的原则。"生态阈值""环境容量"的有限性是生态环境问题产生的根源。由于环境污染的累积效应，在寻求生态环境问题的解决方案时，需要考虑代际的效率与公平。生态环境资源的配置就要考虑时间因素，在衡量生态环境资源的价值时要进行贴现，实现对现代经济学赖以成立的最重要假定"经济人"假定的改造，综合运用自然科学和社会科学的知识来解决人类面临的环境问题，建立可持续发展经济学。

（4）宏观效果与微观效果相统一的原则。碳会计制度运行机制要围绕着低碳经济问题的解决进行制定。从分析碳排放问题特征来看，它具有综合性和全局性的特征，基于国家、地区及地区之间的共同参与和协作。作为微观

---

① 三大核心指标包括了"智慧增长""可持续增长""包容性增长"等目标，五大量化指标包括了提高就业率、增加研发投入、控制温室气体排放、提高可再生能源使用比例、提高能效、提高受高等教育人口比率、削减贫困人口等指标。

经济主体的企业而言，如果不受到外界条件的约束，就会按照追求自身利益最大化的原则行事而忽视碳排放代价。因此，基于宏观视角的政府就需要从全局的高度制定和实施低碳经济发展战略与政策、低碳建设及环境保护的法规与条例、低碳排放活动的估价与计量、碳排放工程的修建与完善、生态环境行为的协调与合作等。政府对企业的激励与约束，促进宏观角度的碳排放效果的好转，实现宏观效果与微观效果的统一原则。

8.3 我国碳会计制度运行的具体流程

建立我国碳会计制度并非最终目的。设计好制度后就需投入实际运行，并进行优化和不断加以完善，以更好地推动企业碳会计的具体核算和管理实践。否则，碳会计制度将形同虚设，并无法落地推广实施。在碳会计制度运行原则、识别出运行的核心动力和问题的基础上，如何将企业碳会计制度从理论付诸实践，即企业碳会计制度如何运行？除了包括前面所论述的识别碳会计制度运行主体、目标、动力及手段等内容之外，以下着重探讨如何与运行主体进行有效沟通、大数据处理、提高碳会计制度融入绩效的行动与实践等具体流程上。

大多数情况下，企业碳会计制度运行体系应建立在已有会计制度和准则体系基础上。有些企业可能已拥有了将新的会计核算和计量方法、部门或组织间的有效沟通和综合评价制度融入其低碳决策与行动中的成熟管理流程，同时也会有些企业拥有的碳会计制度运行的相关机制或流程并不完备。不论企业目前处于哪种状态，都需要如下（如图 8 - 1 所示）流程来帮助将碳会计制度融入现代企业管理和运作当中来，以期推动我国企业碳会计制度的运行与实施。

8.3.1 碳会计制度融入的总体要求

企业碳会计制度的融入涉及诸多环节，其中包括提高利益相关者的环境责任意识与建设能力，碳会计制度建设的设定方向与公司治理、碳会计制度的融合等。

1. 提高企业作为运行主体之一的环境责任意识与建设能力。

低碳排放和碳减排的环境责任贯穿于企业碳会计制度建设中，需要企业这一运行主体内部各个管理部门技术部门之间的承诺、衔接和沟通。在碳会

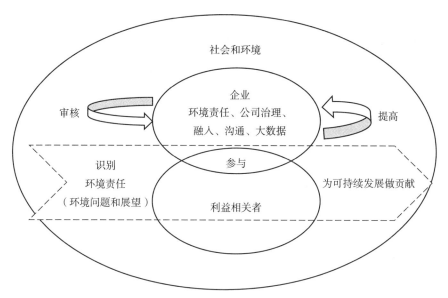

图 8 - 1　企业碳会计制度融入

资料来源：根据 ISO26000：2010 整理。

计制度建设初期，企业应着重提高对企业低碳减排环境责任内涵的理解。承诺和理解应首先从企业管理高层开始，充分意识到环境责任有助于企业管理层提高领导决策能力。因此，企业管理层应努力加强对环境责任内涵的理解，提高环境责任意识与建设能力。培养企业的环境责任意识和观念需要经历较长的时间，但大多数企业都是在已有价值观和企业文化基础上进行系统建设和培育，这成为推动环境责任能力建设的有效手段。具体通过强化或开发某项碳排放活动领域的包括碳会计制度主要运行主体在内的利益相关者参与等方面的技巧，并要求企业进行全民教育和终身学习，积极主动的行动参与，实现可持续发展教育，着重建立并培训好供应链上的经理及员工的环境责任能力。

2. 为企业碳会计制度建设设定方向。

在企业碳会计制度运行过程中，管理层的声明与行动、价值观、道德和组织宗旨等都已设定，需要在企业的政策、组织文化、战略、结构及运作中融入环境责任意识和观念，以此作为碳会计制度建设的方向和目标。具体思路如下：

首先，在管理层声明中提出企业环境责任通过何种方法和路径来影响碳排放活动，并参照社会责任的具体内容及问题来帮助企业确定其具体的运作方式和流程。然后，以正式的书面文本规定企业的碳排放行为规范、准则或环境道德标准，并将上述规范、准则及标准等转化成声明，以履行企业应承担的环境责任。最后，环境责任作为企业低碳战略的一个关键要素，融入企业碳会计制度、低碳政策、低碳减排流程和低碳投资决策，再将对碳排放问题采取行动进行优先排序，实现低碳战略管理的碳会计制度设定目标。其中，利益相关者可协助完成这一战略的实现，例如，通过利益相关者制定详细的碳预算、碳成本核算和控制、碳供应链战略、碳绩效评价等碳会计运行流程，将低碳理念植入企业的战略环境分析、制定、执行及评价过程中，低碳经济与战略管理结合，获得竞争优势和低碳发展，做到社会、环境和经济效益的统一，实现可持续发展的企业碳会计制度设定目标。

3. 企业环境责任、公司治理与碳会计制度运行程序融合。

综合前面分析可知，实现企业环境责任的重要而有效方法是通过制定公司的低碳治理系统并执行碳投融资决策，用最佳方式使社会和环境风险及损害最小化。要做到以上目标，应确认运用企业社会责任原则来进行公司治理，将组织结构理念及公司文化体现在这些具体原则当中，并定期进行审核，以确保碳会计制度相关运行程序与过程中顾及低碳减排的环境责任。具体要注意的相关程序大致有以下这些：①不断完善低碳管理实践，旨在更好地承担企业的环境责任；②识别确认企业低碳管理方式中，是如何运用社会责任原则来解决关键问题的；③建立碳审计制度运用于不同规模和性质的企业，并就低碳审核实践进行低碳作业程序修正，以符合社会责任原则及低碳管理主题或理念；④将低碳减排的环境责任融入低碳采购、低碳投资、低碳人力资源管理及其他组织职能当中来，以为碳会计制度运行提供操作指引和支持。

当然，企业现有低碳价值观和文化理念能极大影响到企业环境责任融入的难度和速度，倘若价值观和文化理念与企业环境责任目标一致，融入过程尚属相对简单，否则就会有抵触或抵制，会阻碍到碳会计制度的正常运行。因此，需要制定长期计划，力求务实，建立在了解企业碳管理能力、可用的低碳资源、问题与相关低碳活动等内容基础上的碳会计制度运行的优先次序。

8.3.2　碳会计制度融入的有效沟通

在低碳经济大背景下，企业碳会计制度运行需要在碳减排成本和碳减排收益之间寻求战略平衡，企业应该实施碳会计制度融入的有效沟通。具体要做到以下几个方面：

1. 碳会计制度下披露的环境信息特征。

低碳减排背景下，碳会计制度运行中所获得的与环境责任有关的信息，我们将其统称为环境信息。在碳会计制度运行中，环境信息主要由会计信息中的非财务信息组成，具体包括与环境问题相关的企业目标及绩效。除了具备一般信息特征外，还应当具有如下特征：第一，可获取和可理解性。此类信息的获取有一定难度和复杂性，因此考虑其获取性特征是首要前提，容易由利益相关者获得属于一个基本特征。同时，获得的信息要容易被利益相关者所理解，才能使沟通变得通畅，比如在碳会计制度运行中生成的环境信息涉及的知识、文化观念、社会及经济背景、使用的语言等，利益相关者易于获取和理解，融入碳会计制度运行中，实现有效的环境责任目标沟通。第二，完整性和准确性。环境信息应涵盖所有与碳会计制度运行相关的重要活动与影响，既有积极信息的提供和沟通，又有消极信息的披露，做到全面、完整和准确提供有关碳会计特定业务中充分的有用信息。第三，及时性和回应性。碳会计制度运行中所产生的环境信息应及时有效地提供，有助于利益相关者对此信息进行不同时期和不同企业间的纵向和横向比较，以便对利益相关者的利益予以及时回应和反馈。

2. 沟通在碳会计制度融入中的作用及方式。

在碳会计制度运行程序中，需要有外部或内部的沟通发挥作用：一方面，在实施低碳战略和计划、低碳管理目标、低碳绩效评价和提升中，通过利益相关者内部的对话与沟通，使企业利益相关者都能意识到低碳减排的环境责任意识的重要性，并遵守碳会计信息披露的相关法律法规或标准，详细披露企业如何向利益相关者兑现环境责任承诺，并达成社会预期；另一方面，在碳会计制度的具体运行环节，提供有关企业碳排放减排活动及低碳技术产品与服务等对企业环境责任影响的综合信息，吸引和激励企业及社会公众支持企业的低碳减排活动，并有利于同类企业间的比较，以改进和提升企业碳绩效评价，通过社会责任行为及其问责制的约束和激励，进而提高企业披露和履行环境责任的公信力。

至于具体的沟通方式则有论坛、博客、杂志、社论、采访、新闻采访等多种方法和媒介，例如，与利益相关者举行会议，描述涉及环境责任的相关活动的信件，网络信息发布，定期的环境责任报告等，针对具体的低碳减排问题或低碳计划，通过与利益相关者的对话，对话内容包括以下几个方面：①企业管理者和员工之间有关对环境责任认识提高方面的对话沟通；②环境责任融入企业活动，若有环境损害需要赔偿则需进行沟通，通过环境审核确认，为利益相关者反馈定期提供环境报告的机会；③供应商采购环节有关环境责任要求的沟通内容；④针对突发事件的环境责任的预防、披露及后果处理等；⑤涉及产品标签、产品碳成本信息及低碳消费信息等的与产品有关的内容沟通，加上推进环境责任方面的公益广告或其他形式的公开声明等，都属于沟通方式中的具体实务；⑥其他方式，如在杂志和简报上发表的有关环境责任方面的论文，供政府机构或公众查询的意见书等。

3. 与利益相关者就碳会计制度融入进行对话沟通。

通过上述对环境信息特征及碳会计制度融入中沟通方式及作用等内容的剖析得知，企业作为主要利益相关者，应积极寻求就制度融入问题与其他利益相关者的对话和沟通，以实现碳会计制度的有效运行。具体对话沟通需注意以下几点：首先，着重考虑低碳评估沟通环节对沟通内容、沟通媒体、沟通次数及范围的适当性与有效性，以实现沟通的有效改进；其次，运行环节中有关内容的对话与沟通需要设定优先次序，使碳会计制度的融入实现无缝对接和融合；最后，利益相关者所披露的环境信息应接受环境审核、检查和监督，确定最佳沟通实践，从而提高环境责任的公信力。例如，利益相关者通过参与具体的低碳认证计划，制定认证产品的低碳属性、环境影响等有关环境责任事项等措施，并实施碳审计，邀请独立第三方实施认证以提供信誉保证。

8.3.3 提高碳会计制度融入绩效的行动与实践

在碳会计制度运行中，与传统会计制度的融入在一定程度上取决于沟通、承诺、监管、评估和审核等行动与实践的有效性和效率。对碳会计制度运行的持续监管旨在确保上述行动与实践按计划进行、识别风险，对制度的运行方式做出必要的修改。定期实施制度运行的绩效审核可以确定低碳减排责任方案的进展、难点和重点、找出需要改变的部分以持续提高绩效。利益相关者在企业碳会计制度运行的绩效审核中，需要审查传统会计制度所规定的已有活动，还应了解传统活动变化的情况或预期、影响环境责任的相关法律或监管的动态以及提高环境责任努力的新机遇。

1. 监管碳会计制度运行的相关事项。

针对碳会计制度相关事项的监管旨在对当前有关环境绩效①进行监督和测量。具体监测方法有定期审核、基准线设立、利益相关者信息反馈、绩效

---

① 环境绩效指企业各部门将碳会计制度运行的环境责任融入传统会计实践中所产生的有效性和效率。

评估等。环境绩效作为具体的测量指标既有定性又定量特征。其中，定性特征使该指标使用简单、易于理解、可信任和及时，但仍不足以监测碳会计制度所涉及的所有事项。因此，应综合使用定量指标，与描述性观点、趋势和条件等定性指标结合使用，来监管碳会计制度运行的相关影响因素或变量，不仅包括有关碳排放减排的活动的具体财务绩效，对污染排放量和相关投诉等进行监测和度量也是同等重要。

2. 审核企业碳会计制度融入的进展与绩效。

除了对涉及碳排放与减排的相关活动进行日常监督和监测外，企业还应定期审核影响碳会计制度运行目标进度的执行情况，找出需要变更的低碳战略计划和流程。具体审核内容包括：第一，涉及企业低碳减排的环境责任绩效的跨期比较；第二，确定环境责任目标的进展情况和测度成效；第三，对待环境责任的态度；第四，企业范围内环境责任融入企业传统会计制度的力度及遵守相关原则情况；第五，碳会计制度的运行目标是否实现，目标是否恰当，运行的动力是否与目标相匹配，区分哪些动力和过程是有效的或无效的，并找出其原因等等。在上述内容审核结果的基础上，确定低碳计划的变更以期纠正缺陷，旨在提高碳会计制度运行的环境责任绩效。

3. 提高碳会计制度运行的公信力与绩效。

企业在构建碳会计制度运行过程中，需按要求向政府、环保机构、其他组织（如民间的非营利组织 NGO）或社会公众提供一系列详细的经审核的环境绩效数据，目的在于提高此制度运行的公信力，增强企业对外提供准确碳会计数据的信心，并提高环境责任信息的可靠性。有了详细的环境审核程序，能够使整个制度的运行做到有法可依，能按相关碳会计法律法规和政策发布温室气体或污染排放数据，利益相关者参与对话，实施定期审核或监督，并向监管部门提供低碳战略计划数据，制定认证低碳产品环境影响等社会责任事项措施，这些活动都可提高碳会计制度运行的公信力。而且，定期审核有助于碳会计数据的收集、处理和管理系统中的漏洞，以防止错误信息的出现，并能找出改进碳会计数据处理系统的方法，持续改进低碳减排的环境责任。

在定期审核的基础上，企业还应思考如何提高碳会计制度运行绩效的方法，最终才能达成持续改进其环境责任。改进措施具体有以下几个方面：第一，为了适应和调整变化的环境责任目标，企业应扩大与环境责任有关的碳会计活动和低碳减排方案的范围；第二，利益相关者在相关审核过程中发表相关的观点可帮助企业发现新机会，并进行低碳减排相关方案的改进，提升企业环境责任活动的绩效；第三，为了实现碳会计制度运行目标，可将企业将实现的具体环境责任目标与利益主体或管理层的年度绩效考核关联起来，这有助于实现企业环境责任行为的郑重承诺。

8.3.4 碳大数据、云会计为碳会计制度运行提供信息和技术支持

人类社会已进入大数据时代，对生活、工作与思维有了前所未有的挑战和变革。在一定的条件下和合理时间内，通过计算机技术和创新统计方法实现大数据集合，有目的地进行碳会计制度运行程序的设计、获取、管理和分析，获取提升企业价值的运行模式和信息。具体流程如下：一方面，完整记录和存储有关数据，如碳交易市场数据、行业及企业内部碳足迹数据、产品生命周期碳排放数据及碳固数据；另一方面，进行碳数据的分析和挖掘。通过云计算、云会计、数据挖掘等知识，借助商业智能等技术，发现隐藏在碳数据背后的信息和规律。结合上述两方面的大数据处理流程，可为企业碳会计制度运行提供信息支持。

同时，21世纪碳固和碳减排技术的研发和使用，也大大拓展了企业碳会计制度运行的战略空间。在不断完善的会计制度基础上，借助大数据智能分析技术、互联网、商业智能技术和低碳技术等条件，有政府的政策支持、社会的推动和碳市场的完善，及时记录和分析碳信息和其他战略信息，实现企业碳会计制度运行与其他战略信息系统的高度集成和融合，并对外部环境变化信息做出适时反应，有助于企业及时发现机会，并形成企业战略，为碳会计制度的顺利运行提供信息和决策支持。

8.4　本　章　小　结

低碳经济手段的成功运用离不开良好的碳会计制度环境和运行机制，本章对我国碳会计制度运行机制构建内容从环境、机理和流程三个方面进行了深入而系统的分析和阐述。本书认为，要保障我国碳会计制度的顺利运行。

首先，需要实现要素与功能之间的匹配和协调，对碳会计制度运行环境进行深入分析，应该加强碳会计制度运行的政策、法律、知识、教育等方面的环境建设，一方面，需要加强环境资源相关立法和宣传教育，另一方面，要加强碳会计实用性理论的研究，大力培养碳会计人才。

其次，需要剖析我国碳会计制度的运行机理，从其内涵、理论和实践意义、理论基础、框架、特征及原则等方面进行系统深入的解读、阐述和剖析，

提出以下观点：第一，碳会计制度运行机制是指一系列与碳会计制度相关的经济关系的总和，该种制度运行机制的建立，一方面，从理论上深入诠释了环境产权理论，深化了循环经济理论，继承了生态经济理论；另一方面，从实践上深入贯彻落实了"美丽中国"和绿色发展的总体要求，承担社会责任，以寻求低能耗、低排放和低污染的发展目标，进而缓解气候变化，从根源上保护环境，达到人类可持续发展的长远目标。第二，碳会计制度机制的运行机理需有两个相关理论基础支撑：利益相关者理论和博弈理论。第三，政府、企业和社会公众三大主要利益相关者作为碳会计制度的运行主体。第四，碳会计制度运行的最直接目标是控制温室气体排放，提高碳固能力。从更深层次看，我国碳会计制度运行目标就是需要调整低碳经济产业结构、优化低碳能耗结构，低碳技术的研发能力得到提高，全面建立适应低碳会计发展的一系列政策措施、法律法规和管理制度体系，不断推广低碳产品，建立碳会计制度在国家或区域间的交流合作和实施平台。第五，运行动力来源于两方面：外部性问题导致的能源资源和碳排放权的稀缺性；双重理性选择。第六，包括法律、市场和技术在内的运行手段。第七，碳会计制度运行机制有三个基本特征、三条基本原则。上述观点和内容均为碳会计制度运行的机理分析的主要知识点。

最后，本书阐述了我国碳会计制度运行的具体流程。提出应从四个方面实现碳会计制度的融入，它们分别是：一是碳会计制度融入的总体要求；二是碳会计制度融入的有效沟通；三是提高碳会计制度融入绩效的行动与实践；四是碳大数据、云会计为碳会计制度运行提供信息和技术支持。

综上所述，要顺利实施我国碳会计制度，需主要从环境分析、机理分析和具体流程阐述三个方面来着手构建我国碳会计制度运行机制，将散乱的要素和影响因素有机结合起来，发挥各自功能，构建碳会计制度运行机制框架，为主要利益相关者制定政策提供理论和实践参考。

第9章

优化我国碳会计制度运行机制的政策建议

前面有关章节从企业碳会计的理论体系和操作体系对我国企业碳会计制度内容进行了深入而系统的设计和规范，并具体研究了我国碳会计制度运行机理、流程、主客体及影响因素等内容。为了能顺利实施碳会计制度内容，本研究认为，很有必要从宏观和微观两个层面对构建企业碳会计制度的运行机制提出相关政策建议。从宏观层面看，完善有关碳会计实践的各项政策和法律，创新运行的共管体系，使环境成本内在化。从微观层面看，以提升我国企业绿色竞争力，形成绿色资本观；培育碳会计操作体系所需的公允价值准则规范及市场环境，提高各准则的系统性和协调性；改革支撑我国碳会计运行体系的碳金融机制，实现碳会计对碳减排行为的深入推进。

9.1　完善有关碳会计的各项政策指导体系，创新共管体系

综前所述，碳会计制度设计的目的在于运用碳会计理论和方法，反映碳排放权的分配、交易及交付等业务对企业财务状况、经营成果及现金流量的影响。目前，我国碳会计制度还处于理论研究阶段，没有具体统一的碳会计标准和依据来实践。因此，政府和有关机构应加强其引导作用，借鉴国外成功先例，尽快为我国企业碳会计发展建立起统一的碳会计规范和准则，并充分发挥好监督机制，引领企业构建碳会计体系。

9.1.1　我国碳会计体系建设概况

从当前经济新常态发展态势来看，碳金融是有效推动我国经济转型升级

和供给侧结构性改革的新支点。随着我国碳金融体系的不断构建，2017 年启动了全国统一碳金融市场。与此同时，碳会计相关政策的不断出台和完善及具体实践在我国也成为一股势不可挡的趋势。例如，2016 年我国财政部发布《关于征求〈碳排放权交易试点有关会计处理暂行规定（征求意见稿）〉意见的函》，针对排放权交易试点会计处理征求意见，在 2016 年 11 月 18 日前进行意见反馈。同时，在 2016 年 10 月召开的杭州峰会上成功实践了《巴黎协定》的全球治理新模式，此是继 1997 年制定的《京都议定书》后有关全球气候治理领域的又一实质性文件。另外，在企业实践中，有蚂蚁金融服务集团（简称"蚂蚁金服"）推出了全球最大规模的个人碳账户平台用于度量人们日常活动的碳减排量，支付宝平台使用线上"碳账户"的用户数达 4.5 亿户。以上这些行动和实践为我国碳会计相关政策和法律法规的出台和完善提供了新的发展契机。

毋庸置疑，企业碳会计的产生是我国经济社会可持续发展的必然需求。因为碳会计制度的有效运行可为我国碳会计法规的制定提供参考和借鉴，还为碳会计信息使用者实施企业碳绩效评价提供依据，也为我国参与国际碳排放权交易会计准则的制定，争取该领域的国际话语权提供重要保障。鉴于此，企业在低碳经济发展中不仅要考虑经济效益，还应考虑其社会责任，有效约束企业的负外部性，实现外部性内在化。

9.1.2　强化企业社会责任，实现外部性内在化

企业社会责任缘起于亚当·斯密的"看不见的手"思想。根据主流经济学理论，企业归股东或投资者所有，企业利益就是股东或投资者利益。因此，企业社会责任问题可理解为股东与其他利益主体之间的冲突问题。利益相关者理论认为，企业有义务平衡各个利益集团间的利益，不仅应对股东利益负责，也必须关注其他利益相关者的利益要求，即企业要承担社会责任。

在我国企业社会责任相关研究中，政府和社会（主要是 NGO）是推动企业社会责任实践的主要力量，企业主动性行为较少。政府推动主要体现在对企业社会责任实践的立法、执法和政府间合作，社会中的 NGO 组织成为主要舆论力量来施加影响督促企业承担社会责任。不过，这些研究和实践都是从宏观视角来审视企业社会责任问题，本书将尝试从微观层面分析企业社会责任行为，并探索企业与各社会主体的互动，实现企业碳排放的外部效应内在化，以期为碳会计制度运行所需的政府政策和企业策略提供基于微观基础的理论支持。利益相关者理论为此研究奠定了坚实的理论基础。下文将从不同

的层面为政府和企业自身提供政策和策略建议。

从政府视角看，政府是我国影响力最强的机构，政府的行为决定着企业的社会责任行为。一方面，政府是否履行了对企业家的社会责任教育和舆论宣传的职责，直接决定了企业家的社会责任态度及认识。国外对企业家的企业社会责任教育非常重视，但在我国，应该让企业家认识到两点：一是企业处于社会环境中，与社会之间存在着契约网络关系，决定了企业的社会责任是不可避免的。例如，企业耗竭生态环境资源，排放温室气体，如果这种后果已经给社会环境带来负面效应，那么这时社会就会给企业带来不利影响，直接会影响到股东利益和企业的发展。二是社会要求企业承担社会责任实质是希望企业转变观念，找到一条合适的发展路径，既不损害其他利益相关者利益，也可提高企业自身竞争优势，实现企业与社会的双赢。另一方面，针对企业社会责任的不同内容，政府在完善相关法律法规等约束性措施基础上，可加强激励性措施，制定引导性政策。建立健全相关法律法规，强制企业承担社会责任是必要的。本书的碳会计制度实施细则就是企业承担社会责任的一个重要内容。目前我国碳会计相关的立法正处于大力摸索和研究阶段，具体针对碳会计处理方面，明确规定碳会计确认与计量内容，健全碳信息披露制度，对企业碳信息披露的详细程度进行规范。通过制定法律法规，可以使会计人员对评价企业承担社会责任方面有据可依，并对那些未能及时、客观、全面披露碳会计信息的企业给予惩戒，可更好地服务于碳管理和企业社会责任评价工作。当然，通过经济手段来奖励和引导企业承担社会责任行为也极为重要。例如，在前述章节中所论证的市场准入、绿色信贷、碳标签、低碳经济政策等措施，激励企业承担社会责任，将碳排放所产生的外部影响内在化，考虑碳绩效，衡量其综合绩效。不仅如此，政府还应该积极推动NGO的发展，对其发展应予以积极支持、规范和引导。NGO可在企业与社会之间建立灵活多样的沟通平台和磋商机制，实现高效率地化解冲突与矛盾。但在现阶段，诸多原因导致NGO在我国的影响力一直很弱，在解决企业社会责任问题上所起作用有限。因此，不仅需要政府鼓励和支持NGO的发展，NGO自身也应不断提高其管理水平和影响公信力。

从企业自身看，承担社会责任并实现企业外部性的内在化，这是实现企业与其他利益集团间契约的重要内容。企业生产行为对生态环境的不利影响产生了"外部不经济性"，这属于福利经济学中的"外部性"概念。根据环境经济学理论，产品成本由生产成本、使用成本和外部成本组成，其中使用成本是指企业生产过程中使用生态环境、排放温室气体等行为的发生而导致放弃了其未来效益价值，这是一种机会成本。外部成本则是指企业生产中所造成的环境污染、生态破坏和气候影响等而产生的损失。而在传统的会计核算和管理中，企业一般只承担了生产成本。基于各种约束、激励及发展理念的转变，企业必须承担社会责任，实现外部性的内在化，即通过一定的措施，将属于生态环境成本的使用成本和外部成本纳入生产成本，从而体现资源和环境的稀缺性，消除其外部不经济性。具体策略有：通过征收环境税费（包括碳税、环境税和生态税费等）、制定环境标准与出台环境标志制度等具体措施来进行生态补偿，准确反映企业活动的各种环境代价和潜在影响，平摊经济活动或环境活动的成本后，有益于实现经济效益、环境效益和社会效益的协调统一。生态文明是社会文明的新转折，加强生态文明建设，促进天人和谐。这符合我国经济新常态发展的主流。

9.1.3　完善财政政策指导体系，开征碳税以激励企业碳会计发展

在市场经济中，政府具有宏观经济调控的经济职能。财政政策是政府进行宏观经济调控的主要手段之一，同时是促进低碳经济发展的重要手段，也是激励企业碳会计发展的重要工具。财政政策手段主要包括了以税收为主要来源的财政收入、财政支出、国债和政府投资等政策工具。现阶段，发达国家在低碳经济发展上所采用的主要财政政策支持手段之一则是开征碳税或类似税种（气候变化税、生态税、环境税或能源税等），使之成为营造企业碳会计制度实施环境的一种富有成效的政策手段。综合运用低碳管理有关税收工具，有利于改良和优化企业的产品生产、盈利模式及融资结构，充分发挥财政政策的杠杆效应，促进企业的低碳管理，为企业碳会计制度的实施提供共管体系。下面将通过概述有关促进低碳发展的税收改革，重点分析碳税开征的影响及思路，最后就低碳架构下我国财政政策的杠杆效应进行具体分析，以完善我国企业碳会计制度运行的财政政策指导体系。

9.1.3.1　有关促进低碳发展的税收改革概述

从 20 世纪 90 年代开始，大部分西方发达国家意识到了税制对经济社会发展和资源环境保护促进的重要性，普遍实施了税制的"绿色化"改革，在调整原有税制基础上增加了环境税种，引导税收改革向纵深推进。"环境税"也有人称之为"生态税"或"绿色税"。它最早来自英国经济学家庇古对环境与税收理论的系统研究，可以理解为一种经济调控手段，即把企业所产生的环境污染和生态破坏而导致的外部性问题内化为企业生产成本，再通过市

场机制来实现环境资源的适度配置。通常而言，税基不同，环境税的类型不一。环境税可分三类：以直接污染排放量为依据的污染排放税、以间接污染为依据的产品环境税、以生态补偿为目的生态保护税。其中，碳税属于环境税体系，是环境税的一个税目或独立税种，征收税基为含碳量。

以开征碳税作为节能减排的税收手段，旨在促进生产生活方式的低碳化转变，并强化碳税政策的杠杆作用。目前，碳税在一些发达国家被广泛开征并取得了明显成效。例如，1990 年芬兰在全球率先开征碳税。1991 年瑞典首次引入二氧化碳税，很快取得了效果。据估算，1995 年瑞典二氧化碳减排15%，其中近 90% 节排量是因开征了碳税所带来的效果。当然，碳税的开征往往会推动能源价格的上涨，可能会削弱企业竞争力。因此，这些发达国家通常通过设置差别税率，实行开征初期选择低税率再逐步提高的措施，并灵活采用税收返还、减免、财政补贴等配套政策，以调节二氧化碳排放。

基于 1994 年的税制改革我国现行税制得以建立，受税收的传统经济属性和传统发展观的影响，我国税制一直强调其经济调节功能，而忽视了税收政策对资源节约和环境保护的促进作用。直到 2003 年我国科学发展观思想提出后，加上近几年气候变化成为全球关注的焦点，资源环境和气候问题才得以真正重视，税收政策也开始发挥调控资源环境的职能。但是，由于现行税制设计时并未考虑资源环境方面的税种，税收体系对资源环境的调控力度非常有限。为了适应低碳经济发展的要求，我国税制必须进行深度改革和完善，强化对资源环境的保护。鉴于此，财政部于 2011 年 12 月同意适时开征环境税，按上述环境税的三种类型，可先行开征条件成熟、易于推行的污染排放税，待时机成熟再拓展到产品环境税，并整合衔接好资源税和消费税，适时再考虑单独开征碳税。具体而言，我国政府有关部门从 2006~2012 年陆续发布了支持节能减排和低碳发展的部分税收优惠政策（如表 9 - 1 所示），在2016 年 12 月 25 日第十二届全国人民代表大会常务委员第二十五次会议上通过了《中华人民共和国环境保护税法》。

表 9 - 1　　　　支持节能减排和低碳发展的部分税收优惠政策内容汇总

常见税种	与低碳发展相关的税收优惠政策内容
增值税	2008 年 12 月，财政部和国家税务总局联合发布两项政策：《资源综合利用及其他产品增值税政策的通知》和《再生资源增值税政策的通知》，通过享受增值税优惠来鼓励资源回收和利用两环节，引导流通和生产。 2010 年底发布《关于促进节能服务产业发展增值税、营业税和企业所得税政策问题的通知》，对节能服务公司实施合同能源管理的项目所涉及的增值税、营业税实行优惠规定

续表

常见税种	与低碳发展相关的税收优惠政策内容
增值税	2011 年 11 月发布《关于调整完善资源综合利用产品及劳务增值税政策的通知》，调整完善有关农林剩余物资源综合利用产品的增值税政策，并增加部分产品及劳务的增值税
消费税	2006 年对消费税征税范围和税率做重大调整，14 个税目中有 8 种应税消费品与资源环境有关。 2008 年国家上调了气缸容量 3.0 升以上、下调了 1.0 升以下的乘用车的消费税率，同年底国务院实施了成品油价格和税费改革。 2010 年 12 月财政部和国家税务总局发布《关于对利用废弃动植物油生产纯生物柴油免征消费税的通知》，决定从 2009 年 1 月 1 日起，对符合条件的纯生物柴油免征消费税
资源税	继 1984 年《资源税条例（草案）》颁布和 1993 年的重新修订颁布，2011 年 9 月国务院修改《资源税暂行条例》，增加从价定率的资源税计征办法，目前先对原油、天然气实行从价定率计征，在全国范围内率先实施原油、天然气资源税改革，同时修改资源税税目和税率表
企业所得税	2007 年 12 月国务院颁布了《企业所得税法实施条例》，对企业所从事的公共污水处理、公共垃圾处理、沼气综合开发利用、节能减排技术改造等项目所得给予"三免三减半"的优惠。 2010 年年底发布的《关于促进节能服务产业发展增值税、营业税和企业所得税政策问题的通知》规定了节能服务公司实施合同能源管理项目涉及的所得税优惠
车船税	据 2012 年《财政部、国家税务总局、工业和信息化部关于节约能源、使用新能源车船的车船税政策的通知》的规定，经国务院批准，自 2012 年 1 月 1 日起，对节约能源的车船，减半征收车船税，对使用新能源的车船，免征车船税

9.1.3.2　我国开征碳税的影响分析及设计思路

据庇古税理论，将福利经济学中的"外部性"概念嫁接到企业碳会计管理中可理解为企业的外部成本。近年来，国内外专家一直在钻研有关外部成本的量化问题，但都难以体现其真实成本。作为企业和资源方都需要一个更好的平台衡量各自的收益和损失。为此，碳税就是在这样一个背景下被提出，例如，1990 年芬兰在全球率先开征碳税。

根据前面的分析可知，调节二氧化碳排放的经济手段多样化，一般认为，碳税和碳交易是最为重要的两种政策手段，其中，碳税在碳减排和能源结构调整中起关键的促进作用。我国现阶段还没有专门的碳税，而是将其纳入资源税和消费税内，采用从价和从量两种计税方法，但在计税时仍未考虑二氧化碳的排放量，因此我国很有必要单独设立碳税来调节碳排放，西方发达国家已经普遍做到了。

从碳税内涵来看，它具有调节范围广、管理成本相对较低，并且可操作性强、能产生财政效益等特点。辩证剖析开征碳税对我国经济增长、能源消费及碳减排的影响，可从两方面进行。开征碳税，一方面，会导致潜在风险的产生，诸如抑制我国 GDP 的快速增长，削弱产业和产品的国际竞争优势，同时还可能会加剧经济发展在区域内的不平衡等；另一方面，碳税的开征对我国生态文明建设具有重要意义，既能确保我国能源安全，对非化石能源的应用产生积极影响，从而能从容应对国际气候组织所施加的各种治理压力，还能对我国环境税收体系的构建和完善具有建设性的战略意义。周晟吕、石俊敏等运用基于动态可计算的一般均衡（computable general equilibrium, CGE）的中国能源—环境—经济模型，置于不同政策的情景模拟，研究结果显示，每吨二氧化碳排放征收 40 元碳税，对我国宏观经济的影响是很弱的，但如果对非化石能源投资开征碳税，预计 2020 年所能实现的碳减排量将相当于在 2005 年基础上二氧化碳排放强度将下降 40% 多。相对而言，王志文等则通过对我国燃料价格和碳排放因素的分析认为，中国开征碳税所实现的效果不会显著，建议国家政策更倾向于碳交易改革和完善，以碳交易的一些特点来弥补碳税的不足，如我国碳交易的试点到 2017 年我国全面启动统一的碳交易市场，这正是对学者们观点的回应。

综上所述，碳税与碳交易在节能减排和低碳发展政策中可相互配合发挥更好的效应，做到取长补短，并不相互排斥。如对于固定的大型排放设施减排更适合通过碳交易来完成，而对于分散的小型排放设施则以碳税促其减排更为合适。与此同时，在当前经济新常态背景下，无论碳税和碳交易哪个更有优势，它们对于现阶段中国发展低碳经济、应对国际气候变化都具有重要意义，加强碳税和碳交易市场的基础性工作，重视碳税制度的构建，符合我国现阶段的基本国情。具体思路是，开征碳税首先需要解决一个关键难题，即能清晰明确"外部性的边际成本"和企业的"内部边际效益"，坚持差别税率和税率循序渐进原则，以打包方式征收碳税。

征收碳税，可理解为向看不见的碳成本收税。因此，需要分析碳成本要素。碳成本的产生源于具有公共物品特性的环境要素配置上存在严重失灵，它具有公益性、事前性、整体性、无边界性和长远性的特性。由于国家立法在环境要素配置上的缺位或缺失，只得借助于经济立法介入，即需要碳成本介入予以有效控制，以实现低碳经济发展。其中，最为关键是对外部碳成本进行事先的测算，在前述章节已有具体阐述和论证，常见的测算方法是全生命周期内的碳足迹评估法，以凸显其隐性成本，弥补企业生产对外部环境的经济影响。将碳成本纳入企业生产和投资决策并予以提前扣除，能有效预防自然资源和生态环境的恶意透支。与此同时，企业通过预留这样一笔随时可能支付的环境风险金（即外部成本）用于维护环境，有利于企业获取绿色竞争优势。

从碳税的开征思路来分析，碳税所涉及行业主要是化学、能源和消费等，必须让企业能合理补偿其所耗的生态和资源价值。碳税的具体征收标准可按企业所处的行业和碳排放量来收取。即企业碳排放量越多，承担的碳成本就会越高。并且，这些税收实行专款专用，用于节能减排项目，用来防治污染、改善环境和增加公民的福利支出等。另外，消费者也应承担义务，倡导低碳消费。换句话说，碳税在这方面也发挥了一定的作用，既保护了消费者的生存环境，同时也需要消费者承担义务。碳税开征必会增加企业生产成本，可能会导致产品价格提高，生产者和消费者需要为这些埋单。这已被作为一大提案在全国性会议上被专家提出，建议在企业和个人所得税体系中，增加碳税条款，以此来限制消费者行为。

据我国环境税法知道，我国在 2018 年 1 月 1 日起施行环境保护税法，规定征收环境税，不再征收排污费，其中环境税中也包含了部分碳税的推出和开征。为了扩大碳税的开征范围和形式，我们必须加强我国碳税制度的设计研究，在继续推进税制绿色改革的同时，还有必要继续发挥财政补贴政策对低碳发展的支持和引导职能，与其他财政政策一道，针对我们节能减排和新能源领域的结构性问题来进行"四两拨千斤"的杠杆作用，充分发挥我国碳税对低碳经济发展的重要推动作用。

9.1.3.3　低碳经济架构下财政政策的杠杆效应分析

低碳经济是一种新型的可持续发展模式。我国政府在 2009 年 6 月召开的亚太经济论坛上提出，采取以财政政策为重要手段的相关措施来促进和发展低碳经济，近年来先后出台了绿色财政预算、改革税收和完善税收优惠政策制度创新等一系列财政政策。如何选择合适的财政政策，加强宏观调控并引导全国上下发展低碳经济必然涉及企业财务管理诸多环节。在微观决策过程中，企业所涉及的财务费用和固定成本必然产生财务学上的杠杆效应，这种效应同时影响着整个国家的决策引导机制。充分利用财务管理学中关于财政政策的杠杆作用，不仅可以帮助我国在全球化大潮中不落人后，而且可为企业更好的规避风险、减少损失提供更科学的理论支持。

1. 低碳经济架构下财政政策与杠杆效应的内涵解读。

财政政策是一种国家层面上的财政工作指导原则，具体政策内容涉及社会总产品、国民收入分配、税收、财政投资与补贴、预算内外的资金收支等环节。财政政策是随着社会生产方式的变革而不断发展的。根据其作用和职能，财政政策可分为扩张型、紧缩型和折中型三种，其中扩张型财政政策是通过财政分配活动使社会总需求得以增加，是一种积极的财政政策；如果财政分配活动对社会总需求的影响保持中性，则为一种折中型的财政政策；紧缩型财政政策则通过财政分配活动对总需求起减少和抑制作用。

在财务管理学中，杠杆效应有经营杠杆、财务杠杆和联合杠杆三种类型，它们分别对财务分析和决策产生重要的影响。其一，经营杠杆。经营杠杆（degree of operating leverage，DOL）的产生是由于对固定成本的利用。由于存在固定生产成本而造成的息税前利润变动率大于产销量变动率的现象，称为经营杠杆或营业杠杆。对于一个企业来说，经营杠杆知识可以帮助预测销售收入的一个可能变动对息税前利润产生的影响。其二，财务杠杆。财务杠杆（degree of financial leverage，DFL）的产生是由于对固定筹资成本的利用，如债务资本的固定利息、固定租金、优先股的固定股利等。由于这些固定财务费用的存在，使得普通股每股收益的变动幅度大于息税前利润的变动幅度，这种现象称为财务杠杆。对于一个企业来说，财务经理可以预测息税前利润的一个可能变动对每股收益的影响。其三，联合杠杆。营业成本和固定财务成本的存在，使得每股收益变动率远远大于销售量变动率的现象叫作联合杠杆（degree of total leverage，DTL）。实际上，联合杠杆就是经营杠杆和财务杠杆共同作用的结果，它是经营杠杆系数和财务杠杆系数的乘积。

国家实施适当的补贴、投资及预算拨款等财政政策和当前低碳经济的发展模式结合将产生巨大的杠杆力量，有效利用合理的财政政策将为我国经济带来乐观的收益；相反，错误的财政政策可能摧毁企业的发展乃至国家的经济。由此可见，财政政策的运用将对企业产生"四两拨千斤"的杠杆效应。例如，企业低碳经济转型势必将增加其经营固定成本，从而要求增销量，占市场，求利润，发挥好企业有利的经营杠杆效应。另一方面，企业筹集资金往往需要贷款，而实施合理的财政政策正好能解决企业筹资难的问题，使财务杠杆效应保持理想水平，以避免难以负荷的财务风险发生，从而引导企业走低碳经济和可持续发展的道路。

2. 低碳经济架构下财政政策的财务杠杆效应分析。

低碳经济架构下，政府必然需要出台一系列财政支持政策，采取合理的财政政策工具，从融资渠道中所产生的利息和经营利润两方面进行具体的杠杆作用分析，以改良和优化现有企业的产品生产、盈利模式及融资结构，充分发挥财政政策的杠杆作用，有效推进低碳经济发展。现阐述如下：

（1）考虑利息的财政政策所带来的杠杆影响。根据 DFL 系数计算公式，

固定 *EBIT* 不变，以利息 *I* 为自变量。假设某企业为了发展低碳经济贷款投入新的绿色生产模式，向商业银行贷款，利息为 I_1；整个企业来说，该企业的贷款利息上升为 $I_0 + I_1$，*DFL* 系数值上升，即财务杠杆对每股收益起的放大作用更加明显。因此，基于政府财政政策，可通过以下具体措施来降低财务杠杆系数，以引导和扶持企业走低碳经济发展之路。

其一，政府可出台特定的税收优惠政策，如税收返还，税收减免等来激励企业发展低碳经济。如果该类企业向银行或融资机构贷款时，利息相对下降，不仅缓解了企业的现金流压力，降低了企业的经营风险和财务风险，而且也引导了企业更新技术发展低碳经济。所以，政府合理的财政政策实施，能起到政策引导的作用。

其二，国家可以直接进行财政补贴。低碳科技的发展过程充满了机遇与挑战，投入资金支持以促进低碳技术更好地推广和创新无疑是值得提倡的又一选择。例如，英国的"碳基金"形式。"碳基金"是介乎于企业和政府之间的一个独立运行的企业，既不受制于政府的权威，也不受制于企业的运营。"碳基金"每年获得一定数量的财政补贴用于发展低碳经济的公共资金的管理和运作，这一重要的资金来源渠道发挥了有利的杠杆效应

其三，加强转移支付力度。由于我国地区发展差异明显，财政支持的力度也不一样。我国中西部地区是能耗大省和排放大省的集中营，节能减排任务很重，但因中西部地区财政压力较大，更加迫切地要求中央财政能给予更多的帮助。所以，中央财政加大了对中西部欠发达地区的倾斜，推广节能减排转移支付制度的发展。这一财政政策的实施，显然降低了财务杠杆系数，降低了融资风险，给中西部地区的经济发展带来了不可忽视的杠杆利益作用。

（2）考虑息税前利润的财政政策所带来的杠杆影响。根据 *DFL* 系数计算公式，固定 *I* 不变，以息税前利润 *EBIT* 为自变量。显然，为了降低财务风险，我们必须尽可能扩大利润，即通过增加企业收入或降低成本。前文已讨论了基于 *I* 降低成本的可行性，此处将以增加收入为前提，基于 *EBIT* 来讨论从增加收入即消费者购买偏好和购买力的角度，来分析以下各类财政政策所带来的杠杆效应，从而为财政政策的选择提供参考依据。

其一，对消费者进行补贴。其中，特别是对建筑业，机动车辆和家用电器等消耗大量高能耗资源的行业进行低碳产品的补贴。例如，2009 年财政部、国家发改委在"节能产品惠民工程细则"中对高效节能产品实施财政补贴，通过这 3 ~ 4 年的推广和落实，该项政策已经对节能减排，刺激消费者进行低碳消费产生了良性的杠杆效益。

其二，对低碳产品的价格进行宏观调控。根据经济学的供给与需求模型，

需求与价格存在反向关系。当政府宏观调控低碳产品的价格不至于太贵时，其需求会增加，这样让企业在低碳产品上增加收入，创造利润，杠杆利益凸显。

（3）*DFL* 计算的数学分析。为了分别衡量两个自变量 *EBIT* 和 *I* 变动对因变量 *DFL* 的影响程度，以下将对该公式求偏导数：

为了简化运算，分别令 $DFL = y$，$I = x$，$EBIT_0 = z$，即 $y = z \div (z - x)$，分别对 x 和 z 求导可得：

$$\frac{dy}{dx} = x' \times (z - x) - x \times (z - x)'/(z - x)^2 = x/(z - x)^2$$

$$\frac{dy}{dz} = z' \times (z - x) - x \times (z - x)'/(z - x)^2 = z/(z - x)^2$$

因此，若企业的利息的影响大于息税前利润的影响，即 $\frac{dy}{dx} > \frac{dy}{dz}$，则政府在发挥财政政策的财务杠杆时应该着力于从生产角度出发给企业施与更优惠的政策，具体可参照以利息为自变量的财政政策的分析；若利息的影响小于息税前利润的影响，即 $\frac{dy}{dx} < \frac{dy}{dz}$，则政府应更加注重拉动消费者消费低碳产品和帮助企业降低产品成本，具体可参照以息税前利润的财政政策的分析。

3. 低碳经济架构下财政政策的经营杠杆作用分析。

在发展低碳经济的过程中，经营杠杆作用的发挥受诸多因素影响，包括了产量、价格、变动成本和固定成本。

（1）分离混合成本。

首先，根据公式 $DOL = Q \times (P - V)/Q \times (P - V) - F$，对混合成本进行分离，确定 V 和 F：采用一元直线回归法进行推算。具体计算过程如下：

第一步，根据历史资料求出变量 n，$\sum x$，$\sum y$，$\sum xy$，$\sum x^2$ 和 $\sum y^2$ 的值；

第二步，计算出相关系数 r，并据此判断 y 与 x 的相互现行依存关系的密切程度，下为 r 的计算公式：

$$r = \frac{n \sum xy - \sum x \sum y}{\sqrt{n \sum x^2 - (\sum x)^2} \times \sqrt{n \sum \sum y^2 - (\sum y)^2}}$$

第三步，按照下列公式计算回归系数 b 和 a：

$$b = \frac{n \sum xy - \sum x \sum y}{n \sum x^2 - (\sum x)^2}$$

$$a = \frac{\sum y - b \sum y}{n}$$

第四步，将 a 和 b 的值代入 $y = a + bx$，得出成本的习性模型，a 代表固定成本，b 代表变动成本。

（2）本量利分析和政府财政政策的杠杆效应。

根据本量利分析的原理，可求得保本点，即保本量和保本额。然后用保本量与实际情况对比，分 $Q_1 > Q^*$ 和 $Q_2 < Q^*$ 两种情况进行分析：

第一种情况，若 $Q_1 > Q^*$，则企业处于盈利区域。显然企业希望通过扩大 DOL 的值来实现增强经营杠杆以获得更加丰厚的息税前利润，又因为企业发展低碳经济，势必会加大投资。那么，可采取的激励型财政政策有：一是对于专项用于发展低碳经济而购置固定资产予以税收优惠和税收返还等优惠政策；二是对购买低碳能源作为原材料按一定比例给予财政补贴；三是有必要时，政府直接投资帮助和引导企业壮大。

第二种情况，若 $Q_2 < Q^*$，则企业处于亏损区域。理性地认为，应该减弱经营杠杆效应，这时要让 DOL 的值变小，从而达到规避风险的作用。具体有：一是政府要在科技和研发领域给予智力支持，成立专家小组帮助企业实现节能减排的转型，帮助企业扭亏为盈；二是政府可以加大对企业的低碳产品的支持，比如通过政府购买等方式促销量。

4. 低碳经济架构下财政政策的联合杠杆作用分析。

DTL 是经营杠杆和财务杠杆的乘积。可以考虑两种情况：第一情况，实际产销量大于保本点：此时企业营运良好盈利能力强，应当增大杠杆效应帮助企业获利，必须增加固定成本，增加融资利息。第二种情况，实际产销量小于保本点：此时企业营运能力不佳盈利能力差，因此应当减小杠杆效应，降低风险，必须减少固定成本，减小融资利息。据此可以推出相关的财政政策如下：当实际产销量大于保本点时，政府应当鼓励企业购买新的固定资产并出台配套的采购政策，同时应该提高融资利息，是杠杆效应的影响扩大。当实际产销量大于保本点时，政府就应当出台与之相反的政策。

5. 发挥低碳经济架构下财政政策的杠杆效应的国外成功经验及启示。

综合上述有关低碳架构下财政政策的三类杠杆作用的效应分析发现，有效的政府财税支持政策、清晰的政府投入政策、公共税收政策杠杆作用的充分发挥及碳交易市场机制的建立和完善等都是实现低碳经济转型的必要措施。当前欧美日等一些发达国家上述方面已取得了阶段性的成果，为我国提供了值得借鉴的经验。

欧洲在向低碳经济转型中所采取的主要财政政策发挥了良好的杠杆作用，

有利于大幅促进低碳经济的发展。具体政策和措施有：第一，财政投资政策。为了保持低碳技术的世界领先地位，近年来，欧盟成员国通过加大政府直接投入的重要举措来大力支持和发展低碳产业。第二，税收优惠政策。为了通过税收优惠政策制定来支持低碳经济的转型，率先有瑞典、荷兰和丹麦等北欧国家从 20 世纪 90 年代初期实施"地球变暖对策税"政策；德国、英国、意大利等于 1999 年开始引入碳税、能源税、气候变化税；另外，欧盟还实行一系列的减免税和退税政策鼓励企业发展低碳环保的产业。第三，多样化的政策。欧盟首先实行了二氧化碳排放总量监管与排放权交易制度（ETS），采用"固定价格收购（FIT）制度"，以落实政府的强制性规定——电力公司有高价购买利用可再生能源开发的电力这一义务，这一规定在德国、意大利、西班牙等 22 个国家已实行。制定碳价格，以实现碳集约型向低碳型商品的投资转变；实行碳预算制度，保证持续的碳减排。

美国是一个碳排放大国，以"绿色"财政措施为手段实施了各种有效而值得借鉴的理念和方法，从而产生了有利的杠杆效应，以促进低碳经济的发展进程。具体理念和方法有：第一，绿色投资。美国政府将约 1 500 亿美元投放到绿色能源领域，从 2009 年开始的 10 年间，每年向可再生能源、清洁煤技术、二氧化碳回收储藏技术等投入低碳技术资金 150 亿元。第二，财政补贴。补贴对象包括美国州政府的能源效率化节能项目、使用再生能源发电系统和氢气燃料的电池开发商、可再生能源研发机构及大量销售最佳节能电气的零售商等。第三，税收优惠。美国政府在税收政策上对可再生能源的投资、生产和使用等环节给予税收优惠抵免，例如，实施 3 年免税的可再生能源投资政策，抵免小型风力发电投资税收，住宅能源效率利用设备的税收抵免提高等。

日本是一个能源缺乏的岛国，其发展低碳经济和保持经济发展的可持续的需求是其出台一系列相关财政政策的原动力。例如，财政直接投资方面，日本政府对 100 个新能源园区示范项目进行财政直接投资和投产，以提供新一代节能基础设施；并实施节能投资改造，开展投资节能技术的研究开发工作。在财政补贴方面，节能家电、节能住宅和低碳汽车的消费在日本政府能被提供财政补贴。购买和使用太阳能发电装置的家电，一般的使用费用由政府补贴来支付；节能先进设备的引进能给予 1/3 的补贴率，补贴金额可高达 2 亿日元；节能环保企业能享受无息贷款；为了促进低碳汽车的开发，提供低碳汽车的开发成功者相应的政府补助金。在税制改革方面，日本建立了世界上最为庞杂的运输税收体系，给全世界低碳经济发展与税收改革的结合发展创新提供了范例。主要税收层次有石油消耗税、液化气税、机动车辆吨位税以及二氧化碳税。在政策引导方面，"碳足迹制度"和"碳抵销制度"在日本得以全面推进，从 2008 年开始，二氧化碳排放量交易和可视化管理等相关制度得以试点运行。以上财政政策的实施和采用，在日本经济发展中发挥了有效的杠杆作用，形成了巨大的杠杆利益，促进了日本低碳经济的发展。

以上国外成功经验表明，提供科学的政府财政支持是促进低碳经济发展的必要手段。在低碳经济发展领域中，充分发挥财政政策的杠杆效应。首先，需要有明确的财政投资方向和渠道，加大对低碳产业和低碳技术创新的资金投入。其次，充分运用政府的税收优惠、税收返回等公共税收政策，当前一些发达国家对于环境税、碳税等在制度设计、具体方案和法律体系等方面都为我国提供了借鉴。最后，国际成功实例表明，财政政策的杠杆作用效应的充分发挥还需要有完善的碳排放市场机制的建立，从宏观政策层面规范碳交易市场制度，探讨科学性的碳定价政策，完善碳交易法律体系，把碳交易市场的建设发展纳入低碳经济架构之中。

总之，低碳经济架构下的财政政策实施会对企业决策产生重大影响。由于利息和固定成本的存在，于是就有了经营杠杆、财务杠杆和联合杠杆等作用的产生，它们对企业的决策实施有着重要的影响，例如，政府的财政政策运用合理将更有助于低碳经济的发展。政府财政政策主要有：设置节能减排专项基金，加大财政投资，加大中央财政的转移支付力度，实行"低碳"政府的采购制度。目前，我国作为全球最大的碳资源国家之一，在碳交易方面有巨大的发展潜力。我国应秉承科学的发展观，运用财政政策激发企业实现低碳经济发展模式的转型，有步骤地实施科学合理的财政政策，充分发挥低碳经济架构下财政政策的杠杆效应，全面推动我国企业碳会计发展和低碳经济建设。

9.1.4　着力培养碳会计专业人才，积极研发和推广企业碳会计软件

承前所述，碳会计将自然资源、生态环境与经济活动相关联，主要核算内容主要包括碳会计要素的价值计量、相关业务处理和碳会计信息披露等方面。企业会计人员承担碳核算、碳报告和碳审计等责任，向企业所有者、经营管理者及社会消费者、投资者、社会公众等其他利益集团报告企业低碳化运营管理情况。因此，碳会计不仅是企业财务会计系统进行碳价值核算和信息披露的补充工具，也是外部性内部化的解释说明，更是企业拟定环境报告的重要依据。

　　目前，我国企业碳会计专业人才极其匮乏，严重制约了我国碳会计的发展。据相关专业文献记载，德勤能源解决方案小组在《碳会计挑战：你准备好了吗?》(*Carbon accounting challenges*：*Are you ready?*) 曾指出，尽管碳会计对于大部分企业的日常经营影响越发突出，但如何在财务报表中进行披露仍未清晰界定。因此，亟须着力培养和打造碳会计专业人才，高校和企业都应给予足够的重视，一方面，可以在高校设置碳会计专业方向，将碳会计方面的相关知识融入会计教材中，成为会计专业学生的必学知识；另一方面，企业则需要科学组织相关培训，让企业会计人员接受继续教育，学习碳会计业务知识，并掌握如何进行碳相关业务的会计和审计，使企业管理者都有低碳会计的基本素质，使每位企业员工都有低碳经济的意识，以促进低碳会计的普及，推动低碳经济的发展。

　　固然，碳会计人才的培育是碳会计制度得以顺利运行的必要条件，但碳会计工作的开展也离不开碳管理系统这一提升效率和加强信息化的工具。因此，需要积极研发碳会计和管理软件，用于计算和报告碳排放、分析数据、实施机构分层管理以及与 ERP、财务系统实现对接等方面。据格鲁姆能源公司的市场调查数据表明，就目前全球碳会计软件 (enterprise carbon accounting，ECA) 市场的发展来看，作为一种新型软件，现正呈现爆炸性的增长态势。为了抓住和创造客户需求，ECA 软件的提供依次由核心服务商、细分服务提供商和大型的 IT 公司完成，它的主要功能是进行碳排放计量。美国证券交易委员会 (SEC) 曾于 2010 年发布指导意见，要求上市公司将气候变化导致的商业风险警示其投资者。因此，随碳交易日益完善及能源稀缺程度不断加剧，市场对 ECA 软件的需求会越发凸显。据估计，在 2013~2018 年间，全球 ECA 软件市场将实现以 34.51% 的增长率大幅增长，其中最关键的原因在于客户们可持续发展意识和各国政府法规所发挥的约束力的同时增强。而对于中国而言，ECA 软件市场刚刚起步，碳足迹公司是中国最早涉足于 ECA 软件开发的提供商。随着我国统一的碳交易市场的全面启动，企业碳排放管理和核算工作的逐步开展，企业及各级管理机构希望通过碳管理软件实施更加准确和高效的碳排放管理，实现企业内部低碳管理的系统化。其中，合同能源管理 (energy management contracting，EMC) 是当前最为流行的系统化低碳管理模式。

　　EMC 是一种节能创新机制，最先发展于 20 世纪 70 年代的美国，是指从事能源服务的合同能源管理公司立足于市场，与客户签订节能服务合同，并提供包括能源审计、项目设计和融资、设备采购和工程施工、人员培训等系列服务，并从客户节能效益中收回投资和获取利润的一种商业运作模式。然而，在这种 EMC 模式下如何进行账务处理也就成为目前碳会计核算亟待解决的问题。相应地，能源管理软件也有了需求的市场，如加拿大的 Econoler International 所编制的能源管理软件具有如下几大主要的会计功能：能源资源评估、能源成本分析、财务预算、能源项目的财务分析等。近年来，中国的 EMCO 开始进入市场，陆续有具体的案例经验分享。例如，甲公司生产节电器，在生产过程中使用可节能 5%。该公司与高耗能的乙公司于 2015 年 1 月 1 日签订协议，规定乙公司使用甲公司节电器，该节电器成本为 10 万元，但甲公司需要交付乙公司 5 万元保证金，并约定收益分成期限为 2 年，分成比例按节电量五五分成。此期间节电器归甲公司拥有。在试用期内，如果节电器未能给乙公司带来节电，则保证金不退回，节电器甲公司拆走，终止合同。否则，2 年之后，节电器归乙公司所有。在这合同履约期间，乙公司 2007 年节电 117. 万元，2008 年节电 17.55 万元，到 2008 年末，全新的同类型节电器市场销售价格 12 万元。结合上述案例数据资料，在 EMC 管理模式下，会计如何做账？该案例来自中国碳排放交易网，现将具体剖析其会计处理过程。

首先，要准确确定经济事项（合同）的内涵，这是正确进行账务处理的关键。在本例中，甲乙公司确定经济事项的前提是双方认可节电器能产生预期收益，甲公司对产品的预期收益很有信心，但乙公司还有疑虑，希望对方能提供保证金弥补最坏情况下的自身损失。因此，收入具有不确定性，而且在初始阶段由于未来节电量的不确定，导致收入在初始阶段不能可靠计量。另外，节电器使用所获得的收益同时也受到乙公司生产规模的制约。

然后，就是如何确定成本。由于节电器设备交付客户使用，若产生收益，则使用期满设备无偿归乙公司所有，在此期间该设备的初始总成本是能确定的，分摊到使用期间也是可行的。若无收益产生，则拆除该设备。无论收益是否发生，对于甲公司而言，因有合同约定期限，因此成本分摊期限都是确定的。

接下来就是有关收入和资产的具体确认问题。《企业会计准则——收入》规定，收入是指在企业日常活动中形成的、会导致所有者权益增加的、并与所有者投入资本无关的经济利益的总流入。甲公司将节电器设备交付乙公司使用、让渡资产使用权所形成的收益符合收入定义。或者也可对照合同规定明确是否符合融资租赁的确认条件。

收入基本准则也明确规定了收入确认时点，即与收入相关的经济利益很可能流入企业，并导致企业资产的增加或负债的减少，而且能可靠计量，则此时可确认为收入。甲、乙公司在合同实施的初始阶段尚不符合收入确认条件，使用期间内各期收入也无法准确预计。如果属于上述所提的融资租赁确认条件情形，由于无固定或最低的租赁付款额，则按或有租金方式确认，即收到租金时确认为收入，并按合同规定期限结转成本，最低租赁收款额为零。

最后，要解决的是有关资产的确认问题。在此关键讨论客户乙公司可能有的收益和资产的确认时点，可从合同初始期和合同期满时两阶段来分析：在合同初始期，由于甲公司设备使用的预期收益不能预见，应视同为一种租赁行为，乙公司的最低租赁付款额为零，不作账务处理，仅将此合同约定事项作为重要事项进行披露。在合同期满时，如果乙公司使用甲方设备后未能带来收益，则乙公司获质保金额为 5 万元；否则乙公司在合同期限内将获得节电量收益的一半，合同期满后并获得该设备的所有权，按权责发生制原则，此时应将该设备确认为乙公司的一项资产，由于设备成本已在节电收益分成中得到体现，因此该设备的入账价值应为扣除已提折旧的净资产额。

9.2 提升我国企业绿色竞争力，形成绿色资本观

李克强总理提出，要建设天蓝、地绿和水清的美丽中国，就必须大力推动绿色生产生活方式的形成，加快生态环境的改善，在保护中求发展，在发展中求保护，持续推进我国生态文明建设。习近平总书记在 2014 年中央经济工作会议上也提出，要坚持不懈推进节能减排和保护生态环境，尤要切实推进企业的节能减排，推动形成绿色循环和低碳发展新方式。当前我国经济步入了"新常态"的发展阶段，经济从高速增长转为中高速增长。在低碳经济发展模式引导下，学者们提出了"经济新常态"的环境要义，认为经济新常态是实现企业绿色循环和低碳发展的新契机，通过缓解经济发展与资源环境约束间的关系，为社会经济发展引入绿色资本，开创蓝海空间①，旨在提升企业绿色竞争力。

9.2.1 企业绿色竞争力与绿色资本的内涵解读

竞争是企业成败的关键。企业要谋求可持续的低碳发展，就必须在绿色竞争格局下获得新的竞争优势，实现经济效益和环境效益的双赢。这种新的竞争优势被称之为"绿色竞争力"。绿色竞争力概念的产生是人类社会、经济与环境实现和谐可持续发展的必然产物。这一概念最早由波特（Porter）在

---

① 蓝海空间指未来的市场空间。

"竞争优势"理论中提出，意即在资源环境问题日益凸显的背景下，企业需要成长，必将环境因素纳入企业竞争力的范畴之内，通过创新蓝海空间改变资源利用模式，相比其他竞争对手能更有效地获取绿色资本，向市场提供绿色产品或服务，提升企业获取市场竞争优势的综合能力，以实现企业最大经济效益的同时获得可持续的竞争优势。

（1）绿色竞争力。剖析"绿色竞争力"内涵，"绿色"可理解为可持续、清洁、节能和环保等。在传统竞争力发展中，由于企业过多重视经济效益及产出，忽视了经济活动过程中的资源消耗和环境影响，导致企业的经济增长效率和财富积累无法得到真实评价。鉴于此，本书认为，需从两方面来解读企业绿色竞争力的真正内涵，它们分别是：第一，综合绩效。在传统经济发展模式下，竞争战略直接影响企业经济绩效。企业绿色竞争力则需要企业既重视其经济绩效，又需通过创新合理配置绿色资本，例如，按本书中的第 5章所设计的进行系统的碳绩效评价，并衡量企业综合绩效，以提高生态环境和自然资源的使用效率，实现节能减排。第二，环境成本内在化。如前面章节所述，在低碳战略目标导向下，企业绿色竞争力的获取有赖于企业成本管理系统的完善，需在传统成本管理系统中体现"绿色"，即要将环境成本（包括碳成本）加以确认和计量，纳入企业的会计核算体系中来，实现外部成本内部化。因此，企业绿色竞争力的评估则需要视企业所在的经济系统和自然生态系统为一个闭合生态经济系统，把经济活动中的各种资源耗费和综合生态环境影响通通纳入会计核算范围之内，测算各种生产成本和环境成本（包括资源耗减成本、生态环境保护成本、生态环境损害成本、碳成本等）并予以修订，真实反映企业的绿色竞争力大小。

（2）绿色资本。在《增长的极限》一书中曾预言：因资源约束将导致经济增长不可能无限持续。据相关专家大胆推测，未来 30 年最大的资本就是绿色资本。绿色资本是人类社会经济可持续发展的资本，也是未来全球经济增长的推动力。2003 年我国著名企业家博峰提出了"绿色资本"这一概念，他认为，基于绿色资本理论的企业实践，也理应倡导绿色资本概念。经济新常态和资源环境约束下的绿色资本是企业软实力竞争的关键，怎样通过积累和应用绿色资本来建立企业竞争优势成为企业家亟待解决的问题。然而，中国作为制造大国，往往会面临一种困境，同类或同质产品太多，采用红海战略①很难做到创新的破茧而出，必须通过创新蓝海空间，譬如研发颠覆性的低碳技术、低碳产品和新能源企业等，在产品和资本形式上实施蓝海战略。

---

① 当今已知的市场空间和产业。

结合本研究的核心主题，应从宏观、中观及微观等各层面上着眼，分析并评价供应链上企业绿色竞争力的构成要素，并探讨提升企业绿色竞争力的具体实现途径，从而为我国企业碳会计制度的运行机制提供环境支撑。

9.2.2　企业绿色竞争力的构成要素及特征

在经济新常态下的企业低碳管理活动中，以成本、质量、服务和时间为竞争力来源的企业传统竞争模式受到了严重冲击，环境要素成为第五个竞争力来源，进而形成企业绿色竞争力的重要构成要素。纵观有关企业竞争力来源的各种分析和观点，企业竞争力来源可大体归纳为外生和内生两种，其中外生竞争力来源主要是指企业的外部环境（即市场）；企业竞争力的内生要素则主要包括企业内部资源、知识和能力。基于此，企业绿色竞争力构成要素则可理解为以下三个方面：绿色市场、绿色资源和绿色能力。下面将具体阐述之。

（1）绿色市场。我们知道，市场是影响企业盈利能力的主要决定因素，绿色市场则是企业绿色竞争力形成的外部环境。在迈克尔·波特的《竞争优势》一书中认为，企业的获得竞争优势的基本市场战略有总成本领先战略、差异化战略和目标集聚战略三种，但对于企业绿色竞争力的获取，则需在此基本战略基础上考虑绿色市场结构、价格差异及产品特性，构建绿色经营环境，置企业活动于整个绿色供应链上，不断改善供应链上各种活动及相互关系，以提供符合市场需求的产品和价格，并使企业能充分利用各种有利的需求和机会，有效消除各种不良绿色供应链的影响。简而言之，以波特为代表的观点理解企业绿色竞争力问题，主要强调了外部环境即绿色市场空间的内在价值及意义，同时也为构建碳会计运行机制提供了环境和绿色空间。当然这仅属于一个外部构成要素，还需考虑其内部构成要素（如绿色资源和绿色能力）的影响。

（2）绿色资源。尼古拉·J. 福斯在《资源基础理论》提出，企业的差异性和特殊性在于企业是否拥有能产生最重要超额利润的特殊资源。企业竞争力来源取决于企业特殊资源及积累方面的差异性。因此，借鉴资源基础理论的观点，企业资源包括各种有形和无形的资源，也包括人力资源和物力资源。而且，通常会选择单个企业内部的战略、资源、优势和劣势来分析企业竞争优势的源泉。按此观点可以得出如此结论，绿色市场环境下的企业集聚了一系列绿色资源，此类绿色资源具有有效性、稀缺性和难以复制的异质性等特征，它们及积累是解释企业绿色竞争力获取的关键构成因素，与上述外部环境构成要素一起为构建企业绿色竞争力提供了独一无二的绿色资源和基础。

（3）绿色能力。综上所述，资源基础理论侧重考虑及积累的静态特质，而未涉及绿色资源间的动态融合性，这种动态融合属于一种能力要素。20 世纪 50 年代末，菲利普·萨尔尼科（Philip Selznick）提出了"能力"这一概念，并形成重要的企业能力理论。与企业资源基础一样，这一理论也强调从企业内部要素与条件出发，但需将企业视为一个能力体系，侧重于资源间的动态整合能力来理解企业竞争力。资源基础理论重视资源在生产过程的投入，但能力理论要求整合生产活动中的资源，强调基于技术和技能、组织和流程的能力整合。鉴于此，在绿色市场环境下的企业本质上就是一个绿色能力体系，以企业的绿色能力作为分析的基本单元，那么企业拥有的绿色能力则构成企业绿色竞争力的关键要素，是企业长期根本性战略之一。例如，本书的第 4 章对有关企业碳排放管理能力进行估值和报告，显然是借鉴了能力理论的核心思想，属企业绿色能力评价问题，通过对企业绿色能力的估价和报告，为碳财务会计核算体系的构建和运行提供了具体的操作指南。

9.2.3　绿色供应链管理：一种有效提升企业绿色竞争力的实现路径

目前，供应链管理是现代制造业应用较多的一种新型管理模式，旨在通过基于产品供应链高度来决策企业经营活动及其如何与上下游企业的合作与协调，以实现非统一产权控制主体下的全生命周期无缝隙的活动对接。这一管理模式不同于传统管理方法，它实现了时间、质量、成本和服务的四维最佳集成。然而，在当前经济新常态下，这一四维最佳集成的管理模式受到了冲击，自然资源和生态环境成为该模式下的第五和第六维度，扩展为六维度集成，将环保和低碳意识融合到了供应链管理中，即为"绿色供应链管理"。据诸多相关文献表明，绿色供应链管理的体系结构包括四个方面：

（1）目标。提升可持续的企业绿色竞争力目标有赖于绿色供应链上各种活动和关系的不断改善和优化。一般而言，绿色供应链的存在分短期和长期两种状态：短期内的绿色供应链通过提供符合消费者绿色需求的产品（服务）及其价格来获取企业绿色竞争力；长期内的绿色供应链则通过充分利用需求和机会，有效消除其各种不利和威胁来建立企业的绿色竞争优势。

（2）对象。绿色供应链管理的对象有供应商、生产者、销售商、用户、回收商及政府，可分为核心对象和上下游对象两类。其中，核心对象受市场和政府的监督需严格执行环境和低碳管理标准；上下游对象为了提升企业绿色形象则必须接受环境和低碳管理标准，可向公众传递产品或服务安全可靠、重视社会责任的信息，留住大客户，得到消费者的青睐。另外，市场竞争力也迫使企业在更广泛的供应链上寻找联盟和竞争优势，与供应商、销售商等上下游企业寻求整合和优势互补。例如，大公司要求它们的一级供应商获得ISO14000认证，帮助供应商能更好处理环境问题，识别提高效率的机会及带来节能减排的手段，为供应商带来更高的综合绩效①。

（3）技术。绿色供应链管理集成了环保低碳技术与供应链管理。例如，低碳研发、绿色采购、绿色制造、节能减排标准等信息的获得必须通过专业化的数据库和知识库、碳解锁和碳脱钩技术系统等的支撑。另外，绿色供应链管理实现全过程的规划和整合，能有效规避绿色技术贸易壁垒。

（4）内容。基于产品生命周期理论的绿色供应链管理主要包括绿色采购、绿色制造、绿色营销、绿色消费和绿色处置和回收等几个环节。其中在绿色制造阶段，需要充分考虑产品或服务的设计、生产和包装等过程中所产生的环境影响和资源利用问题，因为生态或低碳设计能提高产品的质量和功能，增加产品的客户价值，环境友好的产品更能赢得顾客的长远信任；绿色营销环节则要考虑到时间、地点、库存、运输方式等所产生的环境影响，尽可能实现低碳排放和环境友好策略。

综上所述，绿色供应链管理已成为一种有效提升企业绿色竞争力的重要实现路径，也是企业通过降低环境风险和提高绿色绩效以取得利润和市场份额的双赢模式。然而，企业要真正实现绿色供应链管理，还存在一定的障碍。例如，一方面，一些企业对许多公共的环境问题往往持观望和被动的态度，并试图寻找法律的薄弱环节以逃避社会责任，而且在未全面推行绿色供应链管理的市场空间下，单个企业先行实施的成本是巨大的，并不能被企业所承受；另一方面，企业实施绿色供应链管理在一定程度上降低了成本，但是又大大提高了废弃物的处置成本，两者的此消彼长，甚至还会带来负的财务绩效。再者，由于环境税费或补贴政策的不完善，导致缺乏对良好环境绩效的企业所给予的税收优惠或补贴激励；另外，目前有关绿色供应链管理理论已趋于成熟，但一些废旧物品的回收和循环再利用则还存在着技术瓶颈。因此，从实现绿色供应链管理的障碍分析来看，绿色供应链管理实施需要借助科学的技术和方法，以产品为中心，找出产品全生命周期内对环境影响最大的环节，控制好关键环节的环境质量是绿色供应链管理实施成功的关键所在。如

---

① 朱庆华. 绿色供应链管理［M］. 北京：化学工业出版社，2004：137 – 138.

前面章节中所述及的企业碳足迹全生命周期法作为测算、分析和评估产品或服务的碳排放量手段，就能够很好地解决这个问题，实现真正的绿色供应链管理，有效提升企业的绿色竞争力。

9.3　培育碳会计准则规范及市场环境，提高准则间的系统性和协调性

无论从《京都议定书》、"巴厘岛路线图"，还是到哥本哈根世界气候大会，全球的气候问题一直备受关注。作为《联合国气候变化框架公约》和《京都议定书》的缔约方，中国已从碳排放、能源消费、森林覆盖率等方面向全世界郑重宣布了其近期目标：2020 年单位国内生产总值（GDP）二氧化碳排放比 2005 年下降 40% ~ 45%；非化石能源占一次能源消费的比重达到 15% 左右；森林面积和蓄积量分别比 2005 年增加 4 000 万公顷和 13 亿立方米。上述目标的实现有赖于碳会计核算体系的构建和规范。本书第 4 章专门就我国碳会计核算体系的设计进行了较深入的探讨。其中，碳会计准则和规范是碳会计核算体系的核心，我国目前在这方面的研究还很不完善，只是近几年才在刊物上出现，大多是借鉴国外有关碳会计准则的研究成果。因此，亟须培育一套适合中国国情的碳会计准则体系及市场环境，是贯彻实施我国碳会计运行机制的重要举措。

9.3.1　培育并活跃我国碳交易市场

企业是导致碳排放量增加的主要责任方，这已成共识。要实现我国上述近期目标，必须合理运用碳交易市场这一重要政策工具，着重降低企业碳排放量，促进企业低碳经济发展。因此，碳交易是利用市场机制引领我国低碳经济发展的必要之路。培育并活跃我国碳交易市场对于我国碳排放量控制目标的实现具有重要战略意义，同时也是我国碳会计制度运行必不可少的实践基础。目前，我国碳交易试点工作已在北京、天津和上海等 7 省市进行，碳交易额也逐步上升，但我国碳交易市场的设置尚不合理，也尚未统一，交易价格悬殊，尚需不断完善，尽快统一标准，并进行规范。本书认为，要培育并活跃我国碳交易市场，需建立、完善和提升我国碳交易管理体制，并合理设定好碳交易价格。具体阐述如下：

9.3.1.1 建立、完善和提升我国碳交易管理体制

众所周知，中国经济的迅速扩张导致碳密集型资本和温室气体排放的显著增加，所以中国积极参与碳减排对全球减排有非常重要的影响，世界各国都开始重视中国在全球碳交易市场上的重要地位，同时，国外学者加大了对中国碳交易机制的研究。例如，凯瑟琳·沃尔弗拉姆（Catherine Wolfram，2009）研究了碳排放交易作为一种空气质量管理工具时，其交易成本于空气质量管理而言是有效的，并还增强了空气净化能力。这对于完善和提升中国的碳交易管理体制有重要的借鉴作用。目前，清洁发展机制（clean development mechanism，CDM）和联合履行机制（joint implementation，JI）两种发达国家的碳交易机制在国际碳交易市场占主导地位。而中国政府主管部门对国内碳排放相关项目掌管着流程上的审批管理权，但实质上仍处于被动地位，未有主动决策权和市场主导权，缺乏对价格的控制，这些都阻碍了我国统一的碳交易市场的发展。鉴于此，为了培育并活跃我国碳交易市场，有必要先对中国目前的碳交易制度框架及相关法律基础进行概括和梳理。

1. 近年来，我国碳交易制度框架建设过程。

2011 年 10 月，国家发展改革委员会（简称"国家发改委"）下发《关于开展碳排放权交易试点工作的通知》，批准北京、天津、上海、重庆四个直辖市以及广州、武汉、深圳市等七个地区进行碳排放权交易试点工作，建立碳排放权交易市场，以地方法规或政府规章的形式制定相应的碳排放权交易管理规定。随后，国家发改委又先后于 2012 年 6 月和 2014 年 12 月分别制定了两部有关中国碳排放权交易的全国性法规，它们分别是《温室气体自愿减排交易管理暂行办法》（《自愿减排交易办法》）和《碳排放权交易管理暂行办法》（《碳排放权交易办法》）。由此，中国碳市场建设成为 2015 年 12 月所召开的巴黎气候大会所关注的话题焦点，国家主席习近平也在此大会上重申我国在 2017 年建立全国碳交易市场。2016 年 1 月，国家发展改革委员会办公厅发布有关我国碳排放权交易市场于 2017 年启动的通知，并规定在第一阶段纳入我国碳排放权交易体系的企业主要涵盖化工、建材、石化、钢铁、有色、造纸和电力等重点排放行业。因此，通知要求中央、地方和企业必须上下联动、协同推进全国碳排放权交易市场建设，实施碳排放权交易制度（emission trading system，ETS）。

2. 主要的交易平台、交易产品及交易方式。

目前，在全国现有 7 个试点地区已建立了专门用于碳排放权交易的平台，

如北京环境交易所、上海环境能源交易所以及天津、广州、深圳、重庆和湖北都建立了碳排放权交易所，同时还制定了碳排放权交易规则，并备案在国务院碳交易主管部门。交易产品包括碳排放配额和核证自愿减排量（CERs）两类，并对"碳排放配额"进行了解释和限定，即"碳排放配额"是指为政府部门免费或有偿分配给排放单位一定时期内的碳排放额度，亦可理解为一定时期内可"合法"排放温室气体的总量，1 单位配额相当于 1 吨二氧化碳当量。主要的交易方式有公开交易和协议转让两种，同时还建立了有关持有配额最大量限制、大户报告、风险警示、风险准备金等风险控制机制及多项临时处置措施的制度等。

不过，在我国 7 省市试点基础上整合各地碳交易场所过程中也出现了一些问题，例如，对于碳排放量指标存在着政府与企业的相互博弈，还有碳交易价格的难以确定，另外我国市场经济特征不够全面深透等，这些因素都会影响到我国碳交易市场的培育与完善。

9.3.1.2　碳交易价格的合理确定

碳交易活动的顺利开展离不开碳定价机制的合理制定。罗伯特·马斯钦斯基（Robert Marschinski，2008）等以欧美和中国的碳交易市场为例，借鉴里卡多·瓦伊纳一般均衡模型，研究了碳交易市场的区域内联盟对碳排放、竞争力和福利的影响。结果表明区域内联盟并非有益于所有参与者，但可一定程度地降低某单一区域内的碳减排政策对碳交易价格的影响。以美国加州和加拿大魁北克省实现碳市场联盟为例，制定了西部气候机制（western climate initiative），属于联盟较为成功的先例；但就欧洲而言，虽然具备成熟的碳交易市场，但其实也只有碳排放配额是可以完全协整的，而对于不确定的CERs 却不能享受与欧盟配额同样的价格趋势。因此，在欧盟也只有通过一个共同的碳交易系统才能实现统一的碳交易价格。而对于中国而言，我国学者对碳交易定价机制的相关研究有了较长足的进展。基于经济学角度，王颖（2012）通过分析 CDM 的定价问题，构建了我国碳交易市场决定模型，提出有关 CDM 项目的开发，需要从时间上解决资产的最优配置问题。关丽娟、乔晗等（2012）以上海市的数据，运用影子价格模型，对碳排放权交易的初始分配及其碳定价问题进行了实证研究，并得出如下结论：我国应实行碳排放权的有偿初始分配，影响价格模型可为初级碳交易市场的定价机制提供借鉴和参考。由此可见，碳交易价格机制的合理制定对于我国碳交易市场的培育及参与国际碳交易市场竞争具有非常重要的意义。

9.3.2　制定以公允价值计量为基础的碳会计准则规范

计量问题一直是我国碳会计发展的重要瓶颈，也是我国碳会计准则规范中的最核心内容。碳会计准则是会计人员从事碳会计工作时应遵守的规则和指南。目前，国际上对碳会计准则的相关研究较多，颁布了具体的业务准则。譬如，国际会计准则（IASB）下辖的财务报告解释委员会出台的 IFRIC3、美国财务会计准则委员会 FASB EITF 03 - 14、FASB153、澳大利亚会计准则 AASB120 等，这些准则和规范中都有涉及碳会计计量的相关规定，值得我国借鉴和参考。同时，也提出了两条具体的其他相关准则制定思路：第一，在《京都议定书》框架下，碳会计规范应与联合国政府间气候变化专门委员会（Intergovernmental Panel on Climate Change，IPCC）的原则相协调；第二，按温室气体协议书标准分别计量和报告碳排放的相关会计问题，该协定书包括了企业碳会计和报告基准以及成熟的碳足迹排放的估算工具。

会计准则是会计处理的基础。在低碳经济主导下，我国会计准则也经历了数次修订和完善。例如，2006 年我国财政部重新修订了会计准则，重点引入了公允价值计量，具体内容包括：对会计主体内涵进行了拓展，增加了生物资产等的处置，加强了对环境的关注；加大了公允价值的使用，规定了公允价值计量的测算方法，为现有碳会计的进一步发展奠定了基础，公允价值的发展促进了碳会计计量技术有了较大突破。同时，公允价值的运用，对会计人员职业素养也有了相应的要求，要求会计人员更加关注全面收益和企业未来发展价值，而不是仅盯着会计利润。碳会计计量属于碳会计准则和规范中的重要内容。结合现有资本市场发展情况，以及我国尚未成熟的碳交易市场，我国现有碳会计计量模式主要采用历史成本和公允价值两种计量属性。这在本研究第四章有关碳会计计量的一般分析中已有具体阐述。但是，由于会计是一门国际商业语言，应高瞻远瞩，对碳会计的计量应借鉴有关国际会计准则和 SEEA 的相关原则和处理办法，尤其在公允价值准则规范上，应实现我国碳会计处理与国际会计准则的协调一致。

2014 年 1 月 26 日我国财政部发布了《企业会计准则第 39 号——公允价值计量》，定义公允价值为"市场参与者在计量日发生的有序交易中，出售一项资产所能收到或者转移一项负债所需支付的价格"。并规定公允价值计量的几种常见情形：第一，存在活跃市场时。所谓活跃市场是指满足以下条件的市场：其一，市场中交易的项目是同质的；其二，自愿的买方和卖方都随时存在；其三，价格公开。如果有满足上述三条件的市场存在，则以相同或类似资产或负债在活跃市场上未经调整的成交价格进行计量。这一种成交价格为直接输入可观察值，为公允价值计量提供了最可靠和真实的依据。第二，不存在活跃市场时，则采用市场中相同或类似资产或负债的成交价格来确定其公允价值。第三，目前状况下没有市场时，则依据相关资产或负债的不可观察输入值，采用一定的估值技术所确定的评估价来确定公允价值，如联合国所提出的环境与经济综合核算体系（SEEA），即指通过对传统国民经济核算账户体系（SNA）的全面修正，增加资源环境因素，运用基于损害和收益的评估技术，如直接市场评价法、替代市场评价法和假想市场评价法等。本书对上述评估技术的具体适用范围及优缺点进行加工整理如表 9 - 2 所示，运用上述方法对碳活动进行价值评估，尽可能地与国际准则 SEEA 等进行协调。可见，逐渐活跃的碳交易及我国公允价值会计准则的发布为公允价值在碳配额核算中的使用提供了准则规范和市场环境。

表 9 - 2　　　　　　　　　碳活动的价值评估方法汇总

方法类型	常见具体方法	适用范围及优缺点
直接市场评价法（conventional market approach）	主要包括边际机会成本法、替代成本法、重置成本法、防护支出法、生产率法（即市场价值法）等	直接评价法是指根据生产率的变动情况评价环境质量的变动所带来的影响的方法。它把碳活动看作一个生产函数的要素投入，对商品或服务所造成的环境影响的经济价值进行评价 适用范围：第一，市场实物量数据容易获取并有明确的市场价格或影子价格数据；第二，商品或服务是市场化的，或是潜在的、可交易的；第三，碳活动的环境影响明显，可直接观察获得；第四，市场运行良好，价格能合理代表产品或服务的经济价值。 优点：评估结果客观性强。 缺点：由于直接市场评价法中所使用的市场价格并不是消费者相应的支付意愿，故不能充分衡量自然生态资源开发的边际外部成本，其边际机会成本的真实性大打折扣
替代市场评价法（surrogate market approach）	主要包括旅行费用法、内涵价格法、恢复和保护费用法、影子工程法等	替代市场评价法是指通过考察与碳活动相关的行为，特别是在与大气环境联系紧密的市场中所支付的价格或所获得的利益，间接估算大气环境质量变化的经济价值。 适用范围：清洁的空气、视野及赏心悦目的环境等公共物品，没有直接的市场价格，只能通过利用可交易的某物品所支持的价格来估算某种环境物品或服务的隐含价格。 优点：其隐含价格能大致反映出消费者的支付意愿，能利用直接市场法所无法利用的信息。 缺点：评估结果可信度低，同样不能充分衡量自然生态资源开发的边际外部成本

方法类型	常见具体方法	适用范围及优缺点
假想市场评价法 （hypothetical market approach）	主要包括意愿调查法和选择实验法	假想市场评价法是指通过人为构造假想市场对没有市场交易和市场价格的生态环境系统产品和服务等纯公共物品的价值进行评估。 适用范围：适用于那些没有实际市场和替代市场的公共物品的价值评估。 优点：能反映消费者的支付意愿和充分衡量自然生态资源开发的边际外部成本。 缺点：评估依据是人们主观意愿，是假想市场，所得结果受多因素影响而难免偏离实际价值，所以客观性较差，另外需要大样本数据调查，费时费力费钱

综上所述，我国虽在相关会计准则理论与实务上取得了一定的进展，但碳会计制度仍需着力规范和夯实，做到加快实现我国碳会计体系与国际会计准则和 SEEA 准则的协调一致，为我国碳会计运行提供良好基础和实践指导作用；加大培育以公允价值为计量基础的碳会计准则规范及市场环境，着眼于准则体系的前瞻性，积极研究碳会计相关的配套准则和价值评估技术，提高各准则间的系统性和协调性。随着有关碳活动业务不断增加，企业碳减排行为的不断深入，企业与资本之间的关系将呈现更复杂的局面和趋势，我们将需要研究如何实现碳金融与碳会计间的相互作用和渗透。

9.4 发展碳金融的"中国路径"，改革我国碳会计运行体系的支撑环境

不容置疑，金融作为优化资源配置和调剂资金余缺的重要方式和手段，必将在我国低碳经济发展中发挥重要作用。换句话说，我国低碳经济发展离不开碳金融的支持和服务。当前，我国碳金融仍还远远落后于发展低碳经济的要求，存在着下列诸多问题：政策支持不到位、系统的碳金融体系尚未建立、有效的碳交易制度匮乏、金融创新产品缺乏、中介市场发育不完全、碳金融认识严重不足、人才瓶颈等。总之，我国碳金融体系未能科学搭建，低碳管理运行机制未能合理实施，相关的信息、知识和人才都不足以支撑起碳金融市场和碳会计的发展。我国碳金融要发展，必须要有产业规划等相关配套、税收、投资及信贷等政策支持与相关知识、信息和人才等要素的配合。碳金融是一种对碳排放进行规制的新型金融模式，它主要包括碳金融市场、

碳金融机构和碳金融政策三部分。2011 年 10 月国家发改委发布了开展碳交易试点公告，促进了我国学者对碳金融的关注和研究，并取得了阶段性成果。

9.4.1　先政府引导、后市场主导，发展我国碳金融市场

整理有关碳金融发展状况，目前全球碳金融发展已有十余年的时间了，尚未有统一的碳交易市场，其中国外碳金融市场已相对完善，业务种类多样化。政府是碳金融发展的三大支柱之一。而在我国，碳金融参与主体中，企业占绝大多数，政府参与较少。为此，积极引导企业、银行及各类投融资机构进入碳金融市场，以强化政府引导作用对我国碳金融市场发展有重要的现实意义。

我国现有碳金融市场发展状况，主要表现在两方面：其一，采用"赤道原则"，低碳类项目融资的行业标准和国际惯例得以形成。2008 年 10 月 31 日我国兴业银行成为首家承诺采纳此原则的银行。其二，绿色信贷业务发展迅速，其他碳金融产品创新和碳交易中介业务得以拓展，碳基金、碳保险和碳期货等已有了尝试。当然，我国碳金融市场发展在政府和市场两层面也面临诸多困难和障碍，例如，碳金融政策支持体系面临有较大的政策和法律风险，需要不断完善；碳交易中缺乏定价权，需要完善碳交易体系；碳金融制度基础和统一的交易平台缺乏，急需构建并完善。

基于上述现状的分析，我国碳金融市场的发展和完善应从路径和对策两方面来落实：一是加强碳金融路径建设，依次完善碳金融体系的法律法规制度，强化碳交易的监管，构建防范风险和规范定价机制；二是扩大政府引导与参与主体，发展中介服务机构，培育碳金融专业人才，积极参与国际交流和合作，建立我国统一的碳金融市场平台，构建碳金融市场的多层次体系，另外，由于碳减排业务所引起的外部性，建立我国碳金融的政策性有它的必然性和可行性。

9.4.2　先发展基础碳交易、后创新碳金融产品，拓展我国碳金融活动

低碳经济发展的关键点是节能减排和可再生能源的充分利用。在我国低碳经济发展过程中，碳金融作为实现资源配置优化、资金余缺调剂的重要方式和手段，它发挥着重要作用。我国进入碳金融市场时间并不长，目前参与国际碳金融活动的主要形式是 CDM 项目，相对大规模的 CDM 项目主要集中

在新能源和可再生能源领域，促进了我国产业结构和能源消费结构的优化调整。就全球来看，碳金融市场健康持续发展的前提是建立一个统一的国际碳金融中心，深化研究碳交易市场建设理论及实践，拓宽碳金融活动的渠道和形式。

近年来，我国碳金融的具体实践活动可梳理如下：第一，低碳指数。2010 年 6 月，北京环境交易所公布了中国首个低碳指数[①]（China low carbon index，CLCI），成为中国低碳产业或企业投融资的风向标。这一指数的开发，有利于规范和促进上市公司低碳化实践。例如，设置公司上市融资前的环保门槛，公开上市公司的环境信息，并监管其上市后的经营行为，从而指导投资者的低碳投资决策，以规避环境风险，同时也限制了高能耗、重污染企业的高碳排放行为，促进了企业污染治理和环境保护的生态行为。第二，碳基金。碳基金是一种专门的碳融资工具，通过多种融资渠道，募集资金来源于政府、多边机构或私人部门，旨在参与碳减排量的买卖交易行为。碳基金在国际碳交易市场中扮演着重要的角色，为 CDM 或 JI 项目提供融资。但在中国目前尚无真正意义上的碳基金，中国绿色碳基金和中国清洁发展机制基金还只属于准碳基金。现在我国主要通过绿色信贷手段，即以信贷项目对环境的影响作为信贷申请的决策依据，仅有限向低碳的信贷申请者或项目予以贷款，对无法达到环境标准要求的企业或项目予以推迟或取消贷款，甚至还收回已发放的信贷资金。碳基金最基本的碳减排投资方式就是通过签订碳减排量买卖协议来进行碳信用交易行为。

低碳社会的实质是能源效率和清洁能源结构问题，核心是能源技术创新和制度创新。可见，低碳经济的关键是低碳技术的研发以及绿色技术的商业化推广，而这都需要大量的资金支持和保障。碳基金通过对进行的 CDM 项目的投资与合作，取得项目所产生的交易品——"经核证的减排量"（CERs），即碳信用指标，并在碳市场进行交易，从而实现节能减排目标，并取得投资收益。

结合我国实际情况，适宜采用由政府设立采用企业模式的运作设立和管理方式，建立一个由政府投资、按企业模式运作的独立项目。政府不干预碳基金项目的经营管理业务，碳基金的经费开支、投资、碳基金人员的工资奖

---

① CLCI 是指把在中国内地、香港和纽约 3 个资本市场的 35 家以中国为主要运营区域的低碳类企业，包括清洁能源发电、能源转换及存储、清洁生产及消费、废物处理 4 大主题下的 9 个部门的上市公司数据收集、整理、归纳、加权，形成一个中国低碳产业发展指数，成为中国低碳产业发展和企业投融资的风向标。

金等由企业董事会决定；但是碳基金拨款前必须提交工作计划及优先领域，交由政府审批以达成框架协议，碳基金定期做执行报告与全面评估，向政府相关部门汇报，对其负责。全面评估应由专门机构进行，以碳减排的成效为标准，评估资金使用效率。碳基金的建立能够缓解节能减排面临的压力，帮助建立、保持和扩大碳减排市场，进一步提高从减排市场获益的能力，为拓展我国碳金融活动提供资金源泉。

9.4.3　构建企业碳资产管理体系，实现碳会计对碳减排行为的深入推进

碳资产是全球碳金融市场催生的必然产物，它属于低碳经济领域可用于储存、流通或财富转化的资产。碳资产管理是一个科学体系，是现代企业管理的重要组成部分。在我国以新型工业化、农业现代化、新型城镇化、信息化为基本途径的"四化两型"建设中，节能环保、资源节约等成为加快经济发展方式转变的着力点，企业碳资产管理自然而然也被提到了议事日程上，并成为碳会计制度建设的重要内容。由此可见，加强企业碳资产管理体系的构建研究是大势所趋。

9.4.3.1　企业碳资产管理的基本内涵

碳资产的价值长久以来都没有被人们所发觉，近年来，随着低碳经济的发展，人们开始逐步认识到碳资产的价值，碳资产会给企业、社会产生多重效益，甚至对企业的生产经营理念的转变也有极大的促进作用。现阶段碳资产的价值主要是体现在碳资产质押授信和碳排放权交易等方面。

碳资产的质押授信是指我国已获得联合国 CDM（清洁发展机制）理事会注册的，将未来预计的售碳收入作为质押向银行申请授信，以获得短期流动性贷款的碳减排项目。2011 年 4 月，福建某企业的 20 兆瓦小水电项目以获得注册后的 CDM 项目产生的核证减排量为抵押，成功从兴业银行申请到首笔108 万元人民币融资支持。碳资产授信业务的出现，缓解了中小企业担保难、融资难的问题，帮助企业盘活"碳排放权"这一资产项目，弱化中小企业自身的授信条件，以此，鼓励环保产业的发展，为实施碳会计制度打下坚实的基础。

碳排放权交易是碳资产价值的另一重要体现点。碳排放权交易是指：根据《京都议定书》的减排承诺，当国家或企业不能按期完成减排任务是，可以向他国或者国内其他企业购买其碳减排配额余额或其他碳排放许可权证，

以此完成自身减排目标。对于企业来讲，尽管碳排交易的收益只是副产品，但这个巨额的收益是任何企业都不能不重视的。2006 年，华能集团与西班牙电力公司 Endesa 以 8.7 美元/吨的价格签订了二氧化碳减排量购买协议，实现了"废气"变"黄金"的神话，使华能集团即将建设运营的风电项目扭亏为盈。碳排放权交易既可以为未来发展储备，也可以投入市场获利，使得企业积极开展污染治理并通过技术创新减少碳排放来节约碳排放权指标，这正是我国碳会计制度运行的关键要旨。

在认识到碳资产的价值之后，加强碳资产管理理论研究和实践的意义便是不言而喻的。实施企业碳资产管理不仅能提升企业的管理效率，提高低碳意识，树立尊重自然、顺应自然、保护自然的生态文明理念，还能减少企业的运营成本并增加盈利，引导企业更好的应对低碳发展战略，避免国际绿色壁垒给企业带来的冲击；另外，可以促进产业结构调整、实现经济增长方式由粗放型向集约型的转变，同时为落实我国温室气体减排目标和探索建立碳交易平台打下基础。

9.4.3.2　国内外碳资产管理发展概况

目前全球已进入节能减排的关键时期，企业碳资产管理也已悄然兴起，成为 CFO 必须直面的一个战略课题，也是企业管理决策者系统研究和积极应对的重要课题。应对得当不仅能提高企业管理效率，还能减少企业运营成本并增加盈利。总之，碳资产"管好了是资产，管不好就是负债"。"碳"将成为企业价值的新元素，"碳资产管理"将赋予企业财务职能新的内容与使命。

碳资产是一种环境资源，是指在环境合理容量的前提下，认为规定包括二氧化碳在内的温室气体的排放行为要受到限制，由此导致碳的排放权和减排量额度（信用）开始稀缺，并成为一种有价产品。从国外文献的最新研究进程看，碳资产相关问题的研究主要局限于对碳排放权的研究，相关研究机构主要有美国联邦能源管理委员会（FERC）、国际会计准则委员会（IASC）、国际财务报告解释委员会（IFRIC）和美国会计准则委员会（FASB），还有国外学者万布斯甘斯·萨诺夫（Wambsganss Sanford，1996）、亚当斯（Adams，1992）、圣佛（Sanfor，1993）和沃尔什（Walsh，1993）、尤尔（Ewer，1995）、斯蒂芬·沙特格尔（Stefan Schaltegger，2011）和罗杰·伯里特（Roger Burritt，2011）等在排放权相关问题上发表了一些意见、看法和观点。而我国学者也开始了对碳排放权相关碳资产问题的研究。但是，由于我国对于碳资产的研究，无论从实践上，还是理论上都滞后于发达国家，所以相关研究大都参照西方的研究成果和相关的研究方法，创新性的研究成果数量不多。从已有国内外对碳资产管理相关问题的研究来看，主要忽略了以下几个方面的问题：第一，研究对象集中于碳排放权，把碳排放权等同于碳资产，抛开了碳资产所包含的其他内容，如企业的温室气体减排额、碳交易中购买的减排量，以及与碳交易相关的有价证券等新兴的碳资产内容。第二，将碳排放权与排污权相提并论，混淆其本质差异。第三，研究思路有局限性，现代企业管理职能未得以拓展。

9.4.3.3　构建我国企业碳资产管理体系及具体实施路径

从构建我国企业碳资产管理体系及实施路径而言，应该涵盖"低碳化"的配套政策和发展规划、碳盘查和碳会计业务创新体系几大方面。

1. 制定"低碳化"的配套政策和发展规划。

在气候变化和能源安全的严峻形势下，我国政府开展了大量的工作，制定相关配套政策和发展规划，并将"低碳化"作为我国经济社会发展的战略目标之一。我国企业也相继承诺积极响应和配合政府的相关政策和措施，建立企业产品或服务的温室气体排放数据统计和管理体系，加强碳信息数据库建设，将碳排放情况、碳减排方案、碳减排计划情况适时向利益相关方披露，这样既能督促自身加强碳减排潜力的能力，又表明向公众承诺减排和承担企业社会责任的态度；发展碳金融，利用专业技术手段实现资金在低碳部门的有效配置，例如，银行业可大力发展"绿色信贷"，培育全国碳金融中心，使碳金融成为我国发展低碳经济的核心支柱，也是我国紧跟国际市场发展步伐的必然选择；通过上述"低碳化"配套政策和发展规划的制定，从而实现低碳经济发展之路的努力探索和企业碳资产管理体系的构建保障。

2. 碳盘查是企业碳资产管理的前提。

要实施碳资产管理，就需要有可测量、可核查的基础数据，企业就要有自己的基准排放量和减排计划，没有这些数据，就谈不上碳资产的管理。比如，从湖南经济发展情况看，工业化进程加快，并且全面进入了重工业加速发展期。从产业结构上看，有两个突出的特点：一是工业占国民经济比重大。2012 年，工业增加值占 GDP 的比重为 41.7%；二是工业内部主导行业以高耗能行业为主且集中度高。2012 年，能源消费总量居前的电力、热力的生产和供应业其工业增加值占全部规模以上工业增加值总量的 31.2%，能源消费占总量的 76.3%。

高能耗的企业发展模式下绝大多数企业都不清楚自己究竟排放了多少碳，在哪些环节排放了碳，因此，碳资产管理的前提是开展碳盘查。碳盘查首先就是要确定盘查的对象，ISO14064 规定需要对二氧化碳（CO_2）、甲烷

（CH_4）、氧化亚氮（N_2O）、氢氟碳化物（HFC）和全氟碳化物（PFC）6 种温室气体进行盘查；其次采用排放系数法来计算温室气体排放量，全省可以考虑采用联合国政府间气候变化专门委员会（IPCC）公布的燃煤排放系数或者发改委每年公布的电力系统排放因子，以活动数据与排放因子的乘积作为碳排放量；然后针对不同行业获取温室气体清单，编制温室气体报告书，以便温室气体清单的核证、并供内外部使用者参考决策。

3. 拓展会计职能，构建碳预算体系。

碳盘查之后就要结合节能减排的具体情况建立碳预算体系，减缓由于经济快速发展、新增能源需求增长所引起的碳排放增长，将"四化两型"的目标责任落实到每一个企业。当前的碳预算主要以国家或地区间机制设计为出发点，是宏观层面的预算。从微观企业来看，应在了解自身碳足迹的基础上提前预测企业未来要排放的二氧化碳，即从产品设计、产品研发、生产流程、投融资安排等各环节发掘碳价值，整合企业自身的碳战略，完成碳预算。现阶段，碳预算应由企业管理会计担当，前面章节已对此内容进行了详细阐述。

构建碳预算体系应该做好以下几点：第一，执行管理会计职能，建立碳预算目标，充分利用碳预算的分解效应，针对不同的行业提出具体的要求进行横向或者纵向比较。横向来说，可以建立在各个企业之间的预算比较指标，也可以与省外的相似企业相比较，这些指标并不代表减缓战略，但是有助于各个企业树立低碳形象；纵向来说应该以"四化两型"提出的第一年作为基准年，以后各年在此基础测算碳生产率提高多少、碳减排增长多少、碳排放强度降低多少等等；第二，对于减少碳排放，目前为止下达的节能减排指令都属于行政命令，不太符合成本效益原则，在建立碳预算体系时可以考虑新的政策工具，如碳税①，碳税是通过对汽油等化石燃料产品，按其碳含量的比例来征税以减少化石燃料消耗和二氧化碳排放，是减少能源消费和大幅削减碳排放的有效手段。而且征收碳税只需要额外增加非常少的管理成本就可以实现。新政策的使用可以降低碳排放成本、有效地进行会计计量、新政策工具会约束企业自觉减排，并尽快地进行工业体系和产品的升级换代，清洁生产以降低制造产品的碳预算含量。

4. 进行碳会计处理，加强企业碳资产管理。

碳会计处理则主要体现在以下方面：首先，在传统会计框架内，碳会计主要涉及碳资产的确认和计量问题，以及完善碳会计内容，编制碳资产负债表。其次，以 CDM 项目为碳会计处理的主要内容，提出一种针对现有国内企

---

① 已在第9.1节中对有关碳税内容进行了具体阐述。

业的减排交易的会计处理，例如，在传统会计项目下单独设置"CDM 项目"的明细科目，逐渐并入 FASB、IASB 等发布的一系列环境会计规范之中，实现碳会计规范和准则的不断完善。最后，随着碳足迹制度的标准化推进，碳信息披露日益被关注。碳信息披露不仅体现了企业承担社会责任的态度，更向社会公开了企业温室气体排放行为的风险性及企业的碳风险的管理能力。现有企业碳信息披露的方式主要采取文字叙述型的非会计基础型披露形式，这种披露方式难以显示其碳减排管理方面的程度和效果。所以，需要设置单独的碳会计科目，运用具体的确认和计量方法进行量化，实现碳信息向财务信息方面的逐渐展开和融合。

　　通过碳会计核算将碳资产的成本收益体现在企业的管理活动报表中。当购买碳固设备时，应按照购置成本借记"固定资产"，贷记"银行存款"等，购买时未能达到可使用状态的，先计入"在建工程"，待达到可使用状态时再转入"固定资产"。购买碳固设备和建设碳固设施过程中排放温室气体产生的碳排放费用也应计入"固定资产"或"在建工程"。在后续计量中，第一，碳固设备折旧的计提，应该请评估机构核证设备的费用支出。折旧计入碳固成本，即借记"碳固成本"，贷记"累计折旧"；核证碳固量的费用支出也计入当期损益，即借记"管理费用"，贷记"银行存款"等。第二，收集温室气体所发生人工、碳排放费用都计入碳固成本，即借记"碳固成本"，贷记"应付职工薪酬""预计负债"等。第三，取得的排放权，应该根据公允价值借记"碳排放权"，贷记"碳固成本"，借贷方差额计入"营业外收入"。第四，对于前面说到的碳税，企业在交纳碳税时，应该按交纳金额借记"营业税金及附加"，贷记"应缴税费——资源税（碳税）"。第五，而当企业因为超额排放而被罚款时，按照会计准则的规定，企业应当按照罚款金额借记"营业外支出"，贷记"银行存款等"。碳会计的处理能够有效地反映碳预算的实施效果，便于企业未来碳成本的更好规划，也能够为企业实施碳信息披露提供一个依据和基础。

　　5. 实施碳信息披露，降低企业环境成本。

　　我国的大多数企业都没有意识到实施碳信息披露的重要性。会计信息披露可以反映管理层受托责任的履行情况，帮助企业加强成本费用管理，为制定投资、筹资以及经营决策提供信息。因此，企业可以单独出具一份低碳报告，如图 9－1 所示，涵盖低碳质量情况和低碳改进成果。低碳质量情况包括：温室气体的排放量、碳排放成本、碳排放交易权的情况等；低碳改进成果包括：企业绿化率、绿色税收、低碳技术的使用情况、获得的碳质量标准认证等。

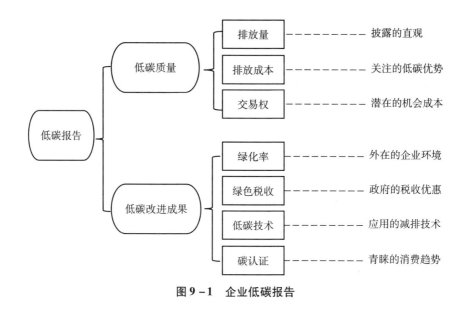

图 9 - 1　企业低碳报告

此外，由于企业披露碳信息的最终目的是要控制以减少对温室气体的排放，因此其减排举措也应是企业披露的内容之一，包括负责减排温室气体的部门的职责以及职能分工情况、一定期限内的减排效果、减排结果的考核及奖惩办法等。碳信息的披露能够提高资源利用效率，降低对不可再生能源的消耗及温室气体排放，实现社会效益、经济效益以及环境效益的协调。

9.5　本 章 小 结

研究我国企业碳会计制度实施的运行机制，可从微观和宏观两个层面着眼。微观层面看，借鉴国外的成功经验，加快碳交易市场的建设，构建和完善我国权威的碳交易市场，在绿色资本观指导下，提升我国现代企业的绿色竞争力，并在已有会计准则基础上做好我国企业碳会计准则规范的培育，为实施碳会计的公允价值计量提供市场机制和环境。积极发展我国碳金融，构建更完善的碳资产管理体系，为碳会计制度运行提供更有利的碳金融市场，通过碳会计行为深度推进我国低碳减排行为。宏观层面看，其一，可以从国家税收方面入手，制定相关的宏观政策和财政政策激励碳会计发展，促进低碳经济的发展。具体措施有：不仅对高排放企业征收高额环境税或碳税以遏制高能耗；也要对注重节能减排的企业与环境保护措施落实到位的企业给予一定的税收优惠和减免，以刺激企业向低碳经济转型。其二，可以利用市场机制配合国家和政府的干预，出台相关法律法规对企业的碳会计体系建立和制度实施起到引领的作用。市场是一只看不见的手，其自我调节功能有其固有的缺陷，需要国家相关法律法规的引导，约束企业温室气体排放行为，鼓励节能减排企业的发展。另外，还需要有相关政策扶持和培养碳会计专业人才等软实力，并加大研发和推广相关碳会计软件等硬件配套措施。

第 10 章

结论与展望

10.1 研 究 结 论

在全球范围内所倡导的低碳经济发展模式下，企业碳会计的研究和推动成为当下会计学界关注的新宠。根据低碳经济对现代会计的影响、经济学视阈下的碳排放权交易制度理论、碳成本与控制理论、碳锁定与解锁理论、碳脱钩理论等领域的最新成果，本课题试图从企业会计制度设计的角度来探讨碳会计制度框架设计问题及其所蕴含的理论与实践意义。围绕这一核心，本书依次回答了密切相关的四个问题：企业碳会计发展现状如何？企业碳会计制度设计赖以支撑的理论体系是什么，并有别于传统会计制度设计的特征具体表现在哪些内容上？企业碳会计制度设计的操作体系主要包括哪些方面？企业碳会计制度实施所需的运行体系和共管体系是什么？如果说第一问题讨论的是企业碳会计制度设计的现状分析，那么第二个问题则是现状的前因，第三和第四个问题是现状的后果。本着"理论分析—应用分析—研究结论"的一般研究思路，本书以中国企业为研究对象，对这些问题进行了深入的理论和应用分析，得到的主要结论如下：

10.1.1 碳会计制度设计的背景体系

在我国当代发展史上，政府工作报告中都会提到环境保护和治理问题。尤其是近年来的全国两会平台及中国共产党的全国代表大会中，生态文明建设屡次成为讨论和关注的焦点。国外关于此问题的关注和重视始于 14 世纪初，比如英国，自工业革命以来环境污染越发严重，并开始审视对待自然的认识或态度，马克思劳动价值理论受到了学者们的质疑，明确树立科学的环境价值观的重要性，指出生态环境具有效用性和稀缺性，并包含了人类一般劳动。因此，现有的生态环境凝结了人类的一般劳动，应具有价值，从价值维度确立生态环境价值理论，从协调维度对现代管理理论进行拓展，发展生态经济协调发展理论。随着全球生态环境和气候治理的深入，这些观点和理论都已被广泛接受。我国企业碳会计制度理论研究和实践探索应积极顺应这一发展趋势，亟须加快发展和完善。当然，首先对广义概念上的企业碳会计内涵和外延予以界定是必要的。对这一方面的深入解读，理论上可以为企业碳会计制度研究奠定更坚实的规范性基础，在实践上可以为企业碳会计制度运行提供思路。所以，碳会计制度的研究不仅具有学术价值，而且具有现实指导意义。

10.1.2 碳会计制度设计的理论体系

碳会计相关理论应用为碳会计制度研究提供了坚实的理论基础。具体从以下几个方面展开：

（1）低碳经济对现代会计的影响。这种影响主要体现在：低碳经济是一种经济转型而非社会转型，它构成经济学中的资本要素，对成本效益核算有重大影响。只有通过会计信息系统来提供有关碳排放、碳交易等相关外部性信息，以支撑低碳经济的发展，而碳会计则是用来实现低碳经济与会计学的相互融合的支撑工具。

（2）碳排放权交易的经济学内涵。是因全球变暖而实施节能减排的一种内在需求和市场化的减污手段。它有着深刻的经济学内涵，从产权视角来剖析碳排放交易制度，有着重大理论价值和现实意义。通过企业间的碳排放权交易对节能减排企业进行补偿，从而影响到企业的经济效益，进而对企业的资产、负债等会计要素产生影响。

（3）碳成本与控制理论是现代管理与控制理论与碳活动融合的产物。在碳活动实践中，基于节能减排目标，低碳管理理念不断渗透现代管理和控制理论之中，尤其使系统论、控制论和行为科学理论得到了不断发展与完善。碳会计制度是以环境管理系统、生态经济系统和企业管理系统三者融合而成的有机整体为基础，低碳管理实践中体现了丰富的控制论思想和方法。行为科学理论告诉我们，开展碳绩效评价就要从客观实际出发，针对群体和个体不同层次的需要，制定满足不同需要的节能减排对策和低碳措施，并采用不同的激励手段，调整和改造人们的需要，以鼓励人们的期望行为，限制人们的非期望行为。

（4）碳锁定、碳解锁和碳脱钩理论是从碳技术研发与运用角度对碳会计制度设计与运用机制研究奠定了坚实的方法论基础。碳锁定理论为解释低碳经济的发展障碍提供了一种新的视角，剖析其形成机理、动力机制和影响因素，为构建"碳解锁"的战略管理体系提供了动力。合理记录、核算和管理碳成本和碳收益，并予以碳绩效评估，以建立碳激励机制，是有效实现碳解锁的关键之一，需要借助碳解锁的低碳技术和手段予以实施。通过资源和环境影响的脱钩，实现我国新常态下经济发展的"脱钩"，大幅度提高碳生产率。因此，实践和应用探索"碳脱钩理论"，并尝试从技术层面为"碳解锁"提供思路，既是发展低碳经济的主流趋势，也是落实我国节能减排政策的现实需求，更是实现我国低碳转型所亟待解决的现实问题。

碳会计基本理论的构建为碳会计制度研究提供了思路和基本框架。从碳会计制度设计的基本内涵及重要价值的诠释，以及碳会计的对象、目标及原则、核算假设、核算基础和要求、碳会计要素、科目、凭证及账簿的设计等方面来着手构建其基本理论架构，为本研究中的第 5 章、第 6 章和第 7 章中分别阐述的碳财务会计核算体系、碳管理会计系统及碳审计制度框架三模块的设计从原理和方法上提供了相对完整的框架指引。

10.1.3 碳会计制度设计的操作体系

碳会计既是一个信息系统，也是一种管理活动，其首要目标是对外提供碳信息，对内实施低碳会计管理。碳会计信息系统包括碳相关信息的输入、加工和输出，即碳会计制度设计的框架包括了碳财务会计、碳管理会计和碳审计三个组成部分。这一部分属于碳会计制度设计中的操作体系。

碳财务会计属于整个框架中的最基础部分，主要阐述了有关碳会计的确认与计量的一般原理，设置具体的碳会计科目，并予以相应的碳会计业务处理，然后再对碳会计具体内容进行了具体核算，并从形式和内容两方面对碳信息披露进行了具体规范，构成了整个碳会计制度设计的信息输入内容。其中，重点论述了以下内容：一是基于产品生命周期角度的碳足迹评估；二是碳会计计量模式的具体评析；三是碳会计核算内容的具体分类及实务处理；四是碳信息披露形式和内容；五是然后通过具体案例对碳排放管理能力进行了深度分析和应用。

碳管理会计的职能是向企业内部利益相关者提供有关企业财务业绩、股东价值及经营战略有重要影响的内部碳会计信息，旨在发挥会计在国家生态文明建设及企业低碳经营和绿色发展进程中的积极作用。回顾了管理会计演进历程，界定碳管理会计概念，并以碳预算、碳成本与控制及碳绩效评价作为构建碳管理会计系统的基本框架内容进行了具体详尽的阐述和论证。制定了碳预算方案，编制子预算，形成了碳预算体系，与经营预算、资本预算和现金预算构成全面预算管理体系的主要内容。基于碳预算，对碳成本进行核算，并设计了碳成本控制的基本步骤，以具体案例进行了应用研究。碳绩效评价则是对碳预算的制定与优化、碳成本的分析与控制等碳管理会计活动的有效性进行评价，有利于企业管理者制定新一轮碳战略目标，修正碳预算计划，有效控制碳成本，提升企业碳绩效水平，旨在引导和激励企业的低碳发展。

碳审计是应利益相关者需求和全球气候治理的迫切性动因而出现的。界定碳审计定义，选择碳审计依据和标准，划分碳审计类型和相应内容，基于绿色供应链管理视角来设计碳审计流程，最终在于实施碳审计评价。以钢铁企业为案例，借助 D－S－R（驱动力—状态—响应）模型，设计碳审计指标体系，运用定性定量分析法进行评价，以此实施碳风险识别、防范和鉴证等碳审计行为，为碳审计基本框架的设计制定了详细标准和操作指南。

10.1.4　碳会计制度实施的运行体系

研究我国企业碳会计制度运营机制，实质是为碳会计制度实施提供制度环境和运行机制，并提出优化碳会计制度运行机制的政策建议。以第八章和第九章的篇幅进行论证。

第 8 章从制度环境、运行机理和流程三方面对我国碳会计制度的运行机制进行了深入分析和构建。运行环境的构建需要实现要素与功能之间的匹配和协调，应该加强碳会计制度运行的政策、法律、知识、教育等方面的环境建设。然后剖析了我国碳会计制度的运行机理，从其内涵、理论和实践意义、理论基础、框架、特征及原则等方面进行系统深入的解读、阐述和剖析。最后阐述了我国碳会计制度运行所需的四个具体流程，分别是：第一，碳会计制度融入的总体要求；第二，碳会计制度融入的有效沟通；第三，提高碳会计制度融入绩效的行动与实践；第四，碳大数据、云会计为碳会计制度运行提供信息和技术支持。

第 9 章则重在针对如何优化碳会计制度运行机制从宏观和微观两方面提出了相关政策建议。宏观层面重在规范其运行所需的共管体系：第一，用国家税收手段激励碳会计发展，对高排放企业征收高额环境税或碳税，对节能减排企业则给予税收优惠或减免，旨在刺激企业的低碳转型和发展；第二，出台相关法律法规引领我国企业碳会计制度的实施；第三，用相关政策扶持和培养碳会计专业人才等软实力，并加大研发和推广相关碳会计软件等硬件配套措施。微观层面重在构建运行体系：一方面，以绿色资本观为指导，在已有会计准则基础上培育我国企业碳会计准则，为实施碳会计公允价值计量提供市场机制和环境；另一方面，积极发展我国碳金融，构建更完善的碳资产管理体系，提供有利于碳会计制度运行的碳金融市场，以碳会计行为深度推进我国企业低碳减排行为。

10.2　学术意义与实践价值

本书研究有着重要的学术意义与实践价值。一方面，可为我国企业碳会计准则或体系构建提供学术研究上的理论基础和方法借鉴；同时碳会计制度也为规范企业碳排放与交易发展提供了重要制度保障。另一方面，碳会计系统的运行与实施，可促进企业节能减排，将外部碳因子纳入企业的内部成本管理和外部战略决策过程中来。在构建外部上下游企业的碳价值链，加强企业碳成本核算与管理，识别和防范碳排放风险，创新企业低碳经济发展模式等方面具有重要的实践价值。

10.2.1　学术意义

本书在总结吸收低碳经济对现代会计的影响、经济学视阈下的碳排放权交易制度理论、碳成本与控制理论、碳锁定与解锁理论、碳脱钩理论等领域研究成果的基础上，对企业碳会计制度设计的基本理论、碳财务会计体系、碳管理会计系统和碳审计基本框架进行了理论分析和应用研究，得出了一些重要研究结论。具体的学术意义体现在以下三个方面：

第一，本书有助于推动会计学向跨学科领域发展与完善的相关研究。一方面，碳会计是会计学的一个新领域，涉及会计学、经济学、生态学、环境科学和可持续发展理论等多门学科或多种知识，对企业的碳活动过程及结果进行核算与控制，并提供决策有用信息的管理控制系统。从企业碳活动与传统会计制度的相互契合上设计包括理论体系、操作体系、运行和共管体系在内的碳会计制度。碳会计制度设计是一项复杂庞大的系统工程，要推行碳会计，必须坚持政策主导、法制护航和企业主动。碳会计既是对已有会计研究成果的学习与继承，同时也是对于跨学科的环境会计研究领域的全方位开拓与突破，对于继续深入研究环境会计将奠定一个崭新而系统的学术基础。另一方面，该研究着眼于会计准则体系的前瞻性、系统性和协调性，发掘和构建碳会计的制度体系，将传统会计制度置于企业的碳活动中进行研究，其成果对于我国传统会计的学术研究都将具有积极的影响和学科建设意义。总之，碳会计是基于环境会计的基础和支撑而又不同于环境会计的一门新的会计工具，是对传统会计在应对低碳经济方面能力不足的一项理论补充和创新，非常值得深入探究。

第二，适应低碳会计，完善了碳会计理论体系。在总结、吸收和嫁接低碳经济对现代会计的影响、经济学视阈下的碳排放权交易制度理论、碳成本与控制理论、碳锁定与解锁理论、碳脱钩理论等领域研究成果的基础上，对传统会计基本理论予以发展和完善，提出了包括会计对象、目标及原则、核算假设、会计确认和计量等方面内容的碳会计基本理论框架。

第三，借鉴先进经验，设计了碳会计的操作体系。首先，在构建碳财务会计核算体系的基础上，本书以企业碳排放和碳固活动中创造碳信用额度的能力作为一项碳无形资产，借鉴国外相关计量模型，对此无形资产进行评估。这不仅能使碳排放与碳固会计中实物计量成为可能，而且还能展示出有形资产与无形资产组合起来如何提供真实的产生碳信用额度能力的价值。这一研究是对当前碳会计计量体系的必要补充，为后续研究提供了扎实的方法参考。其次，还要设计包括碳预算、碳成本核算和控制、碳绩效评价在内的碳管理会计系统。譬如，在战略目标与资源配置导向下，构建了嵌入企业碳预算的全面预算管理体系；设计了企业碳绩效评价的"四环"模型，并予以具体的案例分析和应用。最后，在碳审计基本框架设计中，基于绿色供应链管理视角的碳审计流程是影响碳审计效果和效率的重要因素，也为碳审计有别于其他传统审计的一大亮点，有利于理论研究的推进，为后续碳审计的案例研究提供了对比研究的基础。基于 D－S－R 模型的碳审计评价应用为本书所设计的碳审计基本框架提供了案例检验。

10.2.2 实践价值

就我国目前来言，科学设计和顺利实施企业碳会计制度，必须分析碳会计制度的运行机制，实施部门联动，创新齐抓共管体系，健全企业绿色运行体系。根据前述学术意义分析中得出的研究结果，本书为碳会计制度运行机制的构建进行了分析，并提出优化运行机制的政策建议。具体可从以下五个方面进行概括和总结：

1. 我国碳会计制度运行机理和具体流程分析。

碳会计制度的运行是多个要素的共同参与，并发挥各自功能，并需要相互支持和制约。因此，必须将散乱的要素进行有机结合，并匹配和协调好要素与功能，有利于碳会计制度运行机制构建的完善。本研究构建了碳会计制度运行机制所包括的基本要素，内容包括运行机制的内涵、理论和实践意义、两个相关理论基础、运行主体（政府、企业和社会公众）、运行目标、运行动力及手段、特征和原则等。研究指出，碳会计制度运行的目标旨在全面实现和谐发展，建立以政府为主导的引导机制、以企业为核心的践行机制、以社会公众为主体的动员机制。运行动力从经济效益驱动过渡到与经济效益与生态效益并重的驱动。运行手段包括法律、市场和技术三方面，根据运行机制三方面的基本特征，必须遵循四大基本原则。最后对具体流程进行了设计：如何与运行主体进行有效沟通；大数据处理及如何提高碳会计制度融入绩效的行动与实践等内容。

2. 加强政府的环境立法和行政执法，以法律手段促进低碳经济发展。

目前，我国低碳经济还处于制度设计和推动实践的初级阶段，政策制定和颁布的法规政策构成了我国低碳经济发展的"初始条件"，可见在我国低碳经济发展中，政府的作用是不可替代的。我国现有环境资源法律体系中，有《环境保护法》《节约能源法》《可再生能源法》《循环经济促进法》《清洁生产促进法》《煤炭法》《水土保持法》等，这些法律的制定实施和修改完善为推动我国全面实现低碳经济发展提供了法律和制度性保障。但是，由于受到当时环境保护观念和政府管理模式的影响和制约，在上述法律体系的立法和执法中，与现代环境保护理念、治理模式和管理手段存在一定的差距。本研究认为，为适应我国当前新常态下的经济和社会发展，根据需要适时修订现有法律，由政府制定相关的行政法规和部门规章，并综合运用各种政策指导低碳经济发展，总结实践经验，创造立法条件，在条件成熟时可考虑单独立法发展低碳经济，逐步完善我国低碳经济法律体系，通过法规约束来推进低碳经济发展，实现经济效益、环境效益和社会效益相统一的策略。与此同时，需要强化各级政府的行政执法和资源环境管理监管职能，从源头上维护国家和社会公众的利益，有效遏制资源环境违法行为和化解社会矛盾。采取的具体策略是加强各级执法队伍建设和人员培训，增加技术投入，不断探索创新执法工作，把行政处罚与各种诉讼手段结合，全面整治资源环境违法行为，把侵害资源环境的口子堵住。

3. 完善政策指导体系，综合运用各项政策推进碳会计发展。

首先，强化企业社会责任，实现外部性内在化。政府是我国影响力最强的机构，政府的行为决定着企业的社会责任行为。政府应履行对企业家的社会责任教育和舆论宣传的职责，通过市场准入、绿色信贷、碳标签、低碳经济政策等经济手段和措施来奖励和引导企业承担社会责任行为。不仅如此，政府还应该积极推动 NGO 的发展，对其发展应予以积极支持、规范和引导。其次，应完善财政政策指导体系，开征碳税以激励企业碳会计发展。综合运用低碳管理有关税收工具，改良和优化企业的产品生产、盈利模式及融资结构，充分发挥财政政策的杠杆效应，完善企业碳会计制度的共管体系。最后，发展碳金融的"中国路径"，改革我国碳会计运行体系的支撑环境。例如，先政府引导、后市场主导，发展我国碳金融市场；先发展基础碳交易、后创新碳金融产品，拓展我国碳金融活动；构建企业碳资产管理体系，实现碳会计对碳减排行为的深入推进。

4. 实施碳足迹评估，提升企业声誉。

建立和完善碳足迹评估体系，即需要找到合适的测量方法与计算工具，确定评估范围，寻找碳排放源，盘点排放清单，建立与完善好碳排放因子数据库，并计算碳排放信息和碳足迹计算，关注产品整个供应链的排放，实现碳盘查的基本职能。通过建立完善的碳排放监测、统计、考核体系，采用统一的评估标准、权威的第三方检测评估机构等，将使碳足迹评估的结果具有一定的科学性和可比性。实施碳足迹评估是构建企业碳资产管理体系需要解决的关键问题，通过有效的碳足迹评估，才能获得可靠的数据，分析、计算企业温室气体排放因子所形成的"碳排放成本"，制定有针对性的碳减排战略，减少碳排放，提高能源效率。目前，国际碳足迹标准主要有温室气体议定书、ISO14060 系列和 PAS2050 等，而我国尚未出台碳足迹评估的相关标准，因此，应尽快转化和制定适合我国相关标准，形成完善的标准体系，为建立和完善碳足迹评估体系奠定坚实的基础。在现阶段，我国企业可开展碳足迹评估试点工作，从而着力实施碳足迹评估，提升企业声誉。

5. 实行碳预算和碳会计处理等碳业务创新。

立足战略发展角度，碳资产管理的业务创新显得愈发重要和迫切。通过碳资产管理业务的创新，企业既可以实现技术创新，还能将碳要素与产品结合，实现产品创新和业务模式创新，如碳预算和碳会计处理等业务。

当前的碳预算主要以国家或地区间机制设计为出发点，是宏观层面的预算。从微观企业来看，应在了解自身碳足迹的基础上提前预测企业未来要排放的二氧化碳，即从产品设计、产品研发、生产流程、投融资安排等各环节发掘碳价值，整合企业自身的碳战略，完成碳预算。现阶段，碳预算应由企业管理会计担当。碳会计处理则主要体现在以下方面：在传统会计框架内，碳会计主要涉及碳资产的确认和计量问题，以及完善碳会计内容，编制碳资产负债表。以 CDM 项目为碳会计处理的主要内容，提出一种针对现有国内企业的减排交易的会计处理，例如，在传统会计项目下单独设置"CDM 项目"的明细科目，逐渐并入 FASB、IASB 等发布的一系列环境会计规范之中，实现碳会计规范和准则的不断完善。随着碳足迹制度的标准化推进，碳信息披露日益被关注。碳信息披露不仅体现了企业承担社会责任的态度，更向社会公开了企业温室气体排放行为的风险性及企业的碳风险的管理能力。现有企业碳信息披露的方式主要采取文字叙述型的非会计基础型披露形式，这种披露方式难以显示其碳减排管理方面的程度和效果。所以，需要设置单独的碳会计科目，运用具体的确认和计量方法进行量化，实现碳信息向财务信息方面的逐渐展开和融合。

10.3 研 究 展 望

碳会计是一个全球性的研究课题，国际上对碳会计的研究与发展相对前沿，但由于碳会计研究所涉及的领域过于宽广，相关的问题过于庞杂，因此，本研究仅局限于企业主体的碳会计主体假设。由于碳排放的复杂性和特殊性，对碳会计的计量也借鉴了一些管理学的方法。但是，至今为止仍未形成大家一致认可的碳会计概念基础和理论架构，从基本概念到理论体系，都未有统一稳定，在理论基础、概念界定和理论体系等方面都存在分歧，给碳会计制度研究带来了较大困难。另一方面，相关文献主中集中在英美日等发达国家的学术研究领域，在实践上的操作案例和成果也不密集。国内外已有文献主要集中在碳会计信息披露方面的实践研究，但仍未建立统一规范的碳会计准则和碳信息披露体系。所以，对于碳会计制度的研究还有较大空间拓展，仍需进一步深入探索和完善。

第一，碳会计基本理论体系有待继续研究。例如，碳会计要素的划分，沿用传统的六要素理论用于碳财务会计核算的理由论证有待深入具体；学者们有关碳会计"一元论"（基本目标）、"二元论"（基本目标和具体目标）、"三元论"（基本目标、具体目标和终期目标）观点有待得到统一；还有碳会计基本假设、碳会计计量属性、碳会计信息披露的内容和具体形式等都需要得到学者和业界的统一认同和规范。

第二，碳会计内容有待继续深入探讨。从已有文献看，我国对碳会计的关注和介绍开始于 2008 年。在碳会计内容上从不同角度进行了各种不同的描述和分析。其中，碳排放权是碳会计核算的主要内容。目前，我国财政部在2016 年发布了有关征求意见稿，就对企业有偿取得的碳排放权应确认为资产并在表内列报这一内容上达成了共识并予以规范，但对碳排放权交易如何确认、计量方式和披露内容等都有不同的见解，对碳排放权交易的会计核算等还尚待商榷。另外，基于碳源和碳汇角度的碳排放与碳固会计，在本书中提出应归类为碳会计核算内容，其计量属性上以当量计量为主，货币计量为辅，并将碳排放与碳固会计中所形成的环境能力提升资产界定为无形资产，对此项无形资产的估价、计量和披露是碳会计制度研究中仍需进一步探讨的内容。其中，所涉及的计量模型的实用性，以及能源领域的科学家与环境工程师等技术专家所给定的碳排放与碳固能力常数的客观性等都会影响到此模型用来评估环境能力提升资产的可靠性和恰当性。另外，在碳排放与碳固活动中的碳信用额度的未来交易价格没能被确定。上述内容都属于碳会计制度的后续研究内容。

第三，碳会计信息的表外披露有待于继续深入研究。目前有关碳排放与碳固会计信息尚未得到有效披露，有必要制定相关统一政策，规范企业碳会计信息披露口径，使其所披露的信息具有可比性和可靠性。仍需探讨碳排放与碳固会计的确认和计量问题。由于披露相关的表外信息对企业碳会计信息传递显得愈发重要，可考虑将碳排放与碳固会计独立出来进行深度研究。应结合我国当前碳排放现状，借鉴前人研究成果，大胆实施碳会计研究展望，探索适合我国国情的企业碳会计体系。就目前而言，以碳成本的计量方式作为重点研究内容，围绕碳排放测算和计量制定出通用标准，从而奠定碳排放与碳固会计实施统一核算、管理和鉴证等碳会计制度的坚实基础。

总而言之，我国有关碳会计体系的构建和碳会计制度的设计都尚未达成共识，碳会计相关问题的研究是众说纷纭，迫切需要运用灵活多样的研究方法，制定统一规范的碳会计、碳审计准则和科学合理的处理规范来进行碳会计的统一核算、管理及鉴证。

参考文献

[1] 陈建安. 产业结构调整与政府的经济政策 [M]. 上海财经大学出版社，2002.

[2] 费文星. 西方管理会计的产生和发展 [M]. 辽宁人民出版社，1990.

[3] 韩良. 国际温室气体排放权交易法律问题研究 [M]. 中国法制出版社，2009.

[4] 胡玉明. 高级成本管理会计 [M]. 厦门大学出版社，2002.

[5] 霍利斯·钱纳里. 工业化和经济增长的比较研究 [M]. 上海三联出版社，2010.

[6] 敬采云. 企业循环经济会计理论研究 [M]. 中国经济出版社，2013.

[7] 李永臣. 环境审计理论与实务研究 [M]. 化学工业出版社，2007.

[8] 林汐. 低碳经济与可持续发展 [M]. 人民出版社，2010.

[9] 刘世锦. 中国经济增长十年展望（2013–2022）[M]. 中信出版社，2013.

[10] 刘卫东. 我国低碳经济发展框架与科学基础：实现 2020 年单位 GDP 碳排放降低 40% –45% 的路径研究 [M]. 商务印书馆，2010.

[11] [美] 迈克尔·波特. 国家竞争优势 [M]. 李明轩，邱如美，译. 华夏出版社，2002.

[12] 彭世元，方甲，等. 西方经济发展理论. 中国人民大学出版社，1989.

[13] 钱志新. 第四次浪潮：低碳新文明 [M]. 江苏人民出版社，2010.

[14] 唐方方. 气候变化与碳交易 [M]. 北京大学出版社，2012.

[15] 唐纳德·R. 斯诺达格拉斯. 发展经济学 [M]. 经济科学出版社，1992.

[16] 王遥. 碳金融：全球视野与中国布局 [M]. 中国经济出版社，2010.

[17] 伍海华，金志国，胡燕京. 产业发展论 [M]. 经济科学出版社，2004.

[18] 熊焰. 低碳之路 [M]. 中国经济出版社，2009.

[19] 余绪缨. 管理会计：理论、实务、案例和习题 [M]. 首都经济贸易大学出版社，2004.

[20] 张亚连. 可持续发展管理会计研究 [M]. 中国财政经济出版社，2010.

[21] 郑励志，陈建安. 产业结构调整与政府的经济政策 [M]. 上海财经大学出版社，2002.

［22］中国科学院可持续发展战略研究组 . 2009 中国可持续发展战略报告：探索中国特色的低碳道路［M］. 科学出版社，2009.

［23］中国人民大学气候变化与低碳经济研究所 . 低碳经济：中国用行动告诉哥本哈根［M］. 石油工业出版社，2010.

［24］周宏春 . 低碳经济学：低碳经济理论与发展路径［M］. 机械工业出版社，2012.

［25］庄贵阳 . 低碳经济：气候变化背景下中国的发展之路［M］. 气象出版社，2007.

［26］宗计川 . 低碳战略：世界与中国［M］. 科学出版社，2013.

［27］周志方 . 资源价值流转会计研究［M］. 中南大学，2010.

［28］习近平 . 谋求持久发展，共筑亚太梦［R］. 北京：亚太经合组织（APEC）工商领导人峰会，2014.

［29］邢继俊，黄栋，赵刚 . 低碳经济报告［M］. 电子工业出版社，2010.

［30］中国环境与发展国际合作委员会 . 中国发展低碳经济途径研究—国合会政策研究报告 2009［M］. 科学出版社，2009.

［31］《中国21世纪议程》编制领导小组 . 中国21世纪议程：中国21世纪人口、环境与发展白皮书［M］. 中国环境科学出版社，1994.

［32］中国科学院可持续发展研究组 . 2010 中国可持续发展研究报告［M］. 科学出版社，2010.

［33］中国科学院可持续发展研究组 . 2011 中国可持续发展研究报告［M］. 科学出版社，2011.

［34］安福仁 . 中国走新型工业化道路面临碳锁定挑战［J］. 财经问题研究，2011（12）：40 – 44.

［35］蔡宁，杨闩柱 . 企业集群竞争优势的演进：从"聚集经济"到"创新网络"［J］. 科研管理，2004（4）：104 – 109.

［36］曹莉萍，诸大建，等 . 低碳服务业概念、分类及社会经济影响研究［J］. 上海经济研究，2011（8）：3 – 10.

［37］曾刚，万志宏 . 国际碳交易市场：机制、现状与前景［J］. 中国金融，2009（24）：48 – 50.

［38］曾勇，蒲富永，杨学春 . 产品生命周期环境成本核算实例研究［J］. 上海环境科学，2001（5）：241 – 243.

［39］陈百明，杜红亮 . 试论耕地占用与 GDP 增长的脱钩研究［J］. 资源科学，2006，28（5）：36 – 42.

［40］陈华，王海燕，等 . 中国企业碳信息披露：内容界定、计量方法和现状研究［J］. 会计研究，2013（12）：18 – 24.

［41］陈柳钦 . 产业发展的相互渗透：产业融合化［J］. 贵州财经大学学报，2006（3）：31 – 35.

[42] 陈文玲. 新一轮"超级增长周期"还是疲软的复苏——未来十年全球经济形势研判 [J]. 江海学刊, 2014 (2): 65 - 71.

[43] 陈毓圭. 环境会计和报告的第一份国际指南——联合国国际会计和报告标准政府间专家工作组第 15 次会议记述 [J]. 会计研究, 1998 (5): 1 - 8.

[44] 崔也光, 周畅. 京津冀区域碳排放权交易与碳会计现状研究 [J]. 会计研究, 2017 (7): 3 - 10.

[45] 窦晓璐. 低碳经济: 未来发展之路 [J]. 环渤海瞭望, 2010 (4).

[46] 段宁. "脱钩"评价模式及其对循环经济的影响 [J]. 中国人口·资源与环境, 2004 (6): 46 - 49.

[47] 范晓波. 碳排放交易的国际发展及其启示 [J]. 中国政法大学学报, 2012 (4): 80 - 86.

[48] 冯丽娟, 陈瑾瑜. 低碳经济形势下企业碳管理会计的构建 [J]. 商, 2016 (33): 294 - 294.

[49] 冯巧根. 从 KD 纸业公司看企业环境成本管理 [J]. 会计研究, 2011, 288 (10): 88 - 95.

[50] 关丽娟, 乔晗, 等. 我国碳排放权交易及其定价研究——基于影子价格模型的分析 [J]. 价格理论与实践, 2012 (4): 83 - 84.

[51] 管亚梅, 王春艳. 基于"一带一路"战略的碳金融鉴证困境与应对 [J]. 经济体制改革, 2016 (4): 150 - 156.

[52] 管亚梅, 张桐. 基于雾霾治理视角的碳审计指标构建与检验 [J]. 经济与管理, 2016 (2): 48 - 54.

[53] 韩坚, 周玲霞. 碳金融结构转换与中国低碳经济发展——基于制度创新视角 [J]. 苏州大学学报哲学社会科学版, 2012, 33 (4): 97 - 102.

[54] 何建国, 余占江. 企业碳管理会计系统构建研究 [J]. 财会通讯, 2015 (16): 36 - 38.

[55] 洪涛. 促进绿色流通向低碳流通的转型与升级 [J]. 中国流通经济, 2011, 25 (7): 14 - 19.

[56] 怀仁, 李建伟. 我国实体经济发展的困境摆脱及其或然对策 [J]. 改革, 2014 (2): 12 - 27.

[57] 黄宁燕, 王培德. 实施创新驱动发展战略的制度设计思考 [J]. 中国软科学, 2013 (4): 60 - 68.

[58] 纪玉山, 纪明. 低碳经济的发展趋势及中国的对策研究 [J]. 社会科学辑刊, 2010 (2).

[59] 靳志. 英国实行低碳经济能源政策 [J]. 全球科技经济瞭望, 2003 (10): 23 - 27.

[60] 葛家澍, 李若山. 九十年代西方会计理论的一个新思潮——绿色会计理论 [J]. 会计研究, 1992 (5): 1 - 6.

［61］李放，林汉川，等．面向全球价值网络的中国先进制造模式构建与动态演进——基于华为公司的案例研究［J］．经济管理，2010（12）：16－23．

［62］李宏伟．"碳锁定"与低碳技术制度的路径演化［J］．科技进步与对策，2012（13）：101－106．

［63］李慧明，王磊，等．"解耦"——中国循环经济深入发展的目标和标准［J］．中国软科学，2007（9）：43－48．

［64］李建发，肖华．我国企业环境报告：现状、需求与未来［J］．会计研究，2002（4）：42－50．

［65］李孟哲．环境价值链的碳审计评价指标体系的构建［J］．财政监督，2016（13）：97－99．

［66］李胜，陈晓春．低碳经济：内涵体系与政策创新［J］．科技管理研究，2009（10）：41－44．

［67］李祥义．可持续发展战略下绿色会计的系统化研究［J］．会计研究，1998（10）：24－28．

［68］李兆东，鄢璐．低碳审计的动因、目标和内容［J］．审计月刊，2010（8）：21－22．

［69］李忠民，庆东瑞．经济增长与二氧化碳脱钩实证研究——以山西省为例［J］．福建论坛（人文社会科学版），2010（2）：67－72．

［70］李忠民，姚宇，等．产业发展、GDP增长与二氧化碳排放脱钩关系研究［J］．统计与决策，2010（11）：108－111．

［71］李忠民，陈向涛，等．基于弹性脱钩的中国减排目标缺口分析［J］．中国人口·资源与环境，2011（1）：57－63．

［72］林毅夫．什么是经济新常态［J］．领导文萃，2014（10）：32－34．

［73］刘恒江，陈继祥，等．产业集群动力机制研究的最新动态［J］．外国经济与管理，2004，26（7）：2－7．

［74］刘梅娟，温作民，等．森林生态资产的特征、会计确认与计量［J］．浙江农林大学学报，2012（1）：92－98．

［75］刘美华，李婷，施先旺．碳会计确认研究［J］．中南财经政法大学学报，2011，189（6）：78－85．

［76］刘美华，李婷．碳会计确认研究［J］．中南财经政法大学学报，2011（6）：78－85．

［77］刘萍．资产评估与会计的协调和合作［J］．财务与会计，2006（11）：4－6．

［78］刘世锦．进入增长新常态下的中国经济［J］．中国发展观察，2014（4）：17－18．

［79］刘志彪，张杰．全球代工体系下发展中国家俘获型网络的形成、突破与对策——基于GVC与NVC的比较视角［J］．中国工业经济，2007（5）：41－49．

［80］陆云芝．低碳经济视角下的管理会计框架调整［J］．财会月刊，2013（18）：

107 – 108.

[81] 罗喜英，符佳冕．碳管理系统及供应链管理面临的挑战 [J]．财会通讯，2016 (25)：21 – 23.

[82] 罗喜英．碳管理会计概念框架的权变解读 [J]．财会月刊，2016 (7)：108 – 110.

[83] 吕志华，郝睿，等．开征环境税对经济增长影响的实证研究——基于十二个发达国家二氧化碳税开征经验的面板数据分析 [J]．浙江社会科学，2012 (4)：14 – 22，156.

[84] 马涛，东艳，等．工业增长与低碳双重约束下的产业发展及减排路径 [J]．世界经济，2011 (8)：19 – 43.

[85] 麦海燕，麦海娟．碳成本属性分析及其决策 [J]．财务与会计，2017 (19)：73 – 75.

[86] 孟祥林．低碳经济：从国外经验论我国的困境、误区与对策 [J]．北华大学学报，2010 (3).

[87] 宁宇新，廖春如．低碳时代的碳成本及其管理研究 [J]．生产力研究，2010 (11)：98 – 99.

[88] 彭佳雯，黄贤金，等．中国经济增长与能源碳排放的脱钩研究 [J]．资源科学，2011 (4).

[89] 齐建国．中国经济"新常态"的语境解析 [J]．西部论坛，2015，25 (1)：51 – 59.

[90] 钱国强，伊丽琪．碳交易市场发展现状与未来走势分析 [J]．环境与可持续发展，2012 (1)：70 – 74.

[91] 钱洁，张勤．低碳经济转型与我国低碳政策规划的系统分析 [J]．中国软科学，2011 (4)：23 – 29.

[92] 强殿英，文桂江．构建企业低碳会计体系的思考 [J]．会计之友，2010 (22)：30 – 31.

[93] 强殿英，文桂江．国外碳会计基本内容及对其借鉴意义 [J]．财会月刊，2011 (12)：82 – 83.

[94] 秦军，赵赟赟．碳排放权会计计量模式研究 [J]．经济研究导刊，2011 (24)：108 – 109.

[95] 曲如晓，吴洁．碳排放权交易的环境效应及对策研究 [J]．北京师范大学学报：社会科学版，2009 (6)：127 – 134.

[96] 佘群芝．环境库兹涅茨曲线的理论批评综论 [J]．中南财经政法大学学报，2008 (1).

[97] 孙耀华，李忠民．中国各省区经济发展与碳排放脱钩关系研究 [J]．中国人口·资源与环境，2011 (5)：87 – 92.

[98] 孙振清，何延昆，林建衡．低碳发展的重要保障——碳管理 [J]．环境保护，

2011（12）：40 –41.

［99］唐建荣，傅双双．企业碳审计评价指标体系构建［J］．财会月刊，2013（22）：82 –85.

［100］唐志．环境成本内部化实现途径探讨［J］．改革与创新，2010（2）：42 –44.

［101］涂建明，李晓玉，郭章翠．低碳经济背景下嵌入全面预算体系的企业碳预算构想［J］．中国工业经济，2014（3）：147 –160.

［102］王爱国，王一川．碳减排政策的国际比较及其对中国的启示［J］．江西财经大学学报，2012（5）：5 –13.

［103］王爱国，武锐，王一川．碳会计问题的新思考［J］．山东社会科学，2011（10）：88 –92.

［104］王爱国．碳绩效的内涵及综合评价指标体系的构建［J］．财务与会计（理财版），2014（11）：41 –44.

［105］王爱国．我的碳会计观［J］．会计研究，2012（5）：3 –9.

［106］王爱华，李双双．企业低碳审计 DRS 模型评价指标体系构建［J］．审计与经济研究，2016（2）：42 –51.

［107］王虹，王建强，等．我国经济发展与能源、环境的"脱钩""复钩"轨迹研究［J］．统计与决策，2009（17）.

［108］王建明，王俊豪．公众低碳消费模式的影响因素模型与政府管制政策——基于扎根理论的一个探索性研究［J］．管理世界，2011（4）：58 –68.

［109］王文革．关于我国碳税制度设计的关键问题［J］．江苏大学学报：社会科学版，2012，14（6）：12 –14.

［110］王学櫟，胡昳，姜洋．浅谈碳汇的确认、计量与定价［J］．绿色财会，2009（8）：3 –5.

［111］王雪磊．后危机时代碳金融市场发展困境与中国策略［J］．国际金融研究，2012（2）：77 –84.

［112］王岩，李武．低碳经济研究综述［J］．内蒙古大学学报（哲学社会科学版），2010，42（3）：27 –33.

［113］王艳，李亚培．碳排放权的会计确认与计量［J］．管理观察，2008（25）：122 –123.

［114］王遥．以低碳经济为基础发展国际碳金融中心［J］．中国社会科学报，2012（B02）.

［115］王益民，宋琰纹．全球生产网络效应、集群封闭性及其"升级悖论"——基于大陆台商笔记本电脑产业集群的分析［J］．中国工业经济，2007（4）：48 –55.

［116］王颖．关于清洁发展机制下中国碳交易市场价格决定的思考［J］．世界经济情况，2012，2（2）：48 –53.

［117］魏东，岳杰，等．碳排放权交易风险管理的识别、评估与应对［J］．中国人

口·资源与环境，2012（8）：28－32.

［118］温素彬，朱珊，张宇晴．企业碳排放绩效评价指标体系的构建及应用［J］.会计之友，2017（20）：127－130.

［119］温素彬．企业"三重盈余"绩效评价指标体系［J］.统计与决策（理论版），2005（3）：126－128

［120］吴建军，吴永刚，等．碳税和碳交易的应用现状分析［J］.能源技术经济，2012（1）：10－13.

［121］向松祚．中国经济"新常态"［J］.英才，2014（6）：78.

［122］肖序，熊菲，周志方．流程制造企业碳排放成本核算研究［J］.中国人口·资源与环境，2013，23（5）：29－35.

［123］肖序，郑玲．低碳经济下企业碳会计体系构建研究［J］.中国人口·资源与环境，2011，21（8）：55－60.

［124］严婧，田媛．河北省支持低碳经济发展的金融模式与体系构建［J］.金融理论探索，2012（5）：29－30.

［125］杨蓓，汪方军，黄侃．适应低碳经济发展的企业碳成本模型［J］.西安交通大学学报（社会科学版），2011（1）：44－47.

［126］杨大光，刘嘉夫．中国碳金融对产业结构和能源消费结构的影响——基于CDM视角的实证研究［J］.吉林大学社会科学学报，2012（5）：98－105.

［127］杨浩哲．低碳流通：基于脱钩理论的实证研究［J］.财贸经济，2012（7）：95－102.

［128］杨渝蓉，齐砚勇．水泥企业碳审计方法及其应用［J］.新世纪水泥导报，2011，17（03）：14－19，74.

［129］余绪缨．帕乔利对复式簿记的历史性贡献为此后会计科学的发展奠定了坚实基础［J］.财会通讯，1994（s1）：37－40.

［130］苑泽明，李元祯．总量交易机制下碳排放权确认与计量研究［J］.会计研究，2013（11）：8－15.

［131］张彩平，谭德明，等．碳会计定义重构及碳排放会计准则体系构建研究［J］.会计与经济研究，2015（3）：32－40.

［132］张彩平，肖序．国际碳信息披露及其对我国的启示［J］.财务与金融，2010（3）：77－80.

［133］张帆，李佐军．中国碳交易管理体制的总体框架设计［J］.中国人口·资源与环境，2012（9）：20－25.

［134］张晖．碳金融交易金融支持路径选择——建立地方性碳金融政策性银行［J］.技术经济与管理研究，2012（2）：68－72.

［135］张辉．全球价值链理论与我国产业发展研究［J］.中国工业经济，2004（5）：38－46.

［136］张鹏．碳资产的确认与计量研究［J］.财会研究，2011（5）：40－42.

[137] 张薇，伍中信，王蜜等．产权保护导向的碳排放权会计确认与计量研究 [J]．会计研究，2014（3）：88 –94.

[138] 张薇．基于 ISO14064 和 GHG Protocol 的我国企业碳审计案例研究 [J]．财会月刊，2015（15）：85 –87.

[139] 张旭梅，刘飞．产品生命周期成本概念及分析方法 [J]．工业工程与管理，2001，6（3）：26 –29.

[140] 赵一平，孙启宏，等．中国经济发展与能源消费响应关系研究——基于相对"脱钩"与"复钩"理论的实证研究 [J]．科研管理，2006（3）：128 –134.

[141] 郑玲，周志方．全球气候变化下碳排放与交易的会计问题：最新发展与评述 [J]．财经科学，2010（3）：111 –117.

[142] 周晟吕，石敏俊，李娜，等．碳税对于发展非化石能源的作用——基于能源—环境—经济模型的分析 [J]．自然资源学报，2012（7）：1101 –1111.

[143] 周守华，陶春华．环境会计：理论综述与启示 [J]．会计研究，2012（2）：3 –10.

[144] 周一虹．排污权交易会计要素的确认和计量 [J]．环境保护，2005（3）：56 –61.

[145] 周志方，肖序．国际碳会计的最新发展及启示 [J]．中国能源，2009，31（9）：19 –23.

[146] 朱朝晖，梁胜浩．供应链碳足迹与企业碳审计 [J]．中国注册会计师，2015（12）：92 –96.

[147] 朱迎春．我国节能减排税收政策效应研究 [J]．当代财经，2012（5）：26 –33.

[148] 邹骥，傅莎，王克．中国实现碳强度削减目标的成本 [J]．环境保护，2009，434（24）：26 –27.

[149] 杜群．气候变化的国际法发展：《联合国气候变化框架公约京都议定书》述评 [C] //环境资源法论丛，北京：法律出版社，2003：237 –257.

[150] 张白玲，林靖珺．企业碳成本的确认与计量研究 [C]．中国会计学会环境会计专业委员会 2011 术年会论文集，2011，42（3）：27 –32.

[151] 周鎏鎏，温素彬．企业碳绩效评价研究综述及模型探索 [C]．中国技术管理，2014.

[152] 联合国气候大会．哥本哈根协议 [Z]．2009.

[153] 胡钦乐．企业碳会计体系构建研究 [D]．山东财经大学，2012.

[154] 林银良．碳会计核算体系的构想 [D]．集美大学，2011.

[155] 李扬．2014．提质增效适应增速新常态 [N]．人民日报，2014 –06 –11（010）.

[156] 马光远．2014．全面准确理解中国经济新常态 [N]．经济参考报，2014 –11 –10（1）.

［157］迎来"成长期"的碳会计你竟然没有关注过？［N］.中国会计报，2016 -09 -23.

［158］工业和信息化部关于印发《工业绿色发展规划（2016 -2020 年）》的通知［Z］.2016 -06 -30.

［159］Atchia M, Tropp S. Environmental Management: Issues and Solutions［M］. Wiley, 1995.

［160］Edwards J G, Davies B, Hussain S. Ecological Economics: An Introduction［M］. Blackwell Science, 2000.

［161］Edwin H C. Management Accounting and Behavioral Science［M］. Reading, Massachusetts: Addison Wesesley, 1971.

［162］Elkington J. Cannibals with Forks: The Triple Bottom Line of 21st Century Business［M］. Oxford: Capstone Publishing, 1998.

［163］Gössling S. Carbon management in tourism: mitigating the impacts on climate change［M］. Routledge, 2011.

［164］Gray R H. The Greening of Accountancy: the Profession after Pearce（Certified Research Report 17）［M］. London: Certified Accountants Publication Ltd, 1990.

［165］Hopwood A G. An Accounting System and Managerial Behavior［M］. London: Saxon House and Lexington, 1973.

［166］Horngren C T. Introduction to Management Accounting［M］. Englewood Cliffs, New Jersey: Prentice Hall, 1974.

［167］Kumar P, Wood M D, Kumar P, et al. Valuation of regulating services of ecosystems: methodology and applications［M］. Routledge, 2010.

［168］Moore C L, Jaedicke R K. Managerial Accounting［M］. Seventh Edition, Ohio: South – Western Publishing Company, 1972.

［169］Nelson A T, Miller P. Modern management accounting［M］. Santa Monica, California: Good year Publishing Company, Inc. , 1977.

［170］Nelson R R, Winter S G. An Evolutionary Theory of Eco-nomic Change［M］. Cambridge: Harvard University Press, 1982.

［171］Rappaport A. Creating shareholder value: the new standard for business performance［M］. Free Press, Collier Macmillan, 1986.

［172］Schaltegger S, Bennett M, Burritt R. Sustainability Accounting and Reporting（electronic resource）［M］. Springer Netherlands, 2006.

［173］Schaltegger S, Burritt R. Contemporary Environmental Accounting: Concepts and Practice［M］. Sheffield: Greenleaf, 2000.

［174］Setterfield M. Rapid Growth and Relative Decline: Modeling Macroeconomic Dynamics with Hysteresis［M］. London: Macmillan Press, 1997.

［175］Shanley P, Pierce A R, Laird S A, et al. Tapping the green market: certification and management of non-timber forest products [M]. 2002.

[176] Stavins H V. Essays in Contemporary Fields of Economics [M]. Purdue University Press, 1995.

[177] Teubner G, Farmer L, Murphy D. Environmental law and ecological responsibility. The concept and practice of ecological self-organization [M]. Wiley, 1994.

[178] Vanclay F, Bronstein D A. Environmental and social impact assessment [M]. Wiley, 1995.

[179] Wiedmann T, Minx J. A Definition of Carbon Footprint [M]. Journal of the Royal Society of Medicine, 2009, 92 (4): 193 –195.

[180] Wu H C. Pricing European options based on the fuzzy pattern of Black – Scholes formula [M]. Computers Operations Research, 2003 (31): 1069 –1081.

[181] Adamou A, Clerides S, Zachariadis T. Trade-offs in CO 2 – oriented vehicle tax reforms: A case study of Greece [J]. Transportation Research Part D Transport & Environment, 2012, 17 (6): 451 –456.

[182] Ahn S. How feasible is carbon sequestration in Korea? A study on the costs of sequestering carbon in forest [J]. Environ Resour Econ, 2009, 41 (9): 89 –109.

[183] AlAmin, Mohammed. The application of spatial data in forest ecology and management: windthrow, carbon sequestration and climate change [J]. University of Wales Bangor, 2002.

[184] Ali Y. Carbon, water and land use accounting: Consumption vs production perspectives [J]. Renewable & Sustainable Energy Reviews, 2017 (67): 921 –934.

[185] Andrew R, Peters G P, Lennox J. Approximation and regional aggregation in multi-regional input-output analysis for national carbon footprint accounting [J]. Econ Syst Res, 2009, 21 (3): 311 –335.

[186] Apak S, Atay E. Global Competitiveness in the EU Through Green Innovation Technologies and Knowledge Production [J]. Procedia – Social and Behavioral Sciences, 2015 (181): 207 –217.

[187] Apergis N, Eleftheriou S, Payne J E. The relationship between international financial reporting standards, carbon emissions, and R&D expenditures: Evidence from European manufacturing firms [J]. Ecological Economics, 2013 (88): 57 –66.

[188] Arthur W B. Competing Technologies, Increasing Returns, and Lock-in by Historical Events [J]. Economic Journal, 1989 (99): 116 –131.

[189] Ascui F, Lovell H. As frames collide: making sense of carbon accounting [J]. Accounting, Auditing & Accountability, 2011, 24 (8): 978 –999.

[190] Ascui F. A Review of Carbon Accounting in the Social and Environmental Accounting Literature: What Can it Contribute to the Debate? [J]. Social & Environmental

Accountability Journal, 2014, 34 (1): 6 –28.

[191] Audretsch D B, Thurik A R. Capitalism and democracy in the 21st century: From the managed to the entrepreneurial economy [J]. Journal of Evolutionary Economics, 2000 (10): 17 –34.

[192] Ball A. Environmental accounting as workplace activism [J]. Critical Perspectives on Accounting, 2007, 18 (7): 759 –778.

[193] Bao C. The Status, Potentials and Countermeasures of China's Carbon Audit [J]. Low Carbon Economy, 2016, 7 (3): 116 –122.

[194] Bebbington J, Larrinaga –Gonzalez C. Carbon trading: accounting and reporting issues [J]. Eur Accounting Rev, 2008, 17 (4): 697 –717.

[195] Berkhout F, Verbong G, Wieczorek A J, et al. Sustainability experiments in Asia: innovations shaping alternative development pathways? [J]. Environmental Science & Policy, 2010, 13 (4): 261 –271.

[196] Blanco E, Rey –Maquieira J, Lozano J. THE ECONOMIC IMPACTS OF VOLUNTARY ENVIRONMENTAL PERFORMANCE OF FIRMS: A CRITICAL REVIEW [J]. Journal of Economic Surveys, 2009, 23 (3): 462 –502.

[197] Blujdea V, Bird D, Robledo C. Consistency and comparability of estimation and accounting of removal by sinks in afforestation/reforestation activities [J]. Mitig Adapt Strat Glob Change, 2010, 15 (1): 1 –18.

[198] Bordigoni M, Hita A, Blanc G L. Role of embodied energy in the European manufacturing industry: Application to short-term impacts of a carbon tax [J]. Energy Policy, 2012, 43 (2): 335 –350.

[199] Bowen F, Wittneben B. Carbon accounting [J]. Accounting Auditing & Accountability Journal, 2013, 24 (8): 1022 –1036.

[200] Burritt R L, Hahn T, Schaltegger S. Towards a comprehensive framework for environmental management accounting –links between business actors and environmental management accounting tools [J]. Aust Accounting Rev, 2002, 12 (27): 39 –50.

[201] Burritt R L, Saka C. Environmental management accounting applications and eco-efficiency: case studies from Japan [J]. Journal of Cleaner Production, 2006, 14 (14): 1262 –1275.

[202] Burritt R L, Schaltegger S, Zvezdov D. Carbon management accounting: explaining practice in leading German companies [J]. Aust Accounting Rev, 2011, 21 (1): 80 –98.

[203] Cacho O J, Hean R L, Wise R M. Caron-accounting methods and reforestation incentives [J]. Aust J AgurResourEc, 2003, 47 (2): 153 –179.

[204] Callon M. Civilizing markets: Carbon trading between in vitro, and in vivo,

experiments [J]. Accounting Organizations & Society, 2009, 34 (3 −4). 535 −548.

[205] Chieh H L. Green accounting − Observation of the relevance between corporations and stakeholders [J]. 2010.

[206] Coley D, Howard M, Winter M. Local food, food miles and carbon emissions. A comparison of farm shop and mass distribution approaches [J]. Food Policy, 2009, 34 (2). 150 −155.

[207] Colin Haslam, John Butlin, Tord Andersson, et al. Accounting for carbon and reframing disclosure. A business model approach [J]. Accounting Forum, 2014, 38 (3). 200 −211.

[208] Collins A J, Flynn A, Netherwood A. Reducing Cardiff's ecological footprint. A resource accounting tool for sustainable consumption [J]. Wwf Cymru, 2005.

[209] Cook A. Emission rights. From costless activity to market operations [J]. Accounting Organizations & Society, 2009, 34 (3 −4). 456 −468.

[210] Cowan R, Hultn S. Escaping Lock-in. the Case of the Electric Vehicle [J]. Technology Forecasting&Social Change, 1996, 53 (1). 61 −79.

[211] DAVID P A. Clio and economics of QWERTY [J]. American Economic Review, 1985 (75). 332 −337.

[212] DAVID P A. Path dependence. a foundational concept for historical social science [J]. The Journal of Historical Economics and Econometric History, 2007, 1 (2). 91 −114.

[213] Deanna J. The Industrial Green Game. Implications for Environmental Design and Management [J]. National Academy Press, 1997.

[214] Dillard J, Brown D, Marshall R S. An environmentally enlightened accounting [J]. Accounting Forum, 2005, 29 (1). 77 −101.

[215] Dittenhofer M. Environmental accounting and auditing [J]. Managerial Auditing Journal, 1995, 10 (8). 40 −51.

[216] Dosi G. Technological Paradigms and Technological Trajectories. A Suggested Interpretation of the Determinants and Directions of Technical Change [J]. Research Policy, 1982, 11 (3). 147 −162.

[217] Egteren H V, Weber M. Marketable Permits, Market Power, and Cheating [J]. Journal of Environmental Economics & Management, 1996, 30 (2). 161 −173.

[218] Elkington J. Towards the Sustainable Corporation. win-win-win business strategies for sustainable development [J]. The British Accounting Review, 1994, 36 (2). 90 −10.

[219] Elmualim A, Kwawu W. Facilities Management Carbon Footprints. An Audit of critical elements of Management and Reporting [J]. Civil Engineering and Architecture, 2012 (8). 944 −1052.

[220] Felmingham B, Tasmanian S. Carbon audits a good step [J]. Sunday Tasmanian (Hobart), 2008 (11).

[221] Frank F, Tobias H. Valus drivers of corporate eco-efficiency: Management accounting information for the efficient use of environmental resources [J]. Management Accounting Research, 2013, 24: 387 −400.

[222] Franzen A, Mader S. Consumption-based versus production-based accounting of CO 2, emissions: Is there evidence for carbon leakage? [J]. Environmental Science & Policy, 2018, 84: 34 −40.

[223] Freedman M, Jaggi B. Global Warming Disclosures: Impact of Kyoto Protocol Across Countries [J]. Journal of International Financial Management & Accounting, 2011, 22 (1): 46 −90.

[224] Freedman M, Jaggi B. Global warming, commitment to the Kyoto protocol, and accounting disclosures by the largest global public firms from polluting industries [J]. International Journal of Accounting, 2005, 40 (3): 215 −232.

[225] Frost G R. The Introduction of Mandatory Environmental Reporting Guidelines: Australian Evidence [J]. Abacus, 2014, 43 (2): 190 −216.

[226] Gadd F, Harrison J, Page S. Accounting for carbon under the UK emission trading scheme Discussion Paper, 2002.

[227] Galik C S, Mobley M L, Richter D D. Avirtual "field test" of forest management carbon offset protocols: the influence of accounting [J]. Mitig Adapt Starat Gold Change, 2009, 14 (7): 677 −690.

[228] Geels F W. Technological Transitions as Evolutionary Reconfiguration Processes: a Multi-level Perspective and a Case-study [J]. Research Policy, 2002 (31): 1257 −1274.

[229] Ghosh M, Luo D, Siddiqui M S, et al. Border tax adjustments in the climate policy context: CO 2, versus broad-based GHG emission targeting [J]. Energy Economics, 2012, 34 (2): S154 −S167.

[230] Gibassier D, Schaltegger S. Carbon Management Accounting and Reporting in Practice: A Case Study on Converging Emergent Approaches [J]. Paediatrics & Child Health, 2011, 16 (9): 532 −544.

[231] Gifford R M, Roderick M L. Soil carbon stocks and bulk density: spatial or cumulative mass coordinates as a basis of expression? [J]. Glob Change Biol, 2003, 9 (11): 1507 −1514.

[232] Gillenwater M. Forgotten carbon: indirect CO_2 in greenhouse gas emission inventories [J]. Environ Sci Policy, 2008, 11 (3): 195 −203.

[233] Godby R. Market Power in Laboratory Emission Permit Markets [J]. Environmental and Resource Economics, 2002, 23 (3): 279 −318.

[234] Gray P L, Edens G E. Carbon accounting: a practical guide for lawyers [J]. Nat Resour Environ, 2008, 22 (3): 41 −49.

[235] Green W, Zhou S. An International Examination of Assurance Practices on Carbon Emissions Disclosures [J]. Australian Accounting Review, 2013, 23 (1): 54 −66.

[236] Gujba H, Thorne S, Mulugetta Y, et al. Financing low carbon energy access in Africa [J]. Energy Policy, 2012, 47 (47): 71 −78.

[237] Gustavsson L, K arjalainen T, Marland G, et al. Project-based greenhouse-gas accounting: guiding principles with a focus on baselines and additionality [J]. Energ Policy, 2000, 28 (13): 935 −946.

[238] H kansson H, Waluszewski A. Path Dependence: Restricting or Facilitating Technical Development [J]. Journal of Business Research, 2002, (55): 561 −570.

[239] Hakansson H, Waluszewski A. Path dependence: restricting or facilitating technical development? [J]. Journal of Business Research, 2002, 55 (7): 561 −570.

[240] Harris J M, Wise T A, Gallagher K P, et al. A Survey of Sustainable Development − Social and Economic Dimensions [J]. Island Press, 2001.

[241] Hartmann F, Perego P, Young A. Carbon Accounting: Challenges for Research in Management Control and Performance Measurement [J]. Abacus, 2014, 49 (4): 539 −563.

[242] Hashim H, Ramlan M R, Shiun L J, et al. An Integrated Carbon Accounting and Mitigation Framework for Greening the Industry [J]. Energy Procedia, 2015, 75 (1): 2993 −2998.

[243] Haupt M, Ismer R. The EU Emissions Trading System under IFRS − Towards a 'True and Fair View' [J]. Accounting in Europe, 2013, 10 (1): 71 −97.

[244] Herbohn K. A full cost environmental accounting experiment [J]. Accounting Organizations & Society, 2005, 30 (6): 519 −536.

[245] Hespenheide E, Pavlovsky K, MeElroy M. Accounting for sustainability performance [J]. Financial Executive, 2010, 26 (2): 52 −58.

[246] Hogarth J R. Promoting diffusion of solar lanterns through microfinance and carbon finance: A case study of FINCA − Uganda's solar loan programme [J]. Energy for Sustainable Development, 2012, 16 (4): 430 −438.

[247] Holderieath J, Valdivia C, Godsey L, et al. The potential for carbon offset trading to provide added incentive to adopt silvopasture and alley cropping in Missouri [J]. Agroforestry Systems, 2012, 86 (3): 345 −353.

[248] Hopwood A G. Accounting and the environment [J]. Accounting Organizations & Society, 2009, 34 (3): 433 −439.

[249] Hu C, Huang X. Characteristics of Carbon Emission in China and Analysis on Its Cause [J]. China Population Resources & Environment, 2008, 18 (3): 38 – 42.

[250] Hultman N E, Pulver S, Guimarães L, et al. Carbon market risks and rewards: Firm perceptions of CDM investment decisions in Brazil and India [J]. Energy Policy, 2012, 40 (1): 90 –102.

[251] Institute W R. Greenhouse gas protocol: a corporate accounting and reporting standard [J]. 2004.

[252] Islas J. Getting Round the Lock-in in Electricity Generating Systems: the Example of the Gas Turbine [J]. Research Policy, 1997, (26): 49 –66.

[253] Jan B, Carlos L. Carbon Trading: Accounting and Reporting Issues [J]. European Accounting Review, 2008, 17 (4): 697 –717.

[254] Janek T D, Ratnatunga, K R, et. al. Carbon Business Accounting: The Impact of Global Warming on the Cost and Management Accounting Profession [J]. Jounal of Accounting and Finance, 2009, 24 (2): 333 –355.

[255] Ji S, Chen B. Carbon footprint accounting of a typical wind farm in China [J]. Applied Energy, 2016, 180: 416 –423.

[256] Jiang Y, Fan L, Yu Y, et al. Research on the Evaluation of Carbon –Intangible Assets in Business Based on Internal Value Network [J]. Low Carbon Economy, 2014, 5 (4): 172 –179.

[257] Jiusto S. The differences that methods make: cross-border power flows and accounting for carbon emissions from electricity use [J]. Energ Policy, 2006, 34 (17): 2915 –2928.

[258] Johnson M, Edwards R, Masera O. Improved stove programs need robust methods to estimate carbon offsets [J]. Clim Change, 2010, 102 (3/4): 641 –649.

[259] Jones M J. Accounting for the environment: Towards a theoretical perspective for environmental accounting and reporting [J]. Accounting Forum, 2010, 34 (2): 123 –138.

[260] Juknys R. Transition Period in Lithuania-do We Move to Sustainability? [J]. journal of Environmental research, engineering and mangmengt, 2003: 4 –9.

[261] Keith H, Mackey B, Berry S, et al. Estimating carbon carrying capacity in natural forest ecosystems across heterogeneous landscapes: addressing sources of error [J]. Glob Change Biol, 2010, 16 (11): 2971 –2989.

[262] Kemp R, Schot J, Hoogma R. Regime Shifts to Sustainability through Processes of Niche Formation: the Approach of Strategic Niche Management [J]. Technology Analysis&Strategic Management, 1998, 10 (2): 175 –195.

[263] Kennedy S, Sgouridis S. Rigorous classification and carbon accounting

principles for low and zero carbon cities [J]. Energ Policy, 2011, 39 (9): 5259 –5268.

[264] King D M. Trade-based carbon sequestration accounting [J]. Environ Manage, 2004, 33 (4): 559 –571.

[265] Kolk A, Levy D, Pinkse J. Corporate Responses in an Emerging Climate Regime: The Institutionalization and Commensuration of Carbon Disclosure [J]. European Accounting Review, 2008, 17 (4): 719 –745.

[266] Kolk A, Leyy D, Pinkse J. Corporate responses in an emerging climate regime: the institutionalization and commensuration of carbon disclosure [J]. Eur Accounting Rev, 2008, 17 (4): 719 –745.

[267] Kolk A, Pinkse J. Business Responses to Climate Change: Identifying Emergent Strategies [J]. California Management Review, 2005, 47 (3): 6 –20.

[268] Kundu D. Financial aspects of carbon trading [J]. The Chartered Accountant, 2006, 54 (10): 1496 –1500.

[269] Kunsch P L, Ruttiens A, Chevalier A. A methodology using option pricing to determine a suitable discount rate in environmental management [J]. European Journal of Operational Research, 2008, 185 (3): 1674 –1679.

[270] Lenzen M, Pade L, Munksgaard J. CO_2 multipliers in multi-region input output models [J]. Econ Syst Res, 2013, 16 (4): 391 –412.

[271] Lev B, Zarowin P. The Boundaries of Financial Reporting and How to Extend Them [J]. Journal of Accounting Research, 1999, 37 (2): 353 –385.

[272] Levy A. Can a Carbon Tax Be Effective without a Grand Coalition? [J]. World Journal of Neuroscience, 2014, 04 (1): 12 –18.

[273] Li Q, Ru G, Li F, et al. Integrated inventory-based carbon accounting for energy-induced emissions in Chongming eco-island of Shanghai, China [J]. Energy Policy, 2012, 49 (10): 173 –181.

[274] Lim J S, Kim Y G. Combining carbon tax and R&D subsidy for climate change mitigation [J]. Energy Economics, 2012, 34 (Suppl 3): S496 –S502.

[275] Lindquist S C, Goldberg S R. Cap-and-trade: accounting fraud and other problems [J]. J Corp Account Finance, 2010, 21 (4): 61 –63.

[276] Lippert I. Environment as datascape: Enacting emission realities in corporate carbon accounting [J]. Geoforum, 2015, 66: 126 –135.

[277] Lohmann L. Toward a different debate in environmental accounting: The cases of carbon and cost-benefit [J]. Accounting Organizations & Society, 2009, 34 (3 –4): 499 –534.

[278] Loorbach D. Transition Management for Sustainable Development: A Prescriptive, Complexity-based Governance Framework [J]. Governance, 2010, 23 (1):

161 –183.

[279] Luo X L, Zou A Q, Quan C G. A Study on the Carbon Emissions Calcula-tion Model of Iron and Steel Products Based on EIO – LCA [J]. Applied Mechanics & Materials, 2015, 713 –715: 2970 –2974.

[280] M O'Connor, Steurer A, Tamborra M. Greening national accounts [J]. Cambridge Research for the Environment, 2001.

[281] Mackenzie I A, Ohndorf M. Cap-and-trade, taxes, and distributional con-flict [J]. Journal of Environmental Economics & Management, 2012, 63 (1): 51 –65.

[282] Maloney M T, Yandle B. Estimation of the cost of air-pollution-control regula-tion [J]. Journal of Environmental Economics & Management, 1984, 11 (3): 244 –263.

[283] Marland G, Kowalczyk T, Marland E. Carbon Accounting: Issues of Scale [J]. Journal of Industrial Ecology, 2015, 19 (1): 7 –9.

[284] Marschinski R, Flachsland C, Jakob M. Sectoral linking of carbon markets: A trade-theory analysis [J]. Resource & Energy Economics, 2012, 34 (4): 585 –606.

[285] Martire S, Mirabella N, Sala S. Widening the perspective in greenhouse gas emissions accounting: The way forward for supporting climate and energy policies at municipal level [J]. Journal of Cleaner Production, 2018, 176: 842 –851.

[286] Massetti E, Tavoni M. A developing Asia emission trading scheme (Asia ETS) [J]. Energy Economics, 2012, 34 (2): S436 –S443.

[287] Matthews H S, Hendrickson C T, Weber C L. The Importance of Carbon Footprint Estimation Boundaries [J]. Environmental Science & Technology, 2008, 42 (16): 5839.

[288] Meng X. Will Australian Carbon Tax Affect the Resources Boom? Results from a CGE Model [J]. Natural Resources Research, 2012, 21 (4): 495 –507.

[289] Meul M, Ginneberge C, Middelaar C E V, et al. Carbon footprint of five pig diets using three land use change accounting methods. [J]. Livestock Science, 2012, 149 (3): 215 –223.

[290] Miner R, Gaudreault C. Forest Carbon Accounting [J]. Journal of Forestry – Washington, 2015, 113 (2): 202 –203.

[291] Minx J C, Wiedmann T, Wood R, et al. Input-output analysis and carbon footprinting: an overview of applications [J]. Econ Syst Res, 2009, 21 (3): 187 –216.

[292] Misiolek W S, Elder H W. Exclusionary manipulation of markets for pollution rights [J]. Journal of Environmental Economics & Management, 1989, 16 (2): 156 –

166.

[293] Mizrach B. Integration of the global carbon markets [J]. Energy Economics, 2012, 34 (1): 335 -349.

[294] Moore D R J, Mcphail K, Guthrie J, et al. Strong structuration and carbon accounting [J]. Accounting Auditing & Accountability Journal, 2016.

[295] Mózner Z V. A consumption-based approach to carbon emission accounting-sectoral differences and environmental benefits [J]. Journal of Cleaner Production, 2013, 42 (3): 83 -95.

[296] Muller R A, Mestelman S, Spraggon J, et al. Can double auctions control monopoly and monopsony power in emissions trading market [J]. Journal of Environmenatl Economics and Management, 2002, 44: 70 -92.

[297] Munday M, Turener K, Jones C. Accounting for the carbon associated with regional tourism consumption [J]. Tourism Management, 2013, 36: 35 -44.

[298] Mylonakis J, Tahinakis P. The use of accounting information systems in the evaluation of environmental costs: a cost-benefit analysis model proposal [J]. International Journal of Energy Research, 2006 (30): 915 -928.

[209] Nor N M, Bahari N A S, Adnan N A, Ali IM. The Effects of Environmental Disclosure on Financial Performance in Malaysia [J]. Procedia Economics & Finance, 2016, 35: 117 -126.

[300] Oberheitmann A. Development of a Low Carbon Economy in Wuxi City [J]. American Journal of Climate Change, 2012, 1 (2): 64 -103.

[301] OECD. Indicators to Measure Decoupling of Environmental Pressure from Economic Growth [J]. Paris, 2002.

[302] Olson E G. Challenges and opportunities from greenhouse gas emissions reporting and independent auditing [J]. Managerial Auditing J, 2010, 25 (9): 934 -942.

[303] Öker F, Adıgüzel H, Öker F, Adıgüzel H. Reporting for Carbon Trading and International Accounting Standards [M]. Accounting and Corporate Reporting -Today and Tomorrow. 2017.

[304] Pearce D. Environmental valuation in developed countries: case studies. [J]. Edward Elgar, 2006.

[305] Peng B, Fan X, Wang X, Li W. Key steps of carbon emission and low-carbon measures in the construction of bituminous pavement [J]. International Journal of Pavement Research & Technology, 2017, 10 (6).

[306] Peter T. Towards a Theory of Decoupling: Degrees of Decoupling in the EU and the Case of Road Traffic in Finland between 1970 and 2001 [J]. Transport Policy, 2005 (12): 137 -151.

[307] Peters G F, Romi A M. Does the Voluntary Adoption of Corporate Governance Mechanisms Improve Environmental Risk Disclosures? Evidence from Greenhouse Gas Emission Accounting [J]. Journal of Business Ethics, 2014, 125 (4): 637 - 666.

[308] Plumlee M, Brown D, Hayes R M, Marshall RS. Voluntary environmental disclosure quality and firm value: Further evidence [J]. Journal of Accounting & Public Policy, 2015, 34 (4): 336 -361.

[309] Porter, Michael E. Clusters and the New Economics of Competition [J]. Harvard Business Review, 1998 (11/12): 77 -90.

[310] Prahad C K, Hamel G. The Core Competence of Corporation [J]. Harvard Business Review, 1990 (68): 3.

[311] Prescott C. Carbon accounting in the United Kingdom water sector: a review [J]. Water SciTechnol, 2009, 60 (10): 2721 -2727.

[312] Prescott R, Kooten G C V. Economic costs of managing of an electricity grid with increasing wind power penetration. [J]. Climate Policy, 2009, 9 (2): 155 - 168.

[313] Qian C, Sun J Y. Research of Low Carbon Accounting on Environmental Conservation [J]. Applied Mechanics & Materials, 2014, 543 -547.

[314] Ramaswami A, Chavez A, Ewig -Thiel J, et al. Two approaches to greenhouse gas emissions foot-printing at the city scale [J]. Environ SciTechnol, 2011, 45 (19): 4205 -4206.

[315] Ramírez C Z, González J M G. Contribution of Finance to the Low Carbon Economy [J]. Low Carbon Economy, 2011, 2 (2).

[316] Ratnatunga J T D, Balachandran K R. Carbon business accounting: the impact of global warming on the cost and management accounting profession [J]. J Account Audit Finance, 2009, 24 (2): 333 -355.

[317] Ratnatunga J T D. An inconvenient truth about accounting [J]. JAMAR, 2007, 5 (1): 1 -20.

[318] Ratnatunga J T D. Carbon cost accounting: the impact of global warming on the cost accounting profession [J]. JAMAR, 2007, 5 (2): 1 -8.

[319] Ratnatunga J T D. Carbonimics: strategic management accounting issues [J]. JAMAR, 2008, 6 (1): 1 -10.

[320] Ratnatunga J, Balachandran K R. Carbon Emissions Management and the Financial Implications of Sustainability [J]. 2013.

[321] Ratnatunga J, Jones S, Balachandran K R. The Valuation and Reporting of Organizational Capability in Carbon Emission Management [J]. Account Horiz, 2011, 25 (1): 127 -147.

[322] Rodhouse P G, Roden C M. Carbon budget for a Coastal inlet in Relation to intensive cultivation of suspension-feeding bi-valve molluscs [J]. Marine Ecology, 1987 (36): 225 –236.

[323] Rotz C A, Montes F, Chianese D S. The carbon footprint of daily production systems through partial life cycle assessment [J]. J Dairy Sci, 2010, 93 (3): 1266 –1282.

[324] Rubinstein. Implied Binomial Tree [J]. Journal of Finace, 1994 (49): 771 – 818.

[325] Samouilldis J E, Mitropoulos C S. Energy and Economic Growth in Industrializing Countries: The Case of Greece [J]. Energy Economics, 1984, 6 (3): 191 – 201.

[326] Sauma E. The impact of transmission constraints on the emissions leakage under cap-and-trade program [J]. Energy Policy, 2012, 51 (51): 164 –171.

[327] Schaeffer R, Leal de Sa A. The embodiment of carbon associated with Brazilian imports and exports [J]. Energ Convers Manag, 1996, 37 (6): 955 –960.

[328] Schaltegger S, Csutora M. Carbon accounting for sustainability and management. Status quo and challenges [J]. Journal of Cleaner Production, 2012, 36 (11): 1 –16.

[329] Schmidt M. Carbon accounting and carbon footprint e more than just diced results? [J]. IJCCSM, 2009, 1 (1): 19 –30.

[330] Schot J, Geels F W. Niches in Evolutionary Theories of Technical Change [J]. Evolutionary Economics, 2007, (17): 605 –622.

[331] Schot J, Geels F W. Strategic Niche Management and Sustainable Innovation Journeys: Theory, Findings, Research Agenda, and Policy [J]. Technology Analysis & Strategic Man-agement, 2008, 20 (5): 537 –554.

[332] Simon G L, Bumpus A G, Mann P. Win-win scenarios at the climate-development interface: Challenges and opportunities for stove replacement programs through carbon finance [J]. Global Environmental Change, 2012, 22 (1): 275 – 287.

[333] Simpson, D R. Ecosystem Function & Human Activities Reconciling Economics and Ecology [J]. Chapman & Hall, 1997.

[334] Solomon J F, Thomson I. Satanic Mills?: An illustration of Victorian external environmental accounting [J]. Accounting Forum, 2009, 33 (1): 74 –87.

[335] Sovacool B K, Brown M A. Twelve metropolitan carbon footprints: a preliminary comparative global assessment [J]. Energ Policy, 2010, 38 (9): 4856 –4869.

[336] Springmann M. A look inwards: Carbon tariffs versus internal improvements in emissions-trading systems [J]. Energy Economics, 2012, 34 (2): S228 –S239.

［337］Stavins R. N. Transaction Costs and Tradeable Permit ［J］. Journal of Environmental Economics and Mangement, 1995, 29：133 -148.

［338］Stechemesser K, Guenther E. Carbon accounting：a systematic literature review ［J］. Journal of Cleaner Production, 2012, 36：17 -38.

［339］Steffen W, Broad S W, Deutsch L, Gafney O, Ludwig C. The Trajectory of the Antropocene：The Great Acceleration ［J］. The Antropocene Review, 2015：1 - 28.

［340］Stolton S, Geier B, Mcneely J A. The relationship between nature conservation, biodiversity and organic agriculture：Proceedings of an international workshop held in Vignola, Italy 1999 ［J］. 2000.

［341］Stranlund B. Market Power in International Carbon Emission Trading：A Laboratory Test ［J］. The energy Journal, 2003, 24 (3)：1 -26.

［342］Sullivan R, Gouldson A. Does voluntary carbon reporting meet investors' needs? ［J］. Journal of Cleaner Production, 2012, 36：60 -67.

［343］Sun L, Wang Q, Zhou P, et al. Effects of carbon emission transfer on economic spillover and carbon emission reduction in China ［J］. Journal of Cleaner Production, 2016, 112：1432 -1442.

［344］Tan M, Tan R, Khoo H H. Prospects of carbon labelling-a life cycle point of view ［J］. Journal of Cleaner Production, 2014, 72 (6)：76 -88.

［345］Tapio P. Towards a theory of decoupling：degrees of decoupling in the EU and the case of road traffic in Finland between 1970 and 2001 ［J］. Transport Policy, 2005, 12 (2)：137 -151.

［346］Unruh G C, Carrillo – Hermosilla J. Globalizing carbon lock-in ［J］. Energy Policy, 2006, 34 (10)：1185 -1197.

［347］Unruh G C. Escaping Carbon Lock-in ［J］. Energy Policy, 2002, 30 (4)：317 -325.

［348］Unruh G C. Understanding carbon lock-in ［J］. Energy Policy, 2000, 28 (12)：817 -830.

［349］Van Woensel T. Managing the Environmental Externalities of Traffic logistics：The Issue of Emissions ［J］. Production & Operations Management, 2010, 10 (2)：207 -223.

［350］Wambsganss J R, Sanford B. THE PROBLEM WITH REPORTING POLLUTION ALLOWANCES ［J］. Critical Perspectives on Accounting, 1996, 7 (6)：643 - 652.

［351］Wei Q, Hörisch J, Schaltegger S. Environmental Management Accounting and Its Effects on Carbon Management and Disclosure Quality ［J］. Journal of Cleaner Production, 2018, 174.

［352］ Weidema B P, Thrane M, Christensen P, et al. Carbon Footprint ［J］. Journal of Industrial Ecology, 2008, 12 (1): 3 -6.

［353］ Wilting H C, Vringer K. Carbin and land use accounting from a producer's and consumer's perspective: An empirical examination covering the world ［J］. Econ Syst Res, 2009, 21 (3): 291 -310.

［354］ Witherspoon C, James C, Dupuy M, Zhao LJ. Emissions Trading As an Air Quality Management Tool ［J］. China Air Quality Management Knowledge Series, 2012 (3): 1 -15.

［355］ Witt U. "Lock – In" vs "Critical Masses": Industrial Change under Network Externalitie ［J］. International Journal of Industrial Organization, 1997 (15): 753 – 773.

［356］ Wong P S P, Lindsay A, Crameri L, Holdsworth S. Can energy efficiency rating and carbon accounting foster greener building design decision? An empirical study ［J］. Building & Environment, 2015, 87: 255 -264.

［357］ Wood R, Dey C. Australia's carbon footprint ［J］. Econ Syst Res, 2009, 21 (3): 243 -266.

［358］ Wu L, Li H. Analysis of Hunan Province Industryaâs Carbon Emission Based on the Energy Consumption Structure ［J］. Applied Mechanics & Materials, 2014, 641 – 642: 1078 -1081.

［359］ Wu P, Jin Y, Shi Y, Shu H. The impact of carbon emission costs on manufacturers' production and location decision ［J］. International Journal of Production Economics, 2017, 193.

［360］ Yang W, Wang S, Chen B. Embodied carbon emission analysis of eco – industrial park based on input – output analysis and ecological network analysis ［J］. Energy Procedia, 2017, 142: 3102 -3107.

［361］ Yang X, Hu M, Wu J, Zhao B. Building-information-modeling enabled life cycle assessment, a case study on carbon footprint accounting for a residential building in China ［J］. Journal of Cleaner Production, 2018, 183.

［362］ Young P. The potential of alder coppice for carbon sequestration ［J］. 2010.

［363］ Yu F, Han F, Cui Z. Reducing carbon emissions through industrial symbiosis: a case study of a large enterprise group in China ［J］. Journal of Cleaner Production, 2015, 103: 811 -818.

［364］ Zhang Z. Decoupling China's Carbon Emissions Increase from Economic Growth: An Economic Analysis and Policy Implications ［J］. World Development, 2000, 28 (4): 739 -752.

［365］ Zhou X, Zhang M, Zhou M, et al. A comparative study on decoupling relationship and influence factors between China's regional economic development and industrial energy-related carbon emissions ［J］. Journal of Cleaner Production, 2016, 142.

［366］ Zoran Lauševic, Pavel Yu. Apel, Jugoslav B. Krstic, et al. Porous carbon thin films for electrochemical capacitors ［J］. Carbon, 2013, 64：456 –463.

［367］ Brown M A, Chandler J, Lapsa M V, et al. Carbon Lock-in：Barriers to Deploying Climate Change Mitigation Technolo-gies ［R］. Springfield：Oak Ridge National Laboratory, 2008.

［368］ Department of Trade and Industry, Our energy future：creating a low carbon economy ［R］. ENERGY WHITE PAPER, 2003.

［367］ Gereffi G, Humphrey J, Kaplinsky R, T Sturgeon. Introduction：Global value chains and development ［R］. IDS Bulletin, www. ids. ac. uk, 2001 (32)：1 –8.

［370］ IASB. Emission Rights. IFRIC Interpretation No. 3 ［R］. 2004.

［371］ Jones S, Ratnatunga J. An Inconvenient Truth about Accounting：The Paradigm Shift Required in Carbon Emissions Reporting and Assurance ［R］. American Accounting Association Annual Metting, Anaheim CA, 2008.

［372］ OECD. Indicators to Measure Decoupling of Environmental Pressure From Economic Growth ［R］. Paris：OECD, 2002：211 –222.

［373］ Hughes T P. The Evolution of Large System ［A］. W. Bijker, T. P. Hughes, T. Pinch. The Social Construction of Technological Systems：New Directions in the Sociology and History of Technology ［C］. Massachusetts：MIT Press, 1987.

［374］ Kemp R, Loorbach D. Transition Management：A Reflexive Governance Approach ［A］. VoB J, Bauknecht D, Kemp R. Reflexive Governance for Sustainable Development ［C］. Cheltenham：Edward Elgar, 2006.

［375］ Humphrey J, Schmitz H. Governance and upgrading：Linking industrial cluster and global value chain research ［C］. Institute of Development Studies, University of Sussex, Brighton, IDS Working Paper, 2000：120.

［376］ JONES S. An Inconvenient Truth about Accounting：The Paradigm Shift Required in Carbon Emissions Reporting and Assurance, American Accounting Association Annual Meeting ［C］. 2008.

［377］ Kivimaaa P, Loviob R, Mickwitz P. The Role of System Interlinkages for Path Dependence and Path Creation in Energy Systems ［C］. Energy Transitions in an Interdependent World：What and Where are the Future Social Science Research Agendas, Brighton：University of Sussex, 2010.

［378］ Weber C L, Matthews H S, Corbett J J, et al. Carbon Emissions Embodied in Importation, Transport and Retail of Electronics in the U. S. ：A Growing Global Issue ［C］. IEEE International Symposium on Electronics and the Environment. IEEE, 2007：

174 –179.

[379] EITF. Issue 03 –14: Participants' Accounting for Emissions Allowances un-
der a "Cap and Trade" Program [EB/OL]. http: //www. fasb. Org. /IR –00 –06.
pdf.

[380] China Greentech Initiative. The China Greentech Report 2009 [R/OL]. ht-
tp: //www. china-greentech. com/report, 20102 –02 –20.

[381] GROSSMAN G, KRUEGER A. Environmental Impacts of a North American
Free Trade Agreement [R/EB]. NBER Working Paper Series, National Bureau of Econ-
omy Research, http: //www. Nber. org/papers/w3914, 1991.

[382] IPCC. IPCC guidelines for national greenhouse gas inventories: volume II
[EB/OL]. Japan: the institute for global environmental strategies, 2008 –07 –20.

[383] Jonas M, Obersteiner M, Nilsson S. How to go from today's Kyoto protocol
to a post –Kyoto future that adheres to the principles of full Carbon accounting and
global-scale verification? a discussion based on greenhouse gas accounting, uncer-
tainty and verification [EB/OL]. http: //www. iiiasa. ac/Admin/PUB/Documents.

[384] Jonas M, Obersteiner M, Nilsson S. How to go from today's Kyoto protocol
to a post –Kyoto future that adheres to the principles of full Carbon accounting and
global-scale verification? a discussion based on greenhouse gas accounting, uncer-
tainty and verification [EB/OL]. http: //www. iiiasa. ac/Admin/PUB/Documents/IR –
00 –06. pdf. .

[385] Kubeczko K. Monitoring climate policy: a full carbon accounting approach
based on material flow analysis [EB/OL]. http: //systemforschung. arcs. ac. at/Pub-
likationen/Monitororing. pdf.

[386] Miner R, Lucier A. A value chain assessment of climate change and energy
issues affecting the global forest-based industry [EB/OL]. http: //www. wbcsd. org/
web/projects/forestry/ncasi. Pdf.

[387] Weaver S. Carbon market opportunities for SILNA forest owners [EB/OL].
http: //www. carbonpartnership. co. nz/publicationDocs/SILNA%20Forests%20phase%
201%20Report%202b. pdf.

[388] Wiedmanm T, Minx J. A Definition of Carbon Frootprint [EB/OL].
www. censa. org. nk/dos//SA –UK Report, 2007 –1.

[389] 国际能源量. 2009 国际能源展望 [EB/OL]. http: //www. iea. org/speech/
2009/Tanaka/weo_china. pdf, 2010 –02 –02.

[390] 国家环境保护总局. 环境信息公开办法 (试行) [EB/OL]. http: //www.
gov. cn/flfg/2007 –04/20/content_589673. htm, 2007 –04 –20.

[391] 胡祖铨. 关于联合国可持续发展目标 (SDGs) 的研究 [EB/OL]. http: //
www. sic. gov. cn/News/456/6279. htm, 2016.

［392］气候组织.2012年中国气候融资报告：气候资金流研究［EB/OL］.http：//www.theclimategroup.org.cn/publications/2012_climate_capital_flow.pdf，2012 –12.

［393］气候组织.中国气候融资管理体制机制研究［EB/OL］.http：//www.theclimategroup.org.cn/publications/2012 –11 –20.pdf，2012 –11.

［394］上海证券交易所.上市公司环境信息披露指引［EB/OL］.http：//www.sse.com.cn/sseportal/webapp/cm/keyWordSearch，2008 –05 –14.

［395］深圳证券交易所.上市公司社会责任指引［EB/OL］.http：//www.szse.cn/main/aboutus/bsyw/200609259303.shtml，2006 –09 –25.

［396］万钢.破解经济结构性问题关键要依靠科技创新.中国发展高层论坛2012年会［EB/OL］.http：//news.hexun.com/2012 –03 –18/139448949.html，2012.

［397］温克刚.开发利用新能源和可再生能源亟需政策扶持［EB/OL］.人民网.http：//www.people.com.cn，2005 –3.

［398］张鹏.解决生态型负产品的理论分析和政策建议［EB/OL］.国家信息中心网，2016.

［399］中国工程院报告.中国能源中长期（2030、2050）发展战略研究报［EB/OL］.http：//scitech.people.com.cn/GB/14029104.html，2010 –2 –28.

［400］中国环境观察网.低碳消费可从细枝末节做起［EB/OL］.http：//www.gov-news.org.cn，2011 –3.

［401］中国碳交易网［EB/OL］.http：//www.tanpaifang.com/nenyuanguanli/2013/0425/19775.html.

［402］中华人民共和国国家统计局.中华人民共和国2011年国民经济和社会发展统计公报［EB/OL］.http：//www.stats.gov.cn/，2011.

［403］周生贤.我国环境保护的发展历程与成效［EB/OL］.http：//www.china-environment.com，2013.

后　记

本书是我主持的国家社会科学基金项目"我国碳会计制度设计与运营机制研究"（13BGL043）的直接最终成果。

潜心课题研究期间，无疑是一种身心和灵魂的超脱。两耳不闻窗外事，在电脑前一遍遍地修改框架和研究思路，碳会计制度的设计本是一个较宏观的大视野，需要站在制度设计者的角度，紧密结合中国碳排放市场的发展，构建一套庞大复杂的碳会计架构。为了能从低碳视角来对现代会计进行学科间的交叉融合研究，曾多次往返书店，采购并阅读相关书籍，数次去调研企业进行相关数据收集和案例采集，并与同行和相关专家交流和咨询。感谢国内五位盲评专家的宝贵修改意见，历经数以千计个白天黑夜的潜伏，终于得以圆满结题。

此课题虽已完成，但课题研究内容仍有纠结和困惑。例如，碳排放与碳固会计的计量问题，具体运用何种计量方式更科学、更可行，在本书中尚未能彻底说服自己。因此，将进行下一步的研究和探讨。

本书参考了国内外大量文献，融合了许多学者成果，也使用了前人提出的许多理论与方法工具，借鉴和引用了前辈们的宝贵成果。在此，对书中所引用和借鉴的文献的作者们表示衷心的感谢。

本书的出版受到了国家社会科学基金、中南林业科技大学社科学术著作出版基金及中南林业科技大学重点学科经费的资助，中南林业科技大学社科处和商学院的领导和同事们对此书出版给予了莫大的关注与支持，在此一并表示感谢。

经济科学出版社的各位领导和责任编辑，尤其是周国强主任为本书的出版付出了辛勤的劳动，在此表示衷心的感谢！

还需要说明的是，此书牵涉的学术领域较广，新时代背景下低碳经济、绿色发展领域的新情况和新问题不断出现，碳会计关注内容越来越多，书中难免会有部分观点难以适应新时代经济发展的新变化和新要求，敬祈各界同仁不吝指正。

张亚连
于博文楼
2018 年 11 月